21世纪高等学校规划教材·计算机科学与技术

Flash游戏设计案例教程

董相志 编著

清华大学出版社
北京

内 容 简 介

本书是Flash游戏设计的入门教程,共分9章,介绍了5个经典游戏案例。全书围绕Flash游戏设计的基础与方法,组织设计了四重教学境界:以一个短小精悍的小游戏引领读者打开游戏设计之门;以精讲精练的方式介绍了许多实用的Flash动画方法和AS3编程方法;从界面到逻辑,全程诠释了"2048"、"连连看"、"五子棋"游戏的创作过程;以经典游戏"太空大战"的创作为例,详细示范了Starling框架的搭建和编程方法。

本书由易到难,深入浅出,循序渐进,既注重基础知识模块教学,又注重模块间的关联教学,有助于读者短期内掌握Flash游戏设计的基本方法,形成游戏设计的大局观,推出自己的新作品。

本书适合作为高等院校、游戏培训学校、高职类学校Flash游戏设计课程的教材,同时也适用于广大游戏编程爱好者自学与提高。

本书封面贴有清华大学出版社防伪标签,无标签者不得销售。
版权所有,侵权必究。侵权举报电话: 010-62782989 13701121933

图书在版编目(CIP)数据

Flash游戏设计案例教程/董相志编著. --北京: 清华大学出版社,2016
21世纪高等学校规划教材·计算机科学与技术
ISBN 978-7-302-41990-7

Ⅰ. ①F… Ⅱ. ①董… Ⅲ. ①动画制作软件—教材 Ⅳ. ①TP391.41

中国版本图书馆CIP数据核字(2015)第263185号

责任编辑:	黄 芝 王冰飞
封面设计:	迷底书装
责任校对:	焦丽丽
责任印制:	王静怡

出版发行: 清华大学出版社
    网   址: http://www.tup.com.cn, http://www.wqbook.com
    地   址: 北京清华大学学研大厦A座   邮   编: 100084
    社 总 机: 010-62770175   邮   购: 010-62786544
    投稿与读者服务: 010-62776969, c-service@tup.tsinghua.edu.cn
    质 量 反 馈: 010-62772015, zhiliang@tup.tsinghua.edu.cn
    课 件 下 载: http://www.tup.com.cn, 010-62795954

印 装 者: 三河市少明印务有限公司
经   销: 全国新华书店
开   本: 185mm×260mm   印 张: 15.75   字   数: 382千字
版   次: 2016年2月第1版   印   次: 2016年2月第1次印刷
印   数: 1~2000
定   价: 34.50元

产品编号: 067420-01

出版说明

随着我国改革开放的进一步深化,高等教育也得到了快速发展,各地高校紧密结合地方经济建设发展需要,科学运用市场调节机制,加大了使用信息科学等现代科学技术提升、改造传统学科专业的投入力度,通过教育改革合理调整和配置了教育资源,优化了传统学科专业,积极为地方经济建设输送人才,为我国经济社会的快速、健康和可持续发展以及高等教育自身的改革发展做出了巨大贡献。但是,高等教育质量还需要进一步提高以适应经济社会发展的需要,不少高校的专业设置和结构不尽合理,教师队伍整体素质亟待提高,人才培养模式、教学内容和方法需要进一步转变,学生的实践能力和创新精神亟待加强。

教育部一直十分重视高等教育质量工作。2007年1月,教育部下发了《关于实施高等学校本科教学质量与教学改革工程的意见》,计划实施"高等学校本科教学质量与教学改革工程"(简称"质量工程"),通过专业结构调整、课程教材建设、实践教学改革、教学团队建设等多项内容,进一步深化高等学校教学改革,提高人才培养的能力和水平,更好地满足经济社会发展对高素质人才的需要。在贯彻和落实教育部"质量工程"的过程中,各地高校发挥师资力量强、办学经验丰富、教学资源充裕等优势,对其特色专业及特色课程(群)加以规划、整理和总结,更新教学内容、改革课程体系,建设了一大批内容新、体系新、方法新、手段新的特色课程。在此基础上,经教育部相关教学指导委员会专家的指导和建议,清华大学出版社在多个领域精选各高校的特色课程,分别规划出版系列教材,以配合"质量工程"的实施,满足各高校教学质量和教学改革的需要。

为了深入贯彻落实教育部《关于加强高等学校本科教学工作,提高教学质量的若干意见》精神,紧密配合教育部已经启动的"高等学校教学质量与教学改革工程精品课程建设工作",在有关专家、教授的倡议和有关部门的大力支持下,我们组织并成立了"清华大学出版社教材编审委员会"(以下简称"编委会"),旨在配合教育部制定精品课程教材的出版规划,讨论并实施精品课程教材的编写与出版工作。"编委会"成员皆来自全国各类高等学校教学与科研第一线的骨干教师,其中许多教师为各校相关院、系主管教学的院长或系主任。

按照教育部的要求,"编委会"一致认为,精品课程的建设工作从开始就要坚持高标准、严要求,处于一个比较高的起点上。精品课程教材应该能够反映各高校教学改革与课程建设的需要,要有特色风格、有创新性(新体系、新内容、新手段、新思路,教材的内容体系有较高的科学创新、技术创新和理念创新的含量)、先进性(对原有的学科体系有实质性的改革和发展,顺应并符合21世纪教学发展的规律,代表并引领课程发展的趋势和方向)、示范性(教材所体现的课程体系具有较广泛的辐射性和示范性)和一定的前瞻性。教材由个人申报或各校推荐(通过所在高校的"编委会"成员推荐),经"编委会"认真评审,最后由清华大学出版社审定出版。

目前，针对计算机类和电子信息类相关专业成立了两个"编委会"，即"清华大学出版社计算机教材编审委员会"和"清华大学出版社电子信息教材编审委员会"。推出的特色精品教材包括：

(1) 21世纪高等学校规划教材·计算机应用——高等学校各类专业，特别是非计算机专业的计算机应用类教材。

(2) 21世纪高等学校规划教材·计算机科学与技术——高等学校计算机相关专业的教材。

(3) 21世纪高等学校规划教材·电子信息——高等学校电子信息相关专业的教材。

(4) 21世纪高等学校规划教材·软件工程——高等学校软件工程相关专业的教材。

(5) 21世纪高等学校规划教材·信息管理与信息系统。

(6) 21世纪高等学校规划教材·财经管理与应用。

(7) 21世纪高等学校规划教材·电子商务。

(8) 21世纪高等学校规划教材·物联网。

清华大学出版社经过三十多年的努力，在教材尤其是计算机和电子信息类专业教材出版方面树立了权威品牌，为我国的高等教育事业做出了重要贡献。清华版教材形成了技术准确、内容严谨的独特风格，这种风格将延续并反映在特色精品教材的建设中。

清华大学出版社教材编审委员会

联系人：魏江江

E-mail：weijj@tup.tsinghua.edu.cn

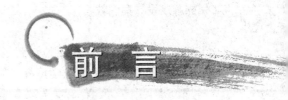

前 言

Flash是感染力极强的一种技术,非常能打动人心,众多Flash爱好者都有这样的感受。数年前,苹果教父乔布斯宣布Flash在苹果世界里不受欢迎,苹果将用HTML5取代Flash。一石激起千层浪,据说许多Flash爱好者为此改换了门庭。多年过去了,还好,我庆幸自己坚持下来了。或许是乔布斯的名气让许多人改变了追求的目标,抑或是乔布斯的选择激发了Adobe追求卓绝的决心,数年后,我们看到的是,Flash Professional CS6成为了划时代的产品。Flash已经与HTML5等众多新技术融合在一起了。云计算时代,Adobe推出的Flash Professional CC系列更是呼风唤雨,Flash Professional CC 2015集各种卓越的功能于一身。不得不提的是,在互联网页面游戏设计领域,Flash游戏已经累积了巨大的技术优势与用户优势。

十年前我开始教授Flash动画制作,近五年改为讲授Flash游戏设计。这门课程是鲁东大学的公选课,学生来自各个学院,学习热情很高,常有新奇的创意,但游戏编程基础为零。所以,到了期末,常有学生追问:老师,我如何才能拥有一款自己的游戏?像"2048"、"连连看"、"五子棋"、"愤怒的小鸟"、"植物大战僵尸"、"塔防"、"数独"、"汽车华容道"、"推箱子"、"滚木块"、"挖金子"等,都曾是学生们点名追求的目标。

学生的Flash动画基础为零、AS3编程基础为零,但就是想学习Flash游戏设计,这就是我在工作中常常面对的情形。学生们期望一学期下来就有所斩获,哪怕是拥有一款地地道道亲手打造的"爱因斯坦小板凳"级别的小游戏。

老实说,游戏设计很辛苦,没有大量艰辛练习是难以登堂入室的。如果说游戏设计有什么秘诀,那也只能是实践、实践、再实践,坚持、坚持、再坚持。

基于这些考虑,本书专为Flash游戏爱好者而作,为游戏初学者而作。全书内容由易到难,循序渐进,让初学者不会觉得游戏设计高深莫测,是可以为之探索并努力的。有Flash动画基础和AS3编程基础的读者,学起来会更容易些。游戏设计基础较好的读者,也一定会从本书的深入浅出中获得启发,夯实向更高领域迈进的基础。

本教程围绕游戏界面设计和逻辑设计的概念与方法,从理论到实践,由局部到整体,层层推进,既注重基础知识模块教学,又注重模块间的关联教学。目标是帮助读者在较短时间内掌握Flash游戏设计的基本方法,形成游戏设计的大局观,能独立创作完成自己的新作品。

本书各章内容安排如下。

第1章概述Flash游戏设计的理念与方法,帮助读者了解和认识Flash游戏设计的概貌;第2章从一个小程序入手,帮助读者迅速认识并建立对Flash程序的初步印象和感知;第3章则更进一步,直接把一个较为简单的游戏剥开了给读者看。这3章内容专为帮助读者入门和体验而设,是本书第一重教学境界:开门见山。

第4章围绕Flash动画基础遴选了18个知识模块进行精讲精练;第5章由易到难凝练

了18个学习模块，深入浅出地讲解了AS3编程方法。第4章和第5章专为夯实游戏开发基础而设，是本书第二重教学境界：基础为王。

第6章、第7章、第8章选取3个经典游戏（"2048"游戏、"连连看"游戏和"五子棋"游戏）进行示范教学，带领读者细致入微地领会游戏设计精髓，创新游戏设计理念，学习游戏设计技巧，全面提高游戏设计实战水平。这3章为本书第三重教学境界：实践至上。

第9章用Starling框架进行游戏开发，选取经典的空战游戏为本章示范案例，将Starling框架搭建和编程方法贯穿其中，演示规范成熟的游戏软件设计和组织方法，引领读者领略游戏设计的综合性和全面性，是游戏设计的高级阶段。作为最后一章，完美演绎了本书的第四重教学境界：创新无限。

本书作者参阅了国内外最新数字媒体技术和游戏设计方面的技术资料，对Flash游戏设计的概念、原理、方法讲解得清晰透彻、言简意赅，提供了许多新颖、实用、原创的实例。书中所有案例均来源于作者的亲身实践，每一行代码都由作者亲手编写、注释和调试，采用的编程方法是Flash设计领域最新的、成熟的、有代表性的方法。所有完整案例均在Flash Professional CC 2015和Flash Builder 4.7中经过严格测试，达到了商业化水平。

本书所有练习文件和完整案例，都可从清华大学出版社网站免费下载。为了便于读者学习，源程序中的行号和注释，与教材中标注的行号和注释完全一致。

本书参考了国内外大量文献，借鉴了一些网络上不知名作者的素材，有的已在参考文献中列出，有的无法根据原创者列出，在此谨向这些国内外作者表示诚挚的感谢和崇高的敬意。

在这里，我特别感谢清华大学出版社的鼎力相助，感谢编辑老师们的严谨审校、精心编排，是你们用生花妙笔和画龙点睛般的神奇力量，合力让本书以优雅的外表和美好的心灵与广大读者见面。

最后，我要特别致谢一届又一届的学生们，是你们用一串又一串的问题编织起了本书的经纬，是你们用一波又一波的学习热情点燃了我创作的激情。谨以此书献给追求卓越的莘莘学子，献给零基础学习游戏编程的广大读者。

愿本书与读者一起成长。感谢读者对本书的厚爱与支持，欢迎广大读者对本书批评指正。作者邮箱：upsunny2008@163.com。

董相志 于鲁东大学
2015年10月

目 录

第 1 章 Flash 与游戏 ... 1

1.1 Flash 游戏技术框架 ... 1
- 1.1.1 Flash 游戏运行时 ... 1
- 1.1.2 Flash 游戏开发工具 ... 1
- 1.1.3 Flash 游戏开发服务器 ... 2
- 1.1.4 Flash 游戏编程语言 ... 2
- 1.1.5 Flash 游戏引擎和开发框架 ... 3
- 1.1.6 Flash 游戏题材与分类 ... 3

1.2 Flash 游戏开发流程 ... 4
- 1.2.1 创意策划阶段 ... 4
- 1.2.2 开发编码阶段 ... 5
- 1.2.3 测试优化阶段 ... 6
- 1.2.4 发行收益阶段 ... 6
- 1.2.5 维护升级阶段 ... 7

1.3 Flash 游戏开发工具介绍 ... 8
- 1.3.1 Flash Professional CC 2015 ... 8
- 1.3.2 Flash Builder ... 11
- 1.3.3 其他工具 ... 12

1.4 小结 ... 12
1.5 习题 ... 12

第 2 章 写出你的第一个程序 ... 14

- 2.1 准备工作 ... 14
- 2.2 从创建 FLA 文件开始 ... 14
- 2.3 创建主程序 Main.as ... 15
- 2.4 理解包 ... 16
- 2.5 理解类和对象 ... 19
- 2.6 理解构造函数 ... 20
- 2.7 关联 FLA 和 AS 主类 ... 21
- 2.8 输出测试 SWF 文件 ... 22
- 2.9 学到了什么 ... 22
- 2.10 更进一步：在舞台上输出 ... 23

2.11 优秀编程习惯 ………………………………………………………… 24
2.12 小结 …………………………………………………………………… 25
2.13 习题 …………………………………………………………………… 26

第3章 写出你的第一个游戏 …………………………………………………… 27

3.1 创意 …………………………………………………………………… 27
3.2 准备游戏素材 ………………………………………………………… 27
3.3 导入素材到库 ………………………………………………………… 29
3.4 创建游戏元件 ………………………………………………………… 29
3.5 创建游戏封面剪辑 StartGame ……………………………………… 31
3.6 创建游戏进行剪辑 PlayGame ……………………………………… 32
3.7 创建游戏结束剪辑 EndGame ……………………………………… 32
3.8 游戏逻辑设计 ………………………………………………………… 33
3.9 数据结构设计 ………………………………………………………… 33
3.10 WordCard 类设计 …………………………………………………… 33
3.11 GameMain 类设计 …………………………………………………… 35
3.12 游戏发布与测试 ……………………………………………………… 38
3.13 小结 …………………………………………………………………… 39
3.14 习题 …………………………………………………………………… 39

第4章 Flash 动画基础 ………………………………………………………… 41

4.1 绘图模式 ……………………………………………………………… 41
4.2 变形工具 ……………………………………………………………… 42
4.3 文本 …………………………………………………………………… 42
4.4 元件、库和实例 ……………………………………………………… 43
4.5 滤镜效果 ……………………………………………………………… 45
4.6 3D 变换和颜色变换 …………………………………………………… 46
4.7 时间轴、帧、关键帧和图层 ………………………………………… 47
4.8 4 种基本动画 ………………………………………………………… 48
4.9 逐帧动画 ……………………………………………………………… 49
4.10 补间动画 ……………………………………………………………… 49
4.11 补间形状 ……………………………………………………………… 50
4.12 3D 补间动画 ………………………………………………………… 51
4.13 路径导向动画 ………………………………………………………… 52
4.14 混合模式与遮罩模式 ………………………………………………… 53
4.15 遮罩动画 ……………………………………………………………… 54
4.16 补间动画后期制作 …………………………………………………… 55
4.17 骨骼动画 ……………………………………………………………… 56
4.18 动画预设 ……………………………………………………………… 58

4.19 小结 ………………………………………………………………… 59
4.20 习题 ………………………………………………………………… 59

第5章 AS3编程基础 …………………………………………………… 60

5.1 常量、变量、数据类型 …………………………………………… 60
5.2 AS3类图 …………………………………………………………… 62
5.3 运算符和表达式 …………………………………………………… 63
5.4 分支与循环 ………………………………………………………… 65
5.5 函数 ………………………………………………………………… 66
5.6 类、属性、方法和实例对象 ……………………………………… 67
5.7 包 …………………………………………………………………… 69
5.8 文档类与导出类 …………………………………………………… 70
    5.8.1 文档类 ………………………………………………………… 70
    5.8.2 导出类 ………………………………………………………… 71
5.9 显示对象、显示容器与显示列表 ………………………………… 71
    5.9.1 显示对象 ……………………………………………………… 71
    5.9.2 显示容器 ……………………………………………………… 72
    5.9.3 显示列表 ……………………………………………………… 72
    5.9.4 SWF文件全局显示列表 ……………………………………… 72
5.10 Sprite与MovieClip ……………………………………………… 73
5.11 事件与侦听器 …………………………………………………… 75
5.12 键盘控制对象运动 ……………………………………………… 76
5.13 ENTER_FRAME事件 …………………………………………… 78
5.14 舞台边界 ………………………………………………………… 81
5.15 滚屏效果 ………………………………………………………… 83
5.16 数组编程 ………………………………………………………… 87
    5.16.1 创建数组 …………………………………………………… 87
    5.16.2 链接数组 …………………………………………………… 87
    5.16.3 添加数组元素 ……………………………………………… 88
    5.16.4 删除数组元素 ……………………………………………… 88
    5.16.5 截取子数组 ………………………………………………… 89
    5.16.6 插入或删除数组元素 ……………………………………… 89
    5.16.7 翻转数组 …………………………………………………… 90
    5.16.8 数组转为字符串 …………………………………………… 90
    5.16.9 检索数组 …………………………………………………… 91
    5.16.10 数组排序 ………………………………………………… 92
    5.16.11 数组的every方法 ………………………………………… 93
    5.16.12 数组的some方法 ………………………………………… 94
    5.16.13 数组的map方法 ………………………………………… 94

5.16.14　数组的 filter 方法 ………………………………………………………… 95
　　　5.16.15　数组的 forEach 方法 ………………………………………………………… 95
5.17　4 种碰撞检测方法 …………………………………………………………………………… 96
　　　5.17.1　hitTestObject 方法 …………………………………………………………… 96
　　　5.17.2　hitTestPoint 方法 ……………………………………………………………… 97
　　　5.17.3　像素级检测 hitTest 方法 …………………………………………………… 98
　　　5.17.4　几何中心距离测量法 ……………………………………………………… 100
5.18　自定义事件与类通信 ……………………………………………………………………… 101
　　　5.18.1　事件生命周期 ………………………………………………………………… 101
　　　5.18.2　自定义事件 …………………………………………………………………… 104
5.19　小结 …………………………………………………………………………………………… 107
5.20　习题 …………………………………………………………………………………………… 107

第 6 章　"2048"游戏完整版　109

6.1　游戏试玩 ……………………………………………………………………………………… 109
6.2　了解项目组织 ………………………………………………………………………………… 110
6.3　界面布局与规划 ……………………………………………………………………………… 111
6.4　创作好看的数字卡片 ………………………………………………………………………… 111
6.5　创作按钮 ……………………………………………………………………………………… 112
6.6　创作游戏状态页面 …………………………………………………………………………… 113
6.7　主时间轴逻辑安排 …………………………………………………………………………… 113
6.8　设计游戏文档类 ……………………………………………………………………………… 114
6.9　游戏初始化 …………………………………………………………………………………… 116
　　　6.9.1　初始化入口函数 ………………………………………………………………… 116
　　　6.9.2　棋盘空白检测函数 ……………………………………………………………… 117
　　　6.9.3　数字块生产和删除函数 ………………………………………………………… 118
　　　6.9.4　数字块 2 和 4 随机生产函数 …………………………………………………… 119
　　　6.9.5　清除数字块函数 ………………………………………………………………… 120
　　　6.9.6　数字块动画呈现函数 …………………………………………………………… 120
6.10　键盘响应函数 ………………………………………………………………………………… 120
6.11　游戏核心算法 ………………………………………………………………………………… 121
　　　6.11.1　四方向合并数字块函数 ……………………………………………………… 122
　　　6.11.2　四方向移动数字块函数 ……………………………………………………… 125
　　　6.11.3　数字块单步移动函数 ………………………………………………………… 126
　　　6.11.4　游戏状态检测与更新函数 …………………………………………………… 128
6.12　游戏模拟测试 ………………………………………………………………………………… 131
6.13　小结 …………………………………………………………………………………………… 131
6.14　习题 …………………………………………………………………………………………… 132

第 7 章 "连连看"游戏完整版 …… 134

- 7.1 游戏试玩与体验 …… 134
- 7.2 游戏项目组织 …… 136
- 7.3 素材导入与元件设计 …… 136
- 7.4 游戏规则制定 …… 137
- 7.5 游戏状态机设计 …… 137
- 7.6 游戏关卡参数设定 …… 138
- 7.7 游戏进行页面的布局 …… 139
- 7.8 水果卡片类 …… 139
- 7.9 声音管理类 …… 140
- 7.10 游戏主类数据结构 …… 142
- 7.11 游戏的入口逻辑 …… 144
- 7.12 开始页面编程逻辑 …… 144
- 7.13 游戏进行页面编程逻辑 …… 145
  - 7.13.1 进行页面初始化 …… 145
  - 7.13.2 游戏面板初始化 …… 146
  - 7.13.3 处理卡片单击事件 …… 147
  - 7.13.4 处理连通的配对卡片 …… 148
  - 7.13.5 游戏状态实时监测 …… 149
  - 7.13.6 卡片阵列重置 …… 150
  - 7.13.7 配对卡片提示 …… 151
  - 7.13.8 游戏暂停与继续 …… 152
  - 7.13.9 声音开关 …… 152
  - 7.13.10 自动寻找连通卡片对 …… 152
  - 7.13.11 连通寻路算法 …… 153
  - 7.13.12 公共函数部分 …… 159
- 7.14 闯关成功页面 …… 162
- 7.15 闯关失败页面 …… 162
- 7.16 全部通关成功页面 …… 163
- 7.17 游戏模拟测试 …… 164
- 7.18 小结 …… 165
- 7.19 习题 …… 165

第 8 章 "五子棋"游戏完整版 …… 167

- 8.1 游戏试玩与体验 …… 167
- 8.2 项目组织 …… 168
- 8.3 游戏界面元素设计 …… 169
  - 8.3.1 库元件设计 …… 169

        8.3.2　时间轴与舞台布局 …………………………………… 170
        8.3.3　棋子设计 …………………………………………… 170
        8.3.4　棋盘设计 …………………………………………… 171
        8.3.5　按钮设计 …………………………………………… 171
        8.3.6　对话框设计 ………………………………………… 172
    8.4　棋子类设计 …………………………………………………… 172
    8.5　对话框类设计 ………………………………………………… 174
    8.6　游戏主类常量与变量 ………………………………………… 174
    8.7　游戏主类构造函数 …………………………………………… 176
    8.8　操作面板按钮事件函数 ……………………………………… 177
        8.8.1　电脑先行事件函数 ………………………………… 177
        8.8.2　玩家先行事件函数 ………………………………… 177
        8.8.3　双人模式事件函数 ………………………………… 178
        8.8.4　悔棋事件函数 ……………………………………… 178
        8.8.5　打开棋局事件函数 ………………………………… 179
        8.8.6　保存棋局事件函数 ………………………………… 181
        8.8.7　关闭棋局事件函数 ………………………………… 182
        8.8.8　转第1手棋事件函数 ……………………………… 182
        8.8.9　转末手棋事件函数 ………………………………… 183
        8.8.10　转下一手棋事件函数 …………………………… 183
        8.8.11　转上一手棋事件函数 …………………………… 184
    8.9　玩家落子事件函数 …………………………………………… 184
    8.10　电脑落子函数 ………………………………………………… 186
    8.11　游戏核心算法系列函数 ……………………………………… 187
    8.12　其他函数 ……………………………………………………… 191
    8.13　小结 …………………………………………………………… 195
    8.14　习题 …………………………………………………………… 195

第9章　Starling框架游戏完整版 ………………………………… 198

    9.1　游戏试玩与体验 ……………………………………………… 198
    9.2　配置Starling框架 …………………………………………… 200
        9.2.1　下载Starling最新安装包 ………………………… 200
        9.2.2　下载Starling粒子系统扩展包 …………………… 200
        9.2.3　下载brimelow对象池管理包 …………………… 201
    9.3　开发环境与工具准备 ………………………………………… 202
        9.3.1　下载并安装Flash Player调试版 ………………… 202
        9.3.2　下载并安装TexturePacker ……………………… 202
        9.3.3　下载并安装粒子设计系统 ………………………… 202
        9.3.4　下载并安装音效创作工具 ………………………… 203

9.4 创建游戏项目框架 ··· 204
　　9.4.1 项目创建与类库导入 ·· 204
　　9.4.2 修改 Starling 框架主类 SpaceWar ···························· 205
　　9.4.3 新建游戏主类 Game ··· 206
9.5 创建游戏状态机 ··· 208
　　9.5.1 状态机接口类 ·· 208
　　9.5.2 游戏开始状态类 ·· 209
　　9.5.3 游戏进行状态类 ·· 211
　　9.5.4 游戏结束状态类 ·· 213
9.6 游戏素材导入和处理 ··· 215
　　9.6.1 素材导入到项目中 ·· 215
　　9.6.2 创建 Sprite Sheet 纹理对象集 ······························· 215
　　9.6.3 创建资源管理类 ·· 217
9.7 定义游戏角色类 ··· 218
　　9.7.1 背景类 ·· 218
　　9.7.2 子弹类 ·· 219
　　9.7.3 玩家战机类 ·· 220
　　9.7.4 外星飞船类 ·· 221
　　9.7.5 爆炸粒子效果类 ·· 221
　　9.7.6 计分面板类 ·· 221
9.8 定义游戏管理类 ··· 222
　　9.8.1 对象池管理类 ·· 222
　　9.8.2 子弹管理类 ·· 223
　　9.8.3 外星飞船管理类 ·· 225
　　9.8.4 爆炸粒子特效管理类 ·· 226
　　9.8.5 碰撞检测管理类 ·· 227
9.9 项目组织 ··· 229
9.10 Flash 游戏之路 ·· 231
9.11 习题 ·· 232

参考文献 ··· 234

后记 ·· 235

第1章 Flash与游戏

卓越的文化创意是游戏的生命。三国类游戏和西游类游戏长期占据市场主流，追根究底是因为它们沾了名著的光，有洋洋洒洒数百万字的故事剧本做支撑。这些精彩故事穿越了历史长河，是人类最灿烂的文明成果。大家在游戏中玩的是三国，玩的是另一种版本的西游。所以，每一位游戏设计者都应该铭记，好游戏一定是有文化的，有好的文化才有旺盛持久生命活力。

本书不是一本探讨游戏文化创意的书，本书的定位是 Flash 游戏教学。从游戏运行角度看，对于任何一款游戏，界面和逻辑构成了游戏的两个主体部分。就像我们的双脚，是行走的基础，界面和逻辑就是游戏可以"行走"的基础，也是设计师的两项主要任务。所以，讲授游戏的界面设计和逻辑设计是本书的重点。

选择 Flash 做游戏设计，是因为 Flash 从诞生到发展经历了较长时期的历史沉淀。全球超过 13 亿的 Flash Player 安装量，超过 10 亿的基于 AIR 技术的 App 桌面及移动端安装量，使得 Flash 成为可与操作系统装机量相媲美的软件。Flash 能够提供良好的游戏体验，能够帮助用户一夜之间发布一个面向 10 亿用户的游戏。Flash 凭借其卓越的技术优势和庞大的用户群体，已经成为当今最流行的页游设计技术。

1.1 Flash 游戏技术框架

从开发和运行的角度看，Flash 游戏的技术框架包括了运行时、开发工具、开发服务器、编程语言、游戏引擎等部分，简要归纳如图 1.1 所示。

1.1.1 Flash 游戏运行时

Flash Player 和 Adobe AIR 是运行 Flash 游戏的基础平台。Flash Player 作为插件广泛内置于各种浏览器之中，Adobe AIR 则作为独立客户端程序，运行于 Mac 桌面、PC 桌面和移动客户端，不需浏览器支持。所以，设计师发布游戏时，可在 Flash Player 和 Adobe AIR 两种运行时平台之间做出选择。

1.1.2 Flash 游戏开发工具

Flash Professional CS6（后续版本改为 Flash Professional CC 系列）是一种功能十分强大的绘画和动画工具。初学者只需要编写极少的代码，就能很快做出一些炫酷的动画设计。

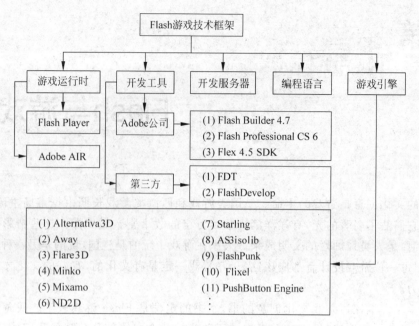

图 1.1 Flash 游戏技术框架

经验丰富的开发人员则可以使用 ActionScript 编程语言实现复杂的游戏逻辑。

Flash Builder 4.7 是一个以开发人员为中心的集成开发环境,拥有一个功能丰富的代码编辑器,例如语法着色、代码完成、代码重构等。它还包含一个交互式的单步调试器,支持设置断点、检查变量、查看调用堆栈和单步调试等功能。对于团队开发而言,使用 Flash Builder 4.7,具有更高的编码和协作效率。

另外,FDT、FlashDevelop 等第三方开发工具也深受用户喜爱。

事实上,很多富有经验的游戏开发人员仍在使用 Flash Professional CS6,因为它在可视化设计与代码设计之间取得了很好的平衡。为了便于初学者学习,本教程前 8 章介绍的所有游戏均在 Flash Professional CC 2015 下完成。如果你的开发工具是 Flash Professional CS6,也一样能运行本书的案例。本书最后一章会引入 Flash Builder 4.7,并对这两类工具进行比较。

1.1.3 Flash 游戏开发服务器

某些在线类游戏,例如社交类或大型网络交互类游戏,需要服务器来支持玩家之间的游戏互动。这些项目需要搭建游戏开发的服务器环境。一些常见的服务器类型有基于 Socket 通信的服务器、Electro 服务器、LiveCycle Data Service 服务器、Flash Media Server 服务器等。另外,Web 服务器可在 PHP、ASP.NET、Java Web 三种技术路线之间做出选择。

1.1.4 Flash 游戏编程语言

Flash 游戏采用 ActionScript 3.0(简称 AS3)作为编程语言。如果使用 Flex 框架创建

Flash 游戏，还需要熟悉 MXML。

ActionScript 是一种基于 ECMAScript 的脚本语言，经历了 AS1.0、AS2.0、AS3.0 三个版本的发展。与前两个版本相比，AS3 的结构化和面向对象的程度更高。AS3 具有更为严格的类型检查系统、经过改进的类继承系统、更好的调试功能以及统一的事件处理。AS3 编码的运行效率是 AS2 编码的数十倍。从 AS3 开始支持硬件加速，这可以极大地改进游戏性能。

1.1.5　Flash 游戏引擎和开发框架

善用游戏引擎和开发框架可以大幅降低游戏开发的强度，相当于站在巨人肩膀上前进。使用第三方开发的粒子系统，设计师能够轻松设计出火焰、爆炸、烟雾、灰尘等游戏效果，借助 3D 引擎，设计师可以创建软件渲染和硬件渲染的 3D 游戏。

（1）Alternativa3D：Alternativa3D 是一个 3D 引擎，支持 3D 图形和物理过程。

（2）Away3D：Away3D 是一个适用于 AS3 的实时 3D 引擎。

（3）Flare3D：Flare3D 是一款功能强大的游戏引擎，能够使 3D 内容管理变得更为简便。

（4）Minko：Minko 支持创建互动的 3D Web 应用程序。

（5）Mixamo：Mixamo 支持 3D 游戏开发人员创建和定制专业质量的角色动画效果。

（6）ND2D：ND2D 是一个老牌的 Stage3D GPU 加速 2D 游戏引擎。

（7）Starling：Starling 是一个基于 Stage3D 实现的 2D 开发框架，类库用 AS3 实现，重构了 Flash 的显示列表机制，利用 GPU 加速实现高效的渲染。该框架受 Adobe 官方支持，技术资源丰富。

（8）AS3isolib：AS3isolib 是一个基于 AS3 的 isometric 库，适合游戏地图引擎开发。

（9）FlashPunk：FlashPunk 是一个为开发 Flash2D 游戏设计的 AS3 类库。它提供了一个快速开发框架，便于从游戏原型出发，提高设计效率。

（10）Flixel：Flixel 提供了若干功能炫酷的游戏设计工具，可以大大提高 Flash 游戏生产效率。

（11）PushButton Engine：PushButton Engine 是一款开源的 Flash 游戏引擎框架。

对于初学者而言，面对如此多的引擎框架，应根据游戏项目需求和功能定位，结合游戏引擎特点做出选择。

例如，如果决定采用一个 Stage3D 的 2D 框架，那么 Starling 是个不错的选择，Adobe 官方为此提供了丰富的文档支持。"愤怒的小鸟 FaceBook 版"（PC 应用）、"鲸鱼岛的冬天"（iOS 应用）都是基于 Starling 开发的成熟商业应用。

1.1.6　Flash 游戏题材与分类

就页游市场来看，三国和西游类故事题材占据主流位置，证明游戏题材的故事性和文化性极其重要。其他一些常见的故事题材类型有武侠题材、神话题材、奇幻题材、动漫题材、历史题材、军事题材、体育题材、商业题材、科幻题材等。

以军事题材为例。军事题材往往是以现代战争和近代战争为背景，体现为热兵器对抗，突出战争策略运用。玩家在游戏中能够感受运筹帷幄的成就感。

体育题材类游戏常见的有足球、篮球、棒球等球类项目。

商业题材类游戏一般由玩家扮演游戏里的商业精英角色，在游戏虚拟世界里从事公司经营活动等。

科幻类题材把游戏背景设定在未来。故事中会出现外星人、飞船、巨型机器人等现代科技无法实现的科幻事物。在科幻题材类游戏中，科学元素与幻想元素缺一不可，相辅相成。

除了根据游戏题材分类，还有一种分类方法很常见，即根据游戏的综合特点，将游戏分为动作类游戏、冒险类游戏、角色扮演类游戏、模拟经营类游戏、体育类游戏、策略类游戏、宠物养成类游戏、休闲益智类游戏等。

角色扮演类游戏（Role-Playing Game，RPG）允许玩家扮演游戏中的角色，在写实或虚拟游戏世界里活动。这类游戏市场占有率较高，又可细分为如下多种类型：剧情类RPG、动作类RPG、战棋类RPG、卡牌类RPG、街机类RPG、经营类RPG、射击类RPG、塔防类RPG、消除类RPG、放置类RPG等。

1.2 Flash游戏开发流程

Flash游戏设计是一项复杂的社会生产活动。无论对于个人还是团体，从开始有想法到最后变为现实，一般要经过以下5个阶段的工作，如图1.2所示。

（1）创意策划阶段：集思广益，为游戏设计一个构想。

（2）开发编码阶段：构想一步步实现的阶段。

（3）测试优化阶段：全方位测试游戏，剔除软件bug，采取优化措施，进一步改善游戏性能。

（4）发行收益阶段：将游戏发布到玩家手中，获取收益回报。

（5）维护升级阶段：根据用户反馈，做出必要维护、改进和升级，为玩家提供更佳体验。

1.2.1 创意策划阶段

游戏创意来自何处？为什么这些创意看起来足够吸引人并值得开发？为什么游戏会成功或失败？游戏包含角色吗？游戏角色会对玩家产生何种影响？相应的情节或故事是什么？角色执行任务的动机是什么？玩家是从上面或侧面观看动作吗？游戏存在重力吗？角色会受伤和死亡吗？如果会，受伤和死亡的方式是什么？游戏世界是否真实并不重要，但它应该具有因果关系，它应该具有一个用户能够理解的清晰一致的原因和结果。

要回答上述问题，就需要构建游戏故事情节。设计游戏就像撰写电影剧本一样。众所周知，三幕式架构在好莱坞电影剧本创作中很受追捧，即一个好故事由开局、过程、结局三部分组成。

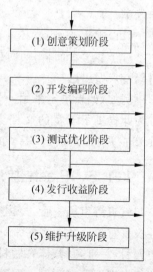

图1.2 Flash游戏开发流程

开局要抓住玩家注意力,介绍问题和矛盾;中间过程要善于提供戏剧张力,设置问题障碍,显得关山重重;结局部分则是要在经历千难万险之后见彩虹。

创意阶段,应注意以下故事元素的设计。

(1) 选择一个极具吸引力并且易于记住的游戏名称。

(2) 确保名称是原创的,以体现与其他游戏的不同。

(3) 包含社交功能,以支持玩家的交流互动。

(4) 在容易和挫败之间找到一个平衡点,使游戏具有可接受的挑战性。

(5) 包含悦耳的音效很重要,同时要为玩家提供静音和音量控制选择。

(6) 尽量降低游戏文件大小,提高游戏性能,使得游戏更易传播和体验。

(7) 如果需要包含注册功能,别忘了提供一个匿名用户选项。

(8) 以玩家为中心,考虑和设置游戏各项功能。

当然,对故事情节的追求,并不适合所有游戏题材。一般来讲,故事情节比较适合角色扮演类游戏(RPG),因为 RPG 类游戏对某些玩家而言更像电影,游戏仅仅是故事的一个载体。但对于休闲益智类游戏而言,故事则不是必需的。例如,"俄罗斯方块"就是一个超级火爆但没有故事的益智游戏,它曾在 20 世纪 80 年代中期风靡全球。

1.2.2 开发编码阶段

毫无疑问,这个阶段最为耗时和耗费成本。商业公司在推出一款产品之前,一般会根据游戏编码成熟度,经历以下几个设计过程,如图 1.3 所示。

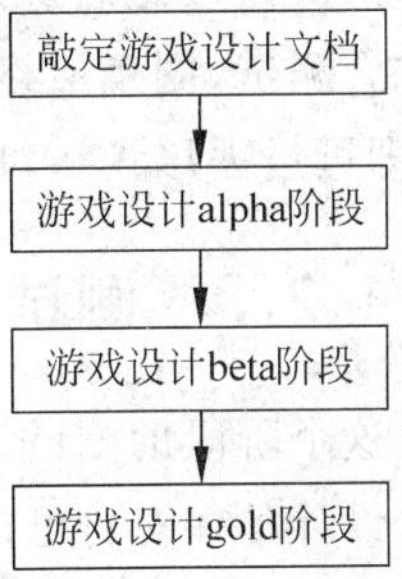

1. 敲定游戏设计文档

游戏设计文档(Game Design Document,GDD)用于给游戏开发提供全程指导,确保团队成员明白各自在开发过程中的角色和任务。GDD 主要着眼于游戏脚本、故事线、角色、交互以及游戏规则的设计,并最终形成技术设计文档。

(1) 游戏界面:界面元素描述、制作时间表、制作费用、界面特性等。

图 1.3 开发编码各阶段

(2) 游戏关卡:描述每一个关卡的定义和包含的元素,包括绘图、艺术、脚本、动画、背景等设计内容。

(3) 角色:角色定义和设计。以战争类游戏为例,需要分析每个玩家角色和非玩家角色先天的、后天的战斗和防御能力,为每个角色设定故事线等。

(4) 游戏引擎:由于游戏引擎的局限性,在编程、设计和艺术团队之间可能会存在若干误解。对于设计团队和艺术团队而言,了解这些局限性是必要的。他们必须清楚屏幕上一次能够容纳的角色数量、每个角色能够承受的动画数量、摄像和游戏视角限制、每个关卡和角色可用的多边形建模、每个纹理映射的颜色数量等。

(5) 技术设计文档:游戏设计的末期会推出技术设计文档,以作为游戏编码的行动指南。

2. 游戏设计 alpha 阶段

对游戏团队而言，无论是否决定从一个游戏原型开始起步，在开发过程中，原型的设计都是必不可少的。多数设计师认为，将脚本、声音、3D 引擎等技术手段集成在一起，实现游戏的雏形，是一个极具挑战性和开创性的工作，一旦完成，游戏设计也就步入了正规。迭代开发是常用的软件开发方法，在游戏设计过程中经常采用。这是一个渐次靠近目标的有效方法。

alpha 阶段的重点是完成游戏的所有功能设计，实现游戏的预定目标，尽可能完善和打磨游戏细节。在 alpha 阶段，测试部门需要对每个游戏模块进行系统详细的测试，建立游戏 bug 数据库。在这个阶段，游戏会向开发团队之外的用户开放，收集用户反馈是一项重要工作。

3. 游戏设计 beta 阶段

度过了 alpha 阶段之后，就开始了 beta 阶段。这个阶段需要解决 alpha 阶段没有完成的工作，根据用户反馈调整设计目标，重点解决遗留 bug 问题。beta 阶段的基本目标是让游戏最后定型并尽可能减少 bug，在所有可能的平台上完成测试。

4. 游戏设计 gold 阶段

beta 阶段之后进入开发的 gold 阶段。在 gold 阶段，意味着游戏管理层已经认可产品的综合测试，同意最终发布产品。对于传统大型离线游戏而言，游戏光盘通过全面测试之后，即可送去压盘。对于在线游戏而言，gold 阶段简化为游戏上线过程。

1.2.3 测试优化阶段

这个阶段的测试工作与开发阶段明显不同，是更注重以玩家为中心的综合测试。

设计师在对自己的作品进行测试时，很难做到客观公正。而邀请用户测试则往往能够发现一些不能预见的问题。如果具有相应的测试预算，可以雇佣一个能够提供 Flash 游戏测试服务的公司进行综合评估。

这个阶段需要进一步回答一些类似于下面这样的用户问题。

（1）游戏确实好玩吗？在调查对游戏是非常喜欢、喜欢或不喜欢时，各有多少玩家给出了真实反馈？

（2）游戏是否存在某些新发现的软件 bug？是否需要为某些类型的玩家做出新改变？

（3）游戏在所有目标平台（浏览器、桌面或移动客户端）上的表现是否满足玩家要求？

（4）玩家最希望在哪些方面做出优化和改进？

测试优化阶段一般安排在 alpha 阶段之后、beta 阶段之前，或 beta 阶段之后、gold 阶段之前进行，往往需要多次反复，严格测试才能保证游戏质量。

1.2.4 发行收益阶段

大型游戏项目往往具有精心策划的营销活动，以将游戏推送到新用户手中。对于许多中小游戏创作者而言，在发行游戏时存在许多挑战。为了从游戏项目中获得收益，有两种主要策略：提供免费的游戏或提供付费的高级游戏。这两种策略可以归纳为以下4种基本商业模式，如图1.4所示。

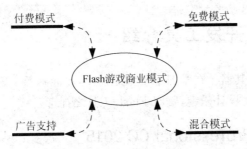

图1.4 Flash游戏商业模式

1. 付费模式

付费模式是借助应用程序商店实现的发行模式，至今仍为某些著名游戏所采用，如"愤怒的小鸟"(Angry Birds)、"涂鸦跳跃"(Doodle Jump)和"割绳子"(Cut the Rope)等。

2. 免费模式

免费模式是指先提供免费应用程序或游戏吸引用户试用，然后再通过"应用内购买"获取收益。当前iOS App Store排名前50位的应用程序中有30多款采用免费模式，包括"龙谷"(Dragon Vale)、"巴哈姆特之怒"(Rage of Bahamut)、"扑克"(Poker)和"宝石迷阵：闪电风暴"(Bejeweled Blitz)等。

3. 广告支持

常见的"应用内广告"类型如下。

(1) 横幅广告：横幅广告是在游戏的某些特定画面或某些特定位置显示广告信息。横幅广告通常采用eCPM(effective cost per mille，每一千次展示可以获得的广告收入)作为参照获取收益。

(2) 视频广告：视频广告可在游戏自然转换间隙播放简短视频(一般不超过30秒)获取收益。

很多免费游戏均采用某种形式的"应用内广告"，如Backflip Studios对"扔纸球"(Paper Toss)和"忍者跳跃"(NinJump)等游戏运用横幅广告来建立自己的商业帝国。

4. 混合模式

组合实施上述多种模式，即为混合模式。最常见的两种混合模式如下。
(1) 免费模式与广告支持模式。
(2) 付费模式与"应用内购买"。

1.2.5 维护升级阶段

游戏发行后，审慎地研究用户反馈和评价是一项重要工作。许多游戏门户网站允许玩家对游戏进行评论和评分。游戏发行方应该仔细分析这些信息,因为其中某些信息确实可以帮助改进游戏。例如,如果了解到大部分用户不能在游戏的某一级过关,则需要修改游戏,降低难度,推出游戏改进版或升级版,延长游戏生命周期。

1.3 Flash游戏开发工具介绍

工欲善其事,必先利其器。在学习下一章之前,尽可能熟悉了解游戏设计开发环境是必要的。这会让你早早感受设计乐趣,赞叹Flash工具之神奇。

1.3.1 Flash Professional CC 2015

Flash Professional系列工具主要应用领域有娱乐短片、片头、广告、MTV、导航条、产品展示、界面设计、网络应用和游戏等。主要产品系列有Flash Professional CS3、CS4、CS5、CS5.5、CS6。从CS6之后,为适应Adobe公司云战略需要,特改名为Flash Professional CC 2014、CC 2015等。本教程前八章实例均在Flash Professional CC 2015中开发完成。

各版本之间的性能比较如表1.1所示。

表1.1 Flash各版本功能特性比较表

功能特性	Flash Professional CC 2015	CS6	CS5.5	CS5	CS4	CS3
SVG 导出	有					
可变宽度的笔画	有					
可变宽度的笔画补间动画	有					
新的移动编辑器	有					
用于动画的 WebGL	有					
HTML5 canvas 支持	有					
优化的 HTML 发布	有					
64 位架构	有					
即时绘图	有					
简化使用者界面	有					
时间轴省时功能	有					
无限制的作业范围大小	有					
功能强大的程序码编辑器	有					
USB 测试与纠错	有					
Object-Level Undo	有	有				
Projector Support	有	有				
支持 HTML5	有	有				
产生精灵表单	有	有				
广泛的平台与装置支持	有	有				
建立预先封装的 Adobe AIR 应用程序	有	有				
Adobe AIR 行动模拟	有	有				
锁定场景 3D 功能	有	有				
高效率工作流程	有	有	有			

续表

功能特性	Flash Professional CC 2015	CS6	CS5.5	CS5	CS4	CS3
调整影像大小时可缩放内容	有	有	有			
增强的图形控制	有	有	有			
元件点阵化和更高的效能	有	有	有			
增强程序处理码片段	有	有	有			
自动存储和文件恢复	有	有	有			
渐进式编译	有	有	有			
Flash Builder 整合	有	有	有			
ActionScript 编辑器	有	有	有	有		
XML 架构的 FLA 来源文件	有	有	有	有		
改善与 Creative Suite 的整合性	有	有	有	有		
多平台发布内容机制	有	有	有	有		
骨骼动画	有	有	有	有	有	
面向对象动画	有	有	有	有	有	
3D 变形	有	有	有	有	有	
预设动画效果	有	有	有	有	有	
H.264 支持	有	有	有	有	有	
XFL 支持	有	有	有	有	有	
Photoshop 与 Illustrator 导入	有	有	有	有	有	有
将动画转换为 ActionScript	有	有	有	有	有	有
ActionScript 3.0 开发	有	有	有	有	有	有
丰富的绘图功能	有	有	有	有	有	有
先进的视频工具	有	有	有	有	有	有

1. 新功能

Flash Professional CC 2015 新增功能特性如下。

(1) 新的骨骼工具,用于反向运动(IK)动画。

(2) 可以导入具有音频的 H.264 视频。

(3) 将位图导出为 Sprite 表。

(4) 根据舞台缩放级别调整画笔大小。

(5) 通用文档类型转换器。

(6) 改进的音频工作流。

(7) 改进的动画编辑器。

(8) 面板锁定。

(9) 对 WebGL 的代码片段支持。

(10) 自定义平台支持 SDK 和样例插件得到增强。

(11) 集成了 AIR SDK 17.0、Flash Player 17.0 及最新 CreateJS 库。

(12) 保存优化。

(13) 自动恢复优化。

(14) 通过链接名称进行库搜索。

(15) 组织导入库中的 GIF。
(16) 反向选择。
(17) 粘贴并覆盖帧。
(18) 将时间轴缩放重设为默认级别。

Flash Professional CC 2015 开发人员工作界面如图 1.5 所示。

图 1.5　Flash Professional CC 2015 工作界面

2. 基本知识

（1）菜单。不管什么软件，菜单往往集成了所有的功能。菜单中的每一项，称作一条命令。从菜单开始，将所有命令熟悉一遍。且不论能理解多少，至少你对整个软件环境就有了第一印象，这对接下来的学习大有裨益。

（2）舞台。顾名思义，舞台就是展示所有设计元素的场合。设计师据此定义各种角色元素的表演空间。它也是 Flash 动画和游戏运行时呈现的最终屏幕界面。

（3）工具箱。绘制矢量图形、变形、3D 变换、颜色渐变等。在 Flash 里，只要有创意，有技能，就会实现想法。

（4）时间轴。这里时间轴是安排动画和舞台表演的"秘密场所"。时间轴规定了各种角色的出场顺序和动画表现。可以将其理解为整部动画的神经中枢指挥系统。时间轴上有帧、关键帧的区别，有图层的区别。当你能够理解和揭开时间轴的神秘面纱时，恭喜你，你的动画设计能力已经登堂入室了。

（5）库。库是存放元件的地方。什么是元件呢？通俗讲就是那些带有通用性质的母版设计，主要包括三类：影片剪辑、图形和按钮。除此之外，声音、视频、位图等都可以放到库中，随时待命。

（6）组件。组件主要为开发人员准备，用来做界面设计和控制视频。

（7）"属性"面板。如图 1.5 所示，"属性"面板用来设置舞台大小、动画帧频和文档类。选定舞台上一个对象之后，可以在此处对其进行更加详细的修改或渲染。

(8)"动作"面板。可以在此处编写 AS3 脚本程序,不过这些程序只能运行在某一关键帧上。

(9)其他一些工具。除了上面提到的这些大块头工具之外,在菜单里还有许多可用工具,值得你去慢慢学习。另外,注意舞台面板右上角的几个控制元素、时间轴右上角的控制按钮、时间轴下方的图层控制按钮、库面板下方的控制按钮,都定义了不同的功能。不要忽略它们。

1.3.2　Flash Builder

Flash Builder 是针对桌面和各种移动设备构建跨平台富互联网应用程序 RIA(Rich Internet Applications)的集成开发环境,用于开发 Flex 框架程序和 AS3 程序。这些程序可以部署到 Flash Player 运行时或 Adobe AIR 运行时支持的环境和设备上。

Flash Builder 4.7 欢迎界面如图 1.6 所示。在第 9 章,会以 Flash Builder 4.7 为开发环境来进行 Starling 框架下的游戏设计。

图 1.6　Flash Builder 欢迎界面

对于有 Java 编程经验或 C♯编程经验,熟悉 Eclipse 开发工具或 Visual Studio 开发工具的读者来说,学习 Flash Builder 没有难度;但对于没有编程经验的读者来说,Flash Builder 或许是一道坎,它对游戏项目的组织体现了软件工程的一些思想。如果你的目标是加入一个公司做游戏专业编程,可能就非要用它不可了。当然,正如前文指出的,还有其他一些选择,如 FDT、FlashDevelop 等。

对许多人而言,做游戏可能只是个人业余爱好。或许是为了追求某种卓越的成就感,或许是为了将作品发布到应用程序商店里,期待类似"愤怒的小鸟"、"2048"等游戏一夜神迹的出现。不管属于哪种情况，对于游戏开发工具的选择，初学者从 Flash Professional 起步是顺理成章的。

1.3.3 其他工具

1. 用 Photoshop 创作游戏原画

Photoshop 主要处理像素级别位图图像，可用于游戏原画设计，例如游戏场景、物件、角色的形体结构设计，游戏室内外场景以及场景元素的原画绘制。用 Photoshop 设计的游戏原画文件可直接作为元件导入 Flash 库中使用，实现 Photoshop 与 Flash 的无缝集成。

2. 用 Illustrator 创作游戏原画

Illustrator 是全球最负盛名的矢量编辑软件。据不完全统计，有 37% 的设计师使用 Illustrator 进行艺术设计。

Illustrator 与位图图形处理软件 Photoshop 有类似界面，并能共享一些插件和功能，实现无缝连接。用 Illustrator 完成的游戏场景、人物、角色等素材可以作为元件导入到 Flash 库中，实现 Illustrator 与 Flash 的无缝集成。

作为游戏设计师，如果对上述两种工具也能驾轻就熟，那么加上你的天赋，极有可能创作出美轮美奂的游戏原画设计。当然，本教程重点是游戏编程，即如何实现游戏逻辑。至于绘画，交给美术专业人员去完成是更聪明的做法。

此外，还有数不清的工具可以用于游戏创作，例如音效合成编辑工具、粒子系统创作工具、纹理图集合成工具、字体设计工具，等等。天哪，众多的工具集合，或许已经令你对游戏设计望而却步了。别担心，即使仅仅依靠 Flash Professional CC 2015，也能让你梦想成真。

1.4 小结

本章概述了 Flash 游戏设计的技术特点、Flash 游戏的技术框架，讲解了什么是 Flash 运行时，常用的开发工具有哪些，介绍了 Flash 采用的编程语言、常见的 Flash 游戏引擎与开发框架、Flash 游戏题材的分类方法、Flash 游戏开发流程、Flash 游戏的创意策划方法与发行收益模式等。

1.5 习题

1. 设计一款 Flash 游戏应考虑哪些因素？
2. 简述 Flash 游戏的技术支持框架。
3. 简述 Flash 游戏常见的开发工具及特点。
4. 简述常见的 Flash 游戏引擎及开发框架的技术特点。
5. 简述常见的 Flash 游戏分类及特点。
6. 简述 Flash 游戏的基本开发流程。

7. 简述游戏获取发行收益的基本商业模式。

8. 查找资料，对比研究 Flash Professional CC 2015 与 Flash Builder 这两款工具的差异。

9. 做个调查，列出最流行的 10 款游戏。你最喜欢的游戏有哪些？这些游戏哪些特点最吸引你？

10. 游戏设计包罗万象，分支众多。本书并不打算涉猎移动平台的游戏。但你可以关注一下在 iOS、Android、Windows 10 这 3 种移动平台上开发游戏时，分别采用怎样的技术框架。你认为 Flash 游戏在上述 3 种平台上会有怎样的发展趋势？

11. 本书给出了 5 个完整游戏案例，可从清华大学出版社网站下载下来，试玩一番，看看是否可以成为你的学习目标。你可以列出一个最想完成的 Flash 游戏设计清单，看看本书能否帮到你。

第 2 章

写出你的第一个程序

在开始编写第一个游戏之前,先来完成第一个程序。如果此前没有任何基础的话,这将是很有意义的跨越。本章将利用 Flash 开发环境,编写一个在屏幕上输出 Hello Flash 的小程序。在此期间,会接触到若干新术语。认识和理解这些新名词新术语,恰如前行路上踏出一个又一个脚印……

2.1 准备工作

在动手编程之前,需要理解以下 4 件事情。

(1) AS3 是游戏编程的主打语言,类似于 Java 和 C♯等高级语言。初学者可以找来 Adobe 官方文档查看。AS3 提供了若干系统类库供编程者调用。

(2) 面向对象编程思想。AS3 是完全面向对象的编程技术,如果初学者能在这方面有所顿悟的话,那么编程之门正在为你悄悄敞开。

(3) 理解扩展名为 fla、as 和 swf 这 3 种文件类型的不同。FLA 是动画文件,里面主要包含为游戏设计的各种可视元素,也可以包含写在帧上面的 AS3 程序。AS 文件是纯粹的程序文件,只包含 AS3 编写的代码,一般用来实现游戏逻辑。将 FLA 和 AS 这两类文件联合编译,生成的文件是 SWF 文件。SWF 文件可以直接运行在 Flash Player 或 AIR 运行时环境中。

(4) 本教程前 8 章的内容都是在 Flash Professional CC 2015 环境中完成的,第 9 章从 Starling 框架开始,将以 Flash Builder 4.7 作为开发环境。

2.2 从创建 FLA 文件开始

(1) 在桌面上新建一个文件夹,命名为 chapter2。

(2) 启动 Flash Professional CC 2015。在欢迎界面选择"文件"→"新建",弹出图 2.1 所示的对话框。选择文档类型为 ActionScript 3.0,保留其他默认值不变,单击"确定"按钮,即可创建一个新文档,此文档类型即为 FLA 文件。新文档窗口如图 1.5 所示,舞台上方标题栏显示为"无标题-1",这说明新文档还没有被保存和正式命名。

(3) 命名和保存主文档 MyFirst.fla。选择"文件"→"保存",弹出图 2.2 所示的对话框。

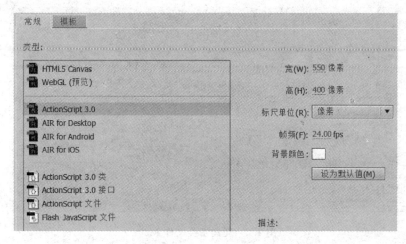

图 2.1 选择文档类型

确定保存位置为 Chapter2 文件夹，文件名为 MyFirst，文件类型为"Flash 文档（＊.fla）"，单击"保存"按钮，完成新文档的首次保存工作。

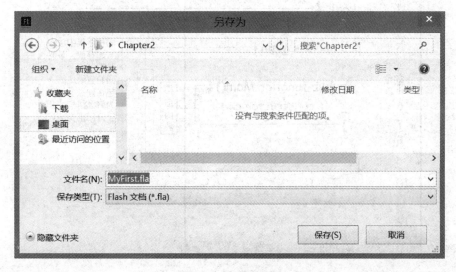

图 2.2 保存新文档

2.3 创建主程序 Main.as

（1）在菜单中选择"文件"→"新建"命令，弹出图 2.3 所示的对话框，选择文档类型为"ActionScipt 3.0 类"，类名称设定为 Main，单击"确定"按钮，即创建一个新文档，此文档就是 AS 文件。

注意：此处类名称 Main 可以指定为任意合法的标识符。有程序员愿意用 Main 表示主类，即程序的入口类。这样的好处是，与 Java、C♯等其他高级语言一致起来，因为用这些语言编写的主程序，有一个称作 main 的函数，代表主程序入口。不过注意此处首字母用了大写，AS3 区别大小写。当然也可以用"main"这个名称。Main 与 main 是不同的。

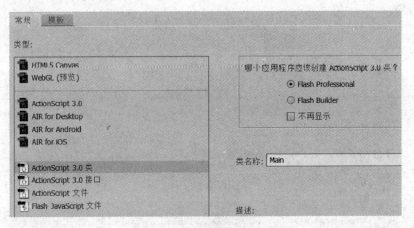

图 2.3　新建主类文件 Main

（2）新建主类文件，如图 2.4 所示。

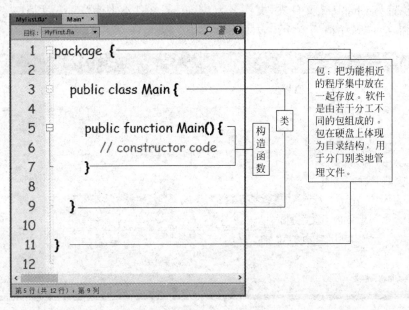

图 2.4　主类 Main 初始结构

图 2.4 给出的 11 行程序是由 Flash 自动生成的一个初始化结构。这个初始结构的最外层是包的定义，第 2 层是类的定义，第 3 层是类的属性、方法和构造函数的定义。类的定义目前只包含一个空的构造函数。另外，这 11 行里面还有 4 个空行，所以，有意义的代码只有 7 行。这个结构，就像一个新生的婴儿，随时可能成长为呼风唤雨的程序巨人。

2.4　理解包

1．理解包

如图 2.4 所示，包就像一个容器，用 package 这个关键字来声明，用一对花括号表示开始和结束。为了区别不同包,可以在 package 的后面放上包的名字。如果省略名字,这个包就只能存放到与主文件 MyFirst.fla 相同的目录里。

这样看来,包首先是类容器。这里,表 2.1 小心地列出了 Flash 编程中常用的一些包。初学者有必要反复阅读,达到熟知的地步,这对开始编程之旅大有帮助。读者很快就会看到,在自己设计的程序中,需要经常引用表 2.1 中列出的这些系统包。

表 2.1 ActionScript 3.0 常用包

包	功 能 说 明
顶级	定义了 ActionScript 核心类和全局函数
fl.transitions	包含一些类,用来创建动画效果
fl.transitions.easing	包含可与 fl.transitions 类一起创建缓动效果的类
flash.display	包含构建可视内容的核心类
flash.events	支持新的 DOM 事件模型,并包含 EventDispatcher 基类
flash.filters	包含可产生位图滤镜效果的类
flash.geom	包含几何图形类以支持 BitmapData 类和位图缓存功能
flash.media	包含用于处理声音和视频等多媒体资源的类
flash.net	包含网络发送数据和接收数据的类
flash.text	包含用于文本字段、文本格式和布局的类
flash.ui	包含用户界面类,如用于与鼠标和键盘交互的类
flash.utils	包含实用程序类,如 ByteArray 等数据结构

这里,把表 2.1 第一行顶级包里的一部分内容分类展示为表 2.2、表 2.3、表 2.4。顶级包里面定义了一些常用编程元素,也是初学者需要尽快了解的。

表 2.2 顶级包中的全局常量

常 量	功 能 说 明
Infinity	正无穷大的特殊值
-Infinity	表示负无穷大的特殊值
NaN	Number 数据类型的一个特殊成员,用来表示非数字(NaN)值
undefined	一个适用于尚未初始化的无类型变量或未初始化的动态对象属性的特殊值

表 2.3 顶级包中的全局函数

函 数	功 能 说 明
Array	创建一个新数组
Boolean	将 expression 参数转换为布尔值并返回该值
Date	表示日期和时间
int	将给定数字值转换成整数值
isFinite	如果该值为有限数,则返回 true;如果该值为正无穷大或负无穷大,则返回 false
isNaN	如果该值为 NaN(非数字),则返回 true
isXMLName	确定指定字符串对于 XML 元素或属性是否为有效名称
Number	将给定值转换成数字值
Object	在 AS3 中,每个值都是一个对象,这意味着对某个值调用 Object() 会返回该值
parseFloat	将字符串转换为浮点数

续表

函　数	功　能　说　明
parseInt	将字符串转换为整数
String	返回指定参数的字符串表示形式
trace	调试时显示表达式或写入日志文件
uint	将给定数字值转换成无符号整数值
Vector	创建新的 Vector 实例，其元素为指定数据类型的实例
XML	将对象转换成 XML 对象
XMLList	将某对象转换成 XMLList 对象

表 2.4　顶级包中的全局类

类	功　能　说　明
Array	可以访问和操作数组
Boolean	一种数据类型，其值为 true 或 false（用于进行逻辑运算）
Class	为程序中的每个类定义创建一个 Class 对象
Date	日期和时间信息
Function	可以在 ActionScript 中调用的基本代码单位
int	32 位带符号整数的数据类型
Math	包含常用数学函数的方法和常数
Namespace	包含用于定义和使用命名空间的方法和属性
Number	符合 IEEE-754 标准的双精度浮点数的数据类型
Object	是其他类的根类
RegExp	允许使用正则表达式
String	一串字符的数据类型
uint	32 位无符号整数的数据类型
Vector	可以访问和操作矢量（即所有元素均具有相同数据类型的数组）
XML	包含处理 XML 对象的方法和属性
XMLList	包含处理一个或多个 XML 元素的方法

　　表 2.1～表 2.4 提供了一张 AS3 编程导航图。按图索骥，可以逐级查看有关包的详细定义。除了这些系统包以外，设计师在自己的项目中往往还要定义项目包。

　　上面啰嗦了这么多，希望还没有熄灭你对第一个程序的热情和期待。接下来，在图 2.4 所示的第 1 行代码 package 关键字后面（空一格），写上包的名字，例如 GameLogic。

```
package  GameLogic {
    public class Main {
        public function Main() {
        }
    }
}
```

　　上面包定义表明，这个包应该存放到 Chapter2 这个项目文件夹的 GameLogic 子目录中。

2. 命名和保存主程序 Main.as

选择"文件"→"保存",弹出图 2.5 所示的对话框。确定保存位置为 Chapter2 文件夹下的子文件夹 GameLogic,文件名为 Main,文件类型为"ActionScirpt 文档(*.as)"。单击"保存"按钮,完成主程序的首次保存工作。

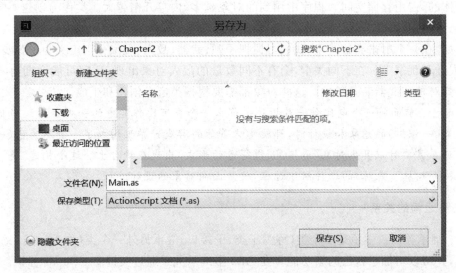

图 2.5 首次保存主程序

保存 Main.as 文件时,文件主名必须和类名称保持一致,包括大小写。GameLogic 子目录可预先创建,或者在图 2.5 中单击"新建文件夹"临时创建。

小贴士:用包的方式来管理和组织项目结构。打个比方,一个包就像一片树林。每定义一个包,就像是在项目里种下一片树林。当项目完成时,你可能已经拥有若干树林(包),这些树林(包)集合在一起就是森林(包林)。游戏设计的过程就是不断去创造心目中的那片森林,极富开创性和挑战性。

2.5 理解类和对象

这个世界是由对象组成的,但我们习惯用类来识别和组织这些对象,俗话说物以类聚。所以,类是对象的一种抽象。例如,这把香蕉、那个苹果、这个西瓜、那个桃子,这些都是具体的对象,都属于水果类。但说到"水果"时,我们的脑海是抽象的,不知道"水果"什么样,只知道它大致可能指什么。但如果说"这个苹果",就是具体的,是能看得见、抓得住的客观对象。

1. 类和对象

在编程世界里,类是一种抽象的数据类型,其定义形式为:

```
class 类名 {
    public:
        公用的数据和成员函数
    protected:
```

　　　　　受保护的数据和成员函数
　　private:
　　　　　私有的数据和成员函数
}

对象是类的实例,类是对象的模板。类和对象是面向对象编程技术最基本的概念。对象是具体的,占用存储空间。程序中用到的对象越多,内存开销越大。类作为创建对象的代码蓝图,只占用代码空间。

例如,在一个射击类游戏里,我们习惯把子弹、武器、敌人、玩家分别定义为子弹类、武器类、敌人类和玩家类。在不同关卡,会有不同数量的敌人对象出现,玩家可能会拥有不同数量的子弹对象和武器装备对象。这些对象都需要根据类定义创建和生成。

小贴士:前面将一个包比作一片树林。那么一个类可比作其中的一棵大树。当你完成了一个类(一棵树)的想象和设计时,那就意味着你的游戏世界里增加了一类新角色(一类新树木),可在需要时以具体对象(看得见、摸得着的形式)出现在舞台上。这个构建"类—包—项目"(树—树林—森林)的软件组织过程,就是面向对象的设计过程。

2. 类之间的关系

(1) 继承关系。继承是一个类(称为子类、子接口)继承另外一个类(称为父类、父接口)的功能,并可以增加它自己的新功能。在 AS3 中继承关系通过关键字 extends 标识。

(2) 实现关系。实现是一个 class 类实现 interface 接口(可以是多个)的功能,实现是类与接口之间最常见的关系。在 AS3 中,此类关系通过关键字 implements 标识。

现在,将 Main 类做如下扩展,指定其父类为 MovieClip。

```
01    package GameLogic {
02      import flash.display.MovieClip;
03      public class Main extends MovieClip {
04        public function Main() {
05
06        }
07      }
08    }
```

extends 关键字表示"继承自…"或者"扩展自…"。父类 MovieClip 是何方神圣？它显然不是设计师自定义的类。它来自于 AS3 的系统包 flash.display,所以 Main 类定义之前需要用 import 这个关键字导入 MovieClip 类的定义。当我们在 Main 类名后面输入 extends MovieClip 之后,IDE 环境一般会自动把 import flash.display.MovieClip 这个语句追加到顶部,省却了单独输入之繁。

2.6 理解构造函数

1. 构造函数的特点

(1) 构造函数是一种特殊方法,用来在创建对象时初始化对象。构造函数的名称必须和类名完全相同。

（2）构造函数没有返回值，也不能用 void 来修饰。

（3）构造函数不能被直接调用，通过 new 运算符创建对象时会被自动调用。

（4）在定义一个类的时候，通常情况下都会编写该类的构造函数，程序 2.1 第 4、5、6 行语句，定义了 Main 类的构造函数。

（5）AS3 规定构造函数只能声明为 public 类型，目的是可以在外部通过 new 关键字来创建其对象。

2. 在构造函数里编程

构造函数在创建对象时会被自动调用。现在我们在 Main 类构造函数里加入一条 trace 语句。这个语句经常用来追踪调试程序的中间输出结果，如程序 2.1 所示。

程序 2.1：在调试窗口输出 Hello Flash
```
01    package GameLogic {
02    import flash.display.MovieClip;
03    public class Main extends MovieClip {
04    public function Main() {
05        trace("Hello Flash");
06    }
07    }
08    }
```

保存 Main.as 主程序。程序 2.1 即是你的第一个 Flash 小程序，后面还要做些工作让它运行起来。

2.7 关联 FLA 和 AS 主类

（1）单击舞台上方的文档标题，切换到 MyFirst.fla 主文档。打开"属性"面板，在"类"文本框里输入 GameLogic.Main（包名和类名）。保存主文档。如图 2.6 所示，在"属性"面板上实现了 MyFirst.fla 文件与文档类 Main 之间的关联。

图 2.6　关联 FLA 和 AS 主类

（2）测试发布影片，将 MyFirst.fla 文件与文档类 Main 联合编译成 MyFirst.swf 文件。

注意：这里需要同时指定包名 GameLogic 和类名 Main，中间用圆点分隔，表示 MyFrist.fla 文件编译发布时会绑定 GameLogic 包中的 Main 这个类一起进行，Main 类称作 MyFrist.fla 的文档类或主类。

2.8 输出测试 SWF 文件

输出测试 SWF 文件的方法有如下 3 种。

（1）在菜单中选择"控制"→"测试影片"→"在 FlashProfessional 中"（或"在浏览器中"）命令。

（2）在菜单中选择"文件"→"发布"（或"发布设置"，可以调节发布参数)命令。

（3）直接按快捷键：Ctrl+Enter。

显然，第 3 种方法更为简捷。这里按下 Ctrl+Enter，程序输出结果如图 2.7 所示。

可以观察到中间白色区域（舞台）上没有输出内容，Hello Flash 出现在 Flash 自带的输出窗口中。这是稍显美中不足的地方，不过仍然值得庆贺，你已经从头到尾创建了一个五脏俱全的麻雀程序。这是你的第一个 Flash 程序。千里之行，始于足下。

图 2.8 集中展示了 3 类文件，FLA、AS 和 SWF 文件的存放位置、文件名称、文件类型和文件图标。

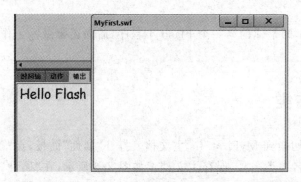
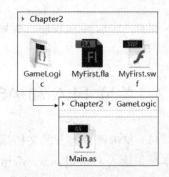

图 2.7　MyFirst 运行结果　　　　　　图 2.8　3 种文件类型

2.9 学到了什么

程序 2.1 这个只有 8 行的程序给我们带来了什么样的编程认知和体验呢？

（1）包。认识和理解了包，包是组织软件框架的外在形式和物理方法。

（2）类。类是定义软件功能模块的基本单位，具有很强的封装性，能继承和被继承。

（3）构造函数。构造函数是与类同名的特殊函数，在创建类对象时被自动调用。

（4）关键字和标识符。标识符是由字母、数字和下划线组成的单词文本。关键字又称保留字，是 AS3 语言系统预定义和使用的标识符。用户自定义的标识符不能与关键字相同。

（5）大括号。程序中每一个相对独立完整和有意义的代码部分，一般都由一对大括号开始和结束，例如包定义、类定义、函数定义。这些大括号必须成对出现。注意它们的对应关系和嵌套关系。

（6）认识了 trace 语句，这个函数可以在调试窗口输出程序中间结果，可用来调试程序。

（7）认识了 AS3 一些常用系统包和顶级包。顶级包中的元素在程序中直接引用即可。系统包中的元素需要用 import 语句预先导入。

（8）分号";"与大括号规定一段代码块的开始和结束不同，分号表示一条语句的结束。

（9）SWF 文件是运行在 Flash Player 运行时和 AIR 运行时平台上的可执行文件；FLA 文件是动画源文件，包含可视元素设计和脚本设计；AS 文件是纯粹的脚本程序文件。FLA 文件和 AS 文件都是源文件，编译为 SWF 文件才能被运行。

（10）认识了 package、class、function、import、public 等关键字。

（11）最重要的，你确实可以创建一个独立程序，并且将它运行起来。

2.10 更进一步：在舞台上输出

或许读者希望将第一个程序输出结果显示到舞台上，因为只有舞台，才是 Hello Flash 该去的地方。那就趁热打铁吧。在程序 2.1 编程框架的基础上，扩充为程序 2.2，保存 AS 文件，发布影片，就会得到图 2.9 所示的结果。

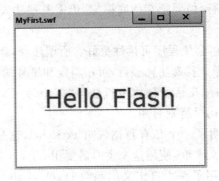

图 2.9 在舞台上输出

为了便于对照前后两个程序的变化，程序 2.1 中出现的语句，在程序 2.2 中都做了加粗处理。

程序 2.2：在舞台上输出 Hello Flash
```
01  package GameLogic  {
02    import flash.display.MovieClip;
03    import flash.text.TextField;
04    import flash.text.TextFormat;
05    import flash.text.TextFieldAutoSize;
06    public class Main  extends MovieClip {
07      private var txtLabel:TextField;           //定义文本框对象
08      public function Main() {
09        DisplayLabel();                         //调用显示文本框的函数
10      } //end Main
11      private function DisplayLabel():void {
```

```
12        txtLabel = new TextField();                        //创建文本框
13        txtLabel.autoSize = TextFieldAutoSize.LEFT;        //文本框大小随内容自动调整
14        var format:TextFormat = new TextFormat();          //创建文本格式对象
15        format.font = "Verdana";                           //字体
16        format.color = 0xFF0000;                           //字体颜色
17        format.size = 36;                                  //字体大小
18        format.underline = true;                           //下划线
19        txtLabel.defaultTextFormat = format;               //将格式 format 设定为 label 的默认格式
20        stage.addChild(txtLabel);                          //文本框投放到舞台上
21        txtLabel.text = "Hello Flash";                     //设定文本框里的文本内容
22        txtLabel.x = stage.stageWidth/2 - txtLabel.width/2;//文本框的横坐标
23        txtLabel.y = stage.stageHeight/2 - txtLabel.height/2;  //文本框的纵坐标
24      } //end DisplayLabel
25    } //end class
26  } //end package
```

程序 2.2 显得稍长，在程序 2.1 基础上增加了一些新语句。学习这些新知识的同时意味着你面临的新挑战也开始了。

2.11 优秀编程习惯

程序 2.2 虽然只有 26 行，但要把它彻底搞懂，仍需费些功夫。其中蕴含了丰富的编程信息。

(1) 在程序中加入注释，会使程序可读性更好。所谓注释，就是两个正斜线//引导的文本。这种注释称为单行注释。若要注释多行，可用斜线和星号的组合：/**/。

(2) 在函数、类、包的结尾花括号处用单行注释"//end …"，这会使程序具有更好的可读性，在面对复杂的程序结构时特别有用。

(3) 07 行程序为类声明了一个私有数据成员 txtLabel，这是一个 TextField 类型的对象。TextField 类用于定义文本框，使用这个类时需要用 import 导入包。

(4) 09 行，构造函数调用了一个自定义的函数 DisplayLabel，以完成文本的显示工作，11~24 行是函数的实现部分。

(5) 12 行用来创建文本框对象 txtLabel，13 行用来设置文本框的大小自动调整属性。

(6) 14~18 行用 TextFormat 类定义和创建了一个 format 对象，设定了一种文本格式，规定了字体、颜色、下划线。

(7) 19 行将文本格式应用到了 txtLabel 文本框上。

(8) 20 行，stage.addChild(txtLabel)将 txtLabel 对象作为 stage 的孩子，加入到了 stage 的家庭里。这里，stage 是个全局变量，表示舞台对象。舞台是个大容器，所有要在舞台上出现的元素，都必须经过 addChild 操作，也就是说首先要成为 stage 的孩子才行。

(9) 20 行如果省略 stage，写成 addChild(txtLabel)，程序就会根据上下文识别当前对象，相当于写成 this.addChild(txtLabel)。这里，关键字 this 表示当前对象。

(10) 21 行用于设定文本框里显示的内容。

(11) 22 行和 23 行分别用于设定文本框在舞台上的横、纵坐标，单位为像素。如果不设定坐标，txtLabel 会出现在舞台左上角。这里用了编程技巧，分别用舞台宽度和高度减去

txtLabel 的宽度和高度再除以 2,保证文本框出现在舞台中央。以后,不管舞台大小如何变化,文本框始终会出现在舞台中央。

（12）舞台坐标定义如图 2.10 所示。左上角为原点(0,0),向右为 x 正向坐标,向下为 y 正向坐标。假设舞台宽度为 550 像素,高度为 400 像素,那么舞台右下角坐标为(550,400),舞台中央坐标为(275,200)。

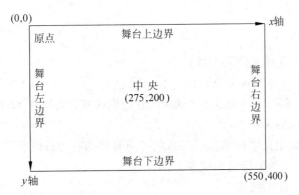

图 2.10　舞台坐标系(以 550×400 为例)

（13）驼峰命名法。驼峰命名法(Camel-Case)是一种可读性比较好的标识符命名方式,共有以下两种用法。

① 小驼峰法。变量一般用小驼峰法标识。除第一个单词之外,其他单词首字母大写。

② 大驼峰法。相比小驼峰法,大驼峰法把第一个单词首字母也大写了。对于变量和函数,一般采用小驼峰命名法；对于类名称和常量命名,一般采用大驼峰法。当然,这不是必需的。

变量前边加上适当的前缀,有助于程序员区别变量类型。例如,在文本变量前面加上 txt 前缀,在按钮变量前面加上 btn 前缀,在影片剪辑前面加上 mc 前缀,在布尔变量前面加上字母 b 前缀等。

尽管驼峰命名法和前缀命名法不是必需的语法规定,但如若能够自觉采取这种做法将会是程序员的优秀习惯。

（14）对齐代码。我经常把程序比作优美的诗篇,那些动人诗行长短不一,错落有致,似瀑布般飞流直下,或气势磅礴,一泻千里；或蜿蜒曲折,百转千回；或嘈嘈切切,低声细语；或引吭高歌,声动四野,此为编程之境界。耐心对齐和缩进那些编码铸就的诗行,让其前后呼应,渔歌互答,实为编程一乐。

有了程序 2.1 和程序 2.2 作基础,我们就可以立刻启航,信心满满地向下一个目标迈进。

2.12　小结

本章认识了 FLA、AS 和 SWF 这 3 种基本 Flash 文件类型,了解了 Flash 程序基本结构,认识了包的概念、类的概念和构造函数的特点,熟悉了一些常见 AS 编程系统包,了解了顶级包的分类,学习了若干术语和命名规范,认识了什么是标识符,什么是关键字。

通过程序 2.1 短短 8 行语句,体验了包、类、构造函数和 trace 语句用法。通过程序 2.1 的创建过程,了解了文档类(即主类)与主文件关联的方法。程序 2.1 是一个袖珍小程序,程序 2.2 则一下子变大了好多,冒出了好多新语句。目前,努力记住程序 2.1 就可以了,这可是引你入门的第一个朋友。

2.13 习题

1. 简述 Flash 的 3 种文件类型及特点。
2. 如何为 FLA 文件关联文档类?
3. 参照表 2.1,列举 10 个常见系统包,试着记住这些看起来并不难记的名字。
4. 简述类与对象的关系。
5. 构造函数在类定义中扮演怎样的角色?所有类都有构造函数吗?
6. Flash 对舞台上的坐标是如何规定的?
7. 简述驼峰命名法的特点。
8. 在程序 2.1 中,extends 关键字的作用是什么?
9. 编码时,为什么要缩进行与对齐行?如何为程序添加注释?
10. Flash 中编译测试影片的基本方法有哪些?
11. 把本章遇到的所有困惑一一列出,在今后的学习中给予重点关注。

第3章 写出你的第一个游戏

接下来你即将拥有自己的第一款游戏"看水果学单词"。想想就令人兴奋不已。游戏要好玩,能给人带来快乐或挑战才有意义,就像我们小时候玩过的各种游戏,如老鹰捉小鸡、捉迷藏、跳方块等,无论长多大,都令人难忘。

3.1 创意

"看水果学单词"这款游戏是为英语学习者设计的,游戏主旨是帮助玩家记单词。基本想法是把图片和单词放到舞台上,由玩家进行识别和匹配。游戏设4关,每关给出3个水果和3个单词,全部匹配成功则过一关。

最初创意这款游戏时,我有两种设计思路。一种是,每一关水果图片是固定的(题目固定),这样便于玩家强化记忆和复习。另一种是,每一关水果图片是随机的,这样玩家更有新鲜感,会更有乐趣,当然挑战性也高。新东方出了一本记单词的书,有两种版本,一种是按字母顺序的正序版,一种是乱序版。据我所知,许多人愿意用乱序版,因为乱序版更活泼,不死板。受此启发,游戏每一关内容采用随机抽取和随机排列的方法,以增强游戏的活泼性。

3.2 准备游戏素材

为本游戏创建一个项目文件夹:Chapter3。将所有图片素材放到 images 子文件夹中,声音素材放到 sound 子文件夹中。将单词做成一个记事本文件,放到 words 文件夹中。

(1)游戏中使用的12种水果图片如图3.1所示。
(2)声音素材如图3.2所示。
对4种声音文件应用场合做如下规定。
① 明亮提示音:匹配成功时播放。
② 我看错了:匹配错误时播放。
③ 太棒了:过关时播放。
④ 成功了:全部过关时播放。

图 3.1 游戏用到的 12 种水果素材

图 3.2 声音素材

(3) 单词表。与 12 种水果对应的单词如表 3.1 所示。

表 3.1 单词与关卡设定表

序 号	单 词	水果名称	关 卡
1	Apple	苹果	
2	Pomegranate	石榴	
3	Grape	葡萄	
4	Strawberry	草莓	
5	Cherry	樱桃	
6	Banana	香蕉	随机出现在各关卡中
7	Peach	桃子	
8	Mango	芒果	
9	Watermelon	西瓜	
10	Orange	橘子	
11	Tomato	西红柿	
12	Pineapple	菠萝	

3.3 导入素材到库

启动 Flash Professional CC 2015，创建一个 FLA 新文档，将新建 FLA 文档保存到 Chapter3 文件夹，命名为 MatchingGame.fla。

1. 图片导入

选择"文件"→"导入"→"导入到库"命令，打开"导入资源"对话框，定位到 images 文件夹，选中所有图片，导入到库中。

2. 声音导入

选择"文件"→"导入"→"导入到库"命令，打开"导入资源"对话框，定位到 sound 文件夹，选中所有声音文件，导入到库中。

在库中创建两个文件夹，分别命名为 images 和 sound。将图片归集到 images 文件夹，将声音归集到 sound 文件夹。整理完成后的"库"面板如图 3.3 所示。

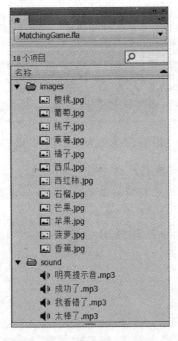

图 3.3 将素材导入库中

3.4 创建游戏元件

1. 创建图片元件

单击"库"面板左下角"新建元件"按钮，创建水果卡片影片剪辑，如图 3.4 所示。设定

"名称"为"水果卡片","类型"为"影片剪辑",导出"类"名称为Fruit。单击"确定"按钮,进入元件创作舞台。

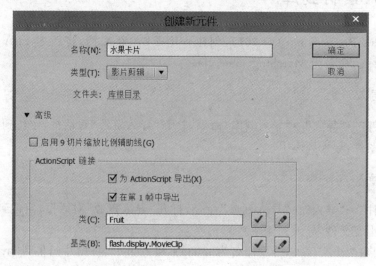

图3.4 创建水果卡片影片剪辑元件

转到水果卡片元件创作舞台,完成一个12帧元件的创作。每一帧对应一幅水果卡片图。这里让卡片顺序与表3.1的单词顺序保持一致,如图3.5所示。

图3.5 水果卡片时间轴排列

小贴士:快速创建水果卡片剪辑技巧

将第一张苹果图片从库中拖放到剪辑舞台,可用舞台对齐工具使其放置到舞台正中央。选择时间轴第2帧,插入一个关键帧。此时相当于对第1关键帧进行了复制操作。右击舞台中央的苹果图片,在快捷菜单中选择"交换位图"命令,在打开的对话框中选择石榴图片,确定之后第2帧图片即换成石榴,而且已经放到舞台正中央。依次类推,可以迅速完成3~12帧的创作,效果如图3.5所示。

2. 创建声音类型对象

选择库中的"成功了.mp3"声音对象,在右键菜单中选择"属性",打开"属性"面板,切换到ActionScript子面板,勾选"为ActionScript导出"复选框,将声音的类名设为Success。单击"确定"按钮,完成Success声音类定义。

按照类似办法,分别完成余下3个声音类的创建。完成效果如图3.6所示。

图3.6 水果卡片剪辑和声音导出类型

3. 创建单词表剪辑

创建单词表影片剪辑，导出类名为 Words。参照表 3.1 顺序，对应每一帧，在单词表舞台上放置一个文本框，字体为 Arial Rounded MT Bold，字号为 48 磅，颜色为深灰色＃666666。用舞台对齐工具将每一帧文本放置到舞台正中央。完成后单词表剪辑时间轴效果如图 3.7 所示。

"库"面板如图 3.8 所示。请记住以下类名组合：

(1) 水果卡片——Fruit；

(2) 单词表——Words；

(3) 成功了.mp3——Success；

(4) 明亮提示音.mp3——Hint；

(5) 我看错了.mp3——Sorry；

(6) 太棒了.mp3——Best。

图 3.7　单词表剪辑时间轴（每一帧对应一个单词）

图 3.8　"库"面板状态

下一阶段的工作是为游戏开始、进行和结束分别创建 3 个影片剪辑，分别用来展示游戏的开始界面、进行界面和结束界面。

3.5　创建游戏封面剪辑 StartGame

游戏起始页面，也称游戏封面。就像一本书的封面一样，游戏标题和"开始"按钮是两个基本元素，其他可根据游戏需要，添加作者信息、帮助信息、游戏模式选择信息等。这里先完成一个最小化设计，效果如图 3.9 所示。

创建封面影片剪辑 StartGame 参考步骤如下。

(1) 创建"开始"按钮。单击"库"面板左下角的"新建元件"按钮，创建一个新元件，名称为"开始按钮"，类型为"按钮"。单击"确定"按钮进入元件创作舞台。在舞台正中央画一个椭圆作为按钮形状，上面写上文字"开始"，完成按钮创作。

(2) 创建影片剪辑 StartGame。单击"库"面板左下角的"新建元件"按钮，创建一个新元件，名称为 StartGame，类型为"影片剪辑"。勾选"为 ActionScript 导出"复选框，类名仍为 StartGame。单击"确定"按钮进入元件创作舞台。

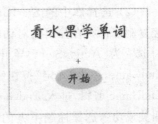

图 3.9　游戏封面

（3）绘制一个矩形背景框。在舞台上绘制一个宽高为 540×390 的矩形框，无填充颜色。让矩形框对齐舞台正中央。

（4）添加标题。在舞台正上方添加游戏标题"看水果学单词"。

（5）添加按钮。从库中将"开始"按钮拖放到标题正下方。

（6）为按钮设定实例名称 btnStart。选择"开始"按钮，在"属性"面板中将其实例命名为 btnStart。

游戏封面剪辑创建完成，效果如图 3.9 所示。

3.6　创建游戏进行剪辑 PlayGame

游戏进行剪辑创建步骤如下。

（1）在库中选择 StartGame 剪辑，右击，弹出快捷菜单，选择"直接复制"命令，弹出对话框，将剪辑名称改为 PlayGame，勾选"为 ActionScipt 导出"复选框，导出类名为 PlayGame。

图 3.10　游戏进行状态

（2）双击库中的 PlayGame 影片剪辑，进入影片编辑舞台，删除标题和按钮。拖放 3 个单词实例放到左边，拖放 3 个水果实例放到右边，使各行对象上下对齐，效果如图 3.10 所示。

（3）通过"属性"面板仔细地记下 3 个单词和 3 个水果的出现位置。这里采集到的单词位置如下：(−120,−135)、(−120,0)、(−120,135)。水果位置如下：(170,−135)、(170,0)、(170,135)。这些坐标数据将用于控制每一关单词和水果的合理摆放位置。

3.7　创建游戏结束剪辑 EndGame

创建 EndGame 剪辑，步骤如下。

（1）首先在库中选择"开始按钮"，在右键菜单中选择"直接复制"命令，在弹出的对话框中将元件名称改为"再来一遍"。单击"确定"按钮。双击打开"再来一遍"按钮，把按钮上的文字由"开始"改为"再来一遍"。对齐按钮形状，完成新按钮的创建。

（2）选择库中的 StartGame 剪辑，在右键菜单中选择"直接复制"命令，在弹出的对话框中将剪辑名称改为 EndGame，勾选"为 ActionScipt 导出"复选框，类的导出名称为 EndGame，单击"确定"按钮完成新剪辑的创建。在库中双击 EndGame 剪辑，进入 EndGame 舞台。将标题文字改为"恭喜闯关成功"，选择标题下方的"开始"按钮，在右键菜单中选择"交换元件"命令，与"再来一遍"按钮进行交换。至此，游戏结

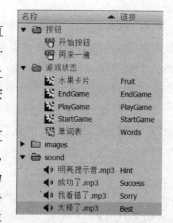

图 3.11　元件创作完成

束界面 EndGame 剪辑创作完成。将库中元件用文件夹的方式进行分类整理。库中内容如图 3.11 所示。

3.8 游戏逻辑设计

游戏逻辑设计如下。

(1) 启动游戏：游戏初始运行时展示给玩家的界面是游戏封面。玩家单击封面上的"开始"按钮后，转入步骤(2)，进入游戏第一关。

(2) 首先完成初始化工作，包括抽取水果和单词卡片，生成游戏画面，呈现游戏画面，效果类似图 3.10 所示的布局，3 个单词卡片和 3 个水果卡片随机排列，等待玩家操作游戏。

(3) 玩家操作和玩法：玩家只可以拖动单词卡片，不能拖动水果卡片。将单词拖放到水果上后，程序判断其是否匹配。如果不匹配，则单词自动回到原位置；如果匹配，则单词与卡片一起消失。单词与水果卡片全部匹配成功后，如果还有下一关，重回步骤(2)，进入下一关。否则转入步骤(4)。

(4) 进入游戏结束界面：单击"再来一遍"按钮，重回步骤(1)。

为游戏设计两个类，一个为 WordCard 类，定义单词卡片拖放行为。另一个类是 GameMain 类，作为游戏主类，与 MatchingGame.fla 主文档关联。

3.9 数据结构设计

(1) 定义单词卡片和水果卡片摆放位置，用两个数组实现。

① 单词卡片位置定义：

private var aWordPos:Array=[{x:-120,y:-135},{x:-120,y:0},{x:-120,y:135}];

② 水果卡片位置定义：

private var aFruitPos:Array=[{x:170,y:-135},{x:170,y:0},{x:170,y:135}];

(2) 将所有单词卡片对象和水果卡片对象分别用两个数组存放。

① private var aWords:Array;
② private var aFruits:Array;

(3) 将每一关单词卡片和水果卡片也用数组表示。

① private var aLevelWords:Array;
② private var aLevelFruits:Array;

3.10 WordCard 类设计

选择"文件"→"新建"命令，类型选择"ActionScript 3.0 类"，类名称指定为 WordCard，单击"确定"按钮，生成类初始框架。这里为简化起见，不指定包名称。选择"文件"→"保存"

命令，保存位置选择 Chapter3 文件夹，文件名称保持和类名 WordCard 一致。

完成 WordCard 类编码，如程序 3.1 所示。

程序 3.1：WordCard.as

```
01  package  {
02    import flash.display.MovieClip;
03    import flash.events.MouseEvent;
04    import flash.media.Sound;
05    /*
06      功能：WordCard 类定义了单词卡片的拖放行为处理函数，是库中 Word 剪辑的父类
07      设计：董相志
08      日期：2015.8
09    */
10    public class WordCard extends MovieClip {
11      var origX:Number;                                    //单词卡片初始位置
12      var origY:Number;
13      var target:MovieClip;                                //与单词卡片匹配的目标对象
14
15      public function WordCard() {
16        this.addEventListener(MouseEvent.MOUSE_DOWN,Drag); //侦听拖动
17      } //end WordCard
18
19      //拖动卡片函数
20      function Drag(evt:MouseEvent) : void {
21        this.addEventListener(MouseEvent.MOUSE_UP,Drop);   //侦听放下
22        this.parent.addChild(this);                        //目的是让当前卡片出现在容器的最上层
23        startDrag();
24      } //end Drag
25
26      //放下卡片函数
27      function Drop(evt:MouseEvent) : void {
28        this.removeEventListener(MouseEvent.MOUSE_UP,Drop); //移除侦听
29        stopDrag();
30        if (this.hitTestObject(target))                     //单词与目标匹配
31        {
32          var match:Sound = new Hint();                     //匹配提示音
33          match.play();
34          this.parent.removeChild(target);                  //先移除目标对象
35          this.parent.removeChild(this);                    //再移除自身
36        } else {                                            //不匹配回归原位
37          var sorry:Sound = new Sorry();
38          sorry.play();
39          x = origX;
40          y = origY;
41        } //end if
42      } //end Drop
43    } //end class
44  } //end package
```

小贴士：WordCard 类完成之后，需要回到 MatchingGame.fla 主文件。打开"库"面板，

选择单词表剪辑，在右键菜单中选择"属性"命令，打开"属性"对话框，把单词表剪辑的基类改为 WordCard。这样，单词表剪辑就具备了 WordCard 中定义的拖放行为能力。

3.11 GameMain 类设计

选择"文件"→"新建"命令，类型选择"ActionScript 3.0 类"，类名称指定为 GameMain，单击"确定"按钮，生成类的初始框架。这里为简化起见，不指定包的名称。选择"文件"→"保存"命令，保存位置选择 Chapter3 文件夹，文件名称保持和类名 GameMain 一致。

完成的 GameMain 类编码如程序 3.2 所示。

程序 3.2: GameMain.as
```
01  package {
02      import flash.display.MovieClip;
03      import flash.events.MouseEvent;
04      import flash.events.Event;
05      import flash.media.Sound;
06      /*
07          功能：GameMian 类实现游戏主逻辑，是与 MatchingGame.fla 关联的文档主类
08          设计：董相志
09          日期：2015.8
10      */
11      public class GameMain extends MovieClip {
12          //单词卡片位置定义
13          private var aWordPos:Array = [{x:-120,y:-135},{x:-120,y:0},{x:-120,y:135}];
14          //水果卡片的位置定义
15          private var aFruitPos:Array = [{x:170,y:-135},{x:170,y:0},{x:170,y:135}];
16          //所有的单词卡片对象和水果卡片对象数组
17          private var aWords:Array;
18          private var aFruits:Array;
19          //每一关的单词卡片和水果卡片数组
20          private var aLevelWords:Array;
21          private var aLevelFruits:Array;
22          //游戏状态影片剪辑定义
23          private var startGame:MovieClip;
24          private var playGame:MovieClip;
25          private var endGame:MovieClip;
26          private var bNewLevel:Boolean = false;          //新的一关是否开始
27
28          public function GameMain() {
29              start();                                    //启动游戏
30          } //end GameMain
31
32          //游戏封面函数
33          function start() : void {
34              startGame = new StartGame();                //创建游戏封面
35              addChild(startGame);
```

```
36          startGame.x = stage.stageWidth/2;                    //开始页定位到舞台中央
37          startGame.y = stage.stageHeight/2;
38          initGame();                                          //游戏全局初始化
39          startGame.btnStart.addEventListener(MouseEvent.CLICK,playinq);
                                                                 //为开始按钮注册侦听器
40      } //end start
41
42      //游戏进行状态函数
43      function playing(evt:MouseEvent) : void {
44          startGame.btnStart.removeEventListener(MouseEvent.CLICK,playing);
                                                                 //移除"开始"按钮侦听器
45          removeChild(startGame);                              //从舞台移除首页
46          startGame = null;
47          playGame = new PlayGame();                           //创建开始页
48          addChild(playGame);
49          playGame.x = stage.stageWidth/2;                     //进行页定位到舞台中央
50          playGame.y = stage.stageHeight/2;
51          initLevel();                                         //本关初始化
52      } //end playing
53
54      //游戏全局初始化
55      function initGame() :void {
56          aFruits = [];                                        //数组初始化
57          aWords = [];
58          for(var i = 0;i < 12;i++) {
59              var fruitCard:Fruit = new Fruit();               //创建新水果卡片
60              fruitCard.gotoAndStop(i + 1);
61              var wordCard:WordCard = new Words();             //创建新单词卡片
62              wordCard.gotoAndStop(i + 1);
63              wordCard.target = fruitCard;//将单词卡片的匹配目标设定为对应的水果卡片
64              //新卡片统一放到数组保存
65              aFruits.push(fruitCard);
66              aWords.push(wordCard);
67          } //end for
68      } //end initGame
69
70      //本关游戏初始化
71      function initLevel() :void {
72          var randj:int;
73          aLevelFruits = [];                                   //初始化数组
74          aLevelWords = [];
75          //随机选取3张水果卡片和与之对应的单词卡片
76          for(var i:int = 0;i < 3;i++) {
77              //生成一个总卡片数组下标范围内的随机数
78              randj = Math.floor(Math.random() * aFruits.length);
79              aLevelFruits[i] = aFruits[randj];
80              aLevelWords[i] = aWords[randj];
81              aFruits.splice(randj,1);//从总卡片数组删除已被抽取的元素,避免重复抽取
82              aWords.splice(randj,1);
```

```
83                } //end for
84                for (i = 0;i < 3;i++) {                        //随机摆放
85                    randj = Math.floor(Math.random() * aLevelFruits.length);
                                                                 //抽取一个水果卡片位置
86                    aLevelFruits[randj].x = aFruitPos[i].x;
                                                                 //确定水果卡片摆放位置
87                    aLevelFruits[randj].y = aFruitPos[i].y;
88                    playGame.addChild(aLevelFruits[randj]);    //添加到进行页面显示
89                    aLevelFruits.splice(randj,1);
90                    randj = Math.floor(Math.random() * aLevelWords.length);
                                                                 //抽取一个单词卡片位置
91                    aLevelWords[randj].x = aWordPos[i].x;      //确定单词卡片摆放位置
92                    aLevelWords[randj].y = aWordPos[i].y;
93                    aLevelWords[randj].origX = aWordPos[i].x;  //确定回归位置
94                    aLevelWords[randj].origY = aWordPos[i].y;
95                    playGame.addChild(aLevelWords[randj]);     //添加到进行页面显示
96                    aLevelWords.splice(randj,1);
97                } //end for
98                addEventListener(Event.ENTER_FRAME,checkingState); //检查游戏状态
99            } //end initLevel
100
101            //检查游戏状态
102            function checkingState(evt:Event) : void {
103                if (playGame.numChildren == 1 ) {              //说明只剩下背景框,可以开始下一关
104                    bNewLevel = true;
105                } //end if
106                if (bNewLevel && aFruits.length > 0) {         //进入下一关
107                    var best:Sound = new Best();                //"太棒了"声音
108                    best.play();
109                    initLevel();                                //本关初始化
110                    bNewLevel = false;
111                } //end if
112                if (bNewLevel && aFruits.length == 0) {        //进入游戏结束页面
113                    bNewLevel = false;
114                    removeEventListener(Event.ENTER_FRAME,checkingState);    //停止检查
115                    removeChild(playGame);                      //移除游戏进行页面
116                    playGame = null;
117                    var success:Sound = new Success();          //"成功了"声音
118                    success.play();
119                    endGame = new EndGame();                    //创建结束页面
120                    addChild(endGame);
121                    endGame.x = stage.stageWidth/2;             //定位到舞台中央
122                    endGame.y = stage.stageHeight/2;
123                    endGame.btnRePlay.addEventListener(MouseEvent.CLICK,rePlay);
                                                                 //注册重玩按钮
124                } //end if
125            } //end checkingState
126
127            //再来一遍
```

```
128         function rePlay(evt:MouseEvent) : void {
129             endGame.btnRePlay.removeEventListener(MouseEvent.CLICK,rePlay);
130             removeChild(endGame);
131             endGame = null;
132             start();
133         } //end rePlay
134     } //end class
135 } //end package
```

3.12 游戏发布与测试

"看水果学单词"游戏项目发布后,整个项目文件夹内容如图 3.12 所示。MatchingGame.fla 文件、GameMain.as 文件和 WordCard.as 文件是原始的创作成果,MatchingGame.swf 文件是最终表现形式。

(1) 游戏开始界面如图 3.13 所示。测试要点:能否正确转到进行页面。

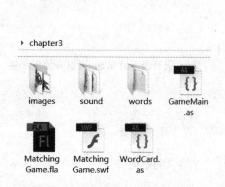

图 3.12 项目完成文件夹

图 3.13 游戏开始页面

(2) 游戏进行界面如图 3.14 所示。测试要点:对每一关进行测试。检查单词拖放功能是否正常,能否顺利进入下一关。检查单词匹配正确和错误时的处理逻辑。

(3) 下一关界面测试要点:一关通过后,能否顺利出现下一关界面。图 3.15 所示为一个可能出现的随机画面。

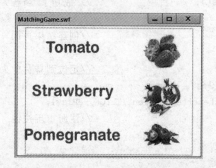

图 3.14 游戏进行页面

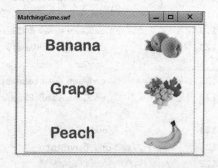

图 3.15 下一关界面

(4) 游戏结束界面测试。所有关卡通过后,应该出现图 3.16 所示的结束页面。单击"再来一遍"按钮,又回到图 3.13 所示的开始页面。

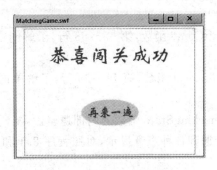

图 3.16 闯关成功页面

3.13 小结

本章用短短 150 行程序,完成了"看水果学单词"游戏的创作。可以总结的东西太多了。麻雀虽小,五脏俱全。本章包括了游戏界面设计和逻辑设计。界面设计部分包括素材导入、影片剪辑元件和按钮创作、游戏状态定义、导出类应用、文档类与外部普通类、游戏中的事件逻辑、随机抽取单词与随机抽取水果卡片、灵活运用编程技巧等。

本章对游戏的讲解是粗线条的,没有对众多新语句和编程技巧做出详细解释,因为本章目的是让读者以速成方式看到一个完整的游戏全貌,并进行试玩体验,在此基础上进行反刍式学习。实际上,本章内容和方法会被后续游戏设计反复用到,许多问题会随着新的学习进程——化解。

3.14 习题

1. 如何导入游戏中用到的图片素材和声音素材?
2. 为什么要将 12 张水果图片和 12 个单词分别做成影片剪辑?简述创作步骤。
3. 为什么要为单词卡片和水果卡片影片剪辑及声音文件设置导出类?简述实现步骤。
4. 对照程序 3.1,探究单词卡片拖放操作是如何实现的?
5. 对照程序 3.2 中 initGame 函数和 initLevel 函数,探究游戏初始化与关卡初始化的不同。
6. 简要描述本章游戏的整体创作步骤。
7. 简述游戏中两个按钮的设计步骤。
8. 简述开始页面的创作步骤。
9. 简述进行页面的创作步骤。
10. 简述结束页面的创作步骤。
11. 在程序 3.1 中,你可以从第 16 行语句开始,探究 drag 和 drop 这两个函数的事件逻辑,描述拖、放这两个操作行为之间的逻辑关系。

12. 程序 3.2 第 98 行，Event.ENTER_FRAME 是个什么事件？

13. 程序 3.1 和程序 3.2 中多次出现了 addEventListener 这个语句，尝试对这个语句的用法做个探究式学习。

14. 探究程序 3.2 中 initGame 函数，第 55～68 行，了解创建单词卡片与水果卡片的方法与逻辑。

15. 探究程序 3.2 中 initLevel 函数，第 71～99 行，了解单词卡片与水果卡片的随机抽取与排列方法。

16. 探究程序 3.2 中 checkingState 函数的内部逻辑。

17. 试玩游戏过程中会遇到各种声音提示，对照程序 3.1 和 3.2，找出所有发声的编程语句。

18. 上述问题可能对于刚起步的你有些难。不要紧，把所有令你困惑的问题列出来，这就是学习的起点。要知道，本章并不急于立即搞懂游戏的来龙去脉，一步步来吧。

第 4 章 Flash动画基础

写出了第一个程序和第一个游戏的你,已经窥到了游戏设计的冰山一角,但这并不意味着游戏设计之门已经为你无限敞开了,其中很多疑问需要深厚的技术功底才能一一解答。游戏设计需要掌握全面的技术方法。万丈高楼平地起,否则,一切都是空中楼阁。

对于 Flash 游戏初学者而言,扎实的动画设计基础和 AS3 编程基础,是开启游戏之旅的两只翅膀,缺一不可。我们常用"十八般武艺样样精通"形容武林高手的强大,第 4 章和第 5 章就遴选了对游戏设计较为有益的 18 个初级动画技术和 18 个 AS3 初级编程技术来进行介绍。熟练掌握和应用这些技术方法,让它们成为你的十八般武艺。

限于篇幅,第 4 章和第 5 章内容主要以提纲挈领的方式出现,不会过于关注细节和操作步骤。读者需要知道这些内容是重要的,需要熟练掌握。深刻领会这些内容之间的关联,融会贯通,就会形成 Flash 游戏设计大局观。

4.1 绘图模式

Flash 中有两种绘制模式:形状模式和对象模式,为绘制图形提供了极大的灵活性。如图 4.1 所示。选择一种绘图工具后,工具箱面板下方会出现"对象绘制"绘图开关。按下开关表示开启对象绘制模式,弹起开关表示使用形状绘制模式。

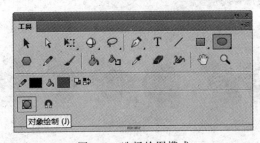

图 4.1 选择绘图模式

"形状模式"绘制的图形是离散的,轮廓和填充部分可以局部选取和分离操作,形状重叠时,会自动进行合并。"对象模式"绘制的图形是一个独立的整体,在叠加时不会自动合并。选择多个对象之后,可以利用菜单"修改"→"合并对象"功能实现 4 种合并方式,即:联合、交集、打孔、裁切,如图 4.2 所示。

灵活运用形状模式和对象模式,可以弥补绘画能力上的不足,进行无数奇思妙想的艺术创作。

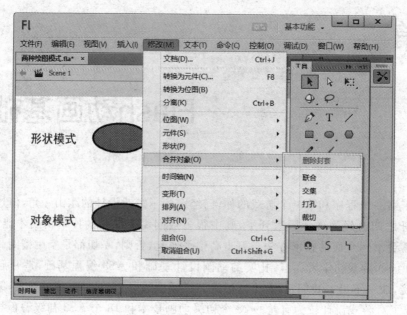

图 4.2 对象模式的 4 种操作

4.2 变形工具

Flash 变形工具包括任意变形工具和渐变变形工具，在工具箱中排行第 3 位，足见使用频率之高，其重要性不言而喻。灵活运用这两个工具，再搭配"颜色"面板的使用，可以从规则形状出发，创造出数不清的艺术特效。图 4.3 仅仅给出了几个基本用法。

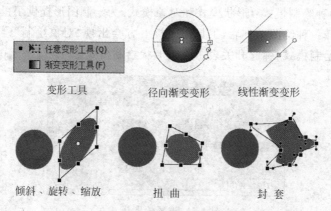

图 4.3 灵活运用变形工具创造各种效果

4.3 文本

在游戏设计中，文本主要出现在标题和按钮等场合。虽然数量不多，但文本特效往往能起到画龙点睛的作用。Flash 提供了 3 种文本类型：静态文本、输入文本和动态文本。输入文本用于实现用户交互式输入；动态文本用于在程序中进行动态控制,例如显示分数、动态信息提示等；静态文本用于文字不变化的场合。图 4.4 给出了一个静态文本创作示例。选择"修改"→"分离"命令两次,执行两次分离命令,可以将文本变成形状图形。这时图形如何变化,就看你的创意了。

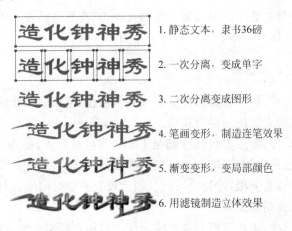

图 4.4　文本创作示例

出于印刷成本的考虑,读者不能从这里直接观察图 4.4 展示出的艺术特效,也不能直接体验本书的其他艺术设计,稍感遗憾。不过本书配有源文件供读者对照学习,亦可宽心。请读者从清华大学出版社网站下载这些资源,对其加以修改和完善,形成自己的创作思路,这样学习效果会更好。

完成图 4.4 所示的创作,或许不用一分钟时间。所以,有时我们会情不自禁地问：Flash 艺术创作的天花板,在哪里呢?

4.4　元件、库和实例

元件是一种特殊的类,存放于 FLA 文件的库中。Flash 定义了 3 类元件,分别是图形元件、按钮元件和影片剪辑元件。将元件从 FLA 文档的库中拖放到舞台上,这时就会生成元件的一个实例。一个元件可以无限次地重复使用,就像孙悟空的毫毛,一吹就变出无数孙悟空的化身。元件与实例的关系是：元件是母版,是一种类设计,实例是具体对象。即便向舞台增加若干同一元件的实例,仍然不会显著增加编译后的 SWF 文件大小。在 C++、Java、C♯这些语言中,生成的对象越多,占用的内存越大。从这个意义上看,元件是 Flash 的一种独特的类设计。

1. 影片剪辑元件

影片剪辑是一个独立影片片段,具有自己独立的时间轴,是一类用途最广、功能最强、交互性最好的元件。例如,整个影片、整个游戏都可以用一个影片剪辑实现。

2. 按钮元件

按钮元件本质上是一种极为特殊的影片剪辑,它也有自己独立的时间轴,不过这个时间轴只包含4个状态帧,每个帧依次定义的功能是:弹起、指针经过、按下和单击,分别对应鼠标的4个状态。按钮只对鼠标动作做出反应,用于实现用户对影片的控制。

3. 图形元件

图形元件是一种静态展示图形图像元素的元件,它没有自己独立的时间轴,不能对图形元件实例命名,所以不能在动作脚本中直接引用图形实例。

4. 元件之间的区别与联系

图形元件、按钮元件、影片剪辑元件是游戏界面创作、角色创作所依赖的艺术设计形式,初学者需要明白这三者之间的区别与联系。

图形元件、按钮元件、影片剪辑元件都是Flash的可视元素,都是一种容器。影片剪辑可以容纳图形实例、按钮实例、剪辑实例、声音、视频、时间轴脚本等。按钮与影片剪辑一样,影片剪辑可以容纳的元素类型,按钮也可以。因为没有独立时间轴,图形元件中不能包含影片剪辑、按钮、声音和视频等元素。

图形元件、按钮元件、影片剪辑元件3种元件之间相互转换非常方便,任何一种元件,均可以通过库中右键菜单里的"属性"命令转换成另一种类型。任何一种元件的实例,也都可以通过"属性"面板进行实例类型转换。

5. 元件、库、实例和舞台

舞台和库是每一个FLA文档内含的元素设计。元件存放于库中,实例展示于舞台上。元件不会存放到舞台上,实例也不会存放到库中,它们各有其所。修改元件的设计后,所有该类型的实例均会自动同步这些修改后的设计。同一元件的不同实例之间,可以允许有大小、位置、样式、滤镜效果等属性的不同。这种情况有些类似双胞胎的兄弟姊妹,允许有后天高、矮、胖、瘦等个性化差异出现。这体现了元件设计的多样性和灵活性。如图4.5所示,它展示了3种不同元件在舞台上的实例之间的个性化差异。

图4.5中第1列图形实例对应元件的原貌。第2个圆在第1个实例圆基础上增加了斜角滤镜效果和3D旋转。第3个圆在第2个实例圆基础上增加了颜色变换效果,做了3D旋转。

图4.5中第2个矩形实例做了倾斜变形。因为是图形元件,不能应用3D和滤镜效果。第3个矩形做了颜色变换。

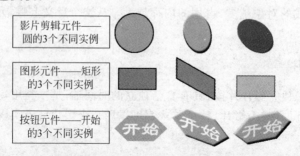

图4.5 同一元件不同实例的差异化设计

第 2 个按钮在第 1 个按钮实例基础上应用了斜角滤镜和 3D 旋转，第 3 个按钮实例增加了颜色变换效果。简直不可思议。很难相信图 4.5 中每一行实例都出自同一元件，不是吗？

6．元件注册点

假设在舞台上绘制了一个圆形，需要将其转换为元件。选择图形后，选择"修改"→"转换为元件"命令，会打开图 4.6 所示的对话框。确定元件类型后，右边会有 9 个点的对齐方阵供用户选择。这 9 个点即元件的注册点。假定选择了左上角那个点，那么这个圆形元件实例在舞台上的坐标，将以左上角为参考点。如图 4.6 所示，其中的＋号位置即为坐标参考点，而不是中间的那个小圆圈。中间的小圆圈是元件变形点（又称元件中心点），是元件变形的参考点。

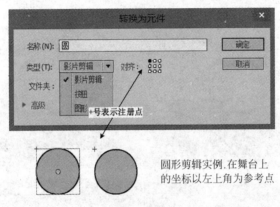

图 4.6　元件注册点可以从 9 个位置选择

编写程序控制对象位置时，注册点在左上角的好处是，元件实例长宽变化时，坐标位置是不变的。有些设计师会选择让注册点位于图形的几何中心，这体现了个人喜好和习惯的不同，对程序设计没有多大影响。

如果选择"库"面板左下角的"新建元件"按钮创建新元件，则不会出现图 4.6 所示的注册点方位选择。但是，在元件舞台中央会有一个"＋"号出现，即元件注册点。通过调整元件几何中心，让几何中心对齐注册点，大多数情况下这会是一个好的选择。

4.5　滤镜效果

Flash 提供了图 4.7 所示的"滤镜"工具面板。对于影片剪辑实例、按钮实例、文本对象，可应用图 4.7 所展示的投影、模糊、发光、斜角、渐变发光、渐变斜角、调整颜色 7 种滤镜效果。图形元件实例则不能应用这些滤镜效果。

图 4.8 给出了一个对太阳和台灯分别应用不同发光滤镜的前后对比情况。其前后艺术效果大相径庭，滤镜魅力可见一斑。

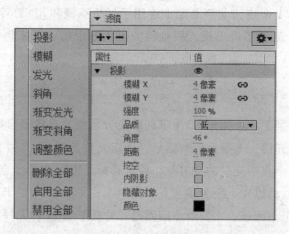

图 4.7 "滤镜"工具面板

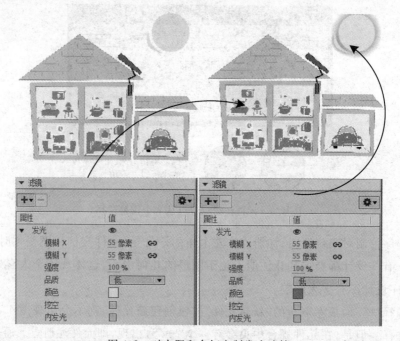

图 4.8 对太阳和台灯定制发光滤镜

4.6 3D 变换和颜色变换

在完成了一个影片剪辑设计之后,你可能会首先想到用滤镜制造立体效果。其实,Flash 还有一种创造效果的利器,即 3D 变换和颜色变换。图 4.9 第 1 行展示了一个 Logo 实例的 Alpha 不透明度为 100%和 30%的差异,展示了用"高级"样式创造出新色调的艺术效果。图 4.9 最后一行的 3 个艺术样式全部是用工具箱里的 3D 旋转工具完成的。所以,完成原画的基本设计之后,不要忘记,Flash 有更炫酷的效果等待你去创造。套用一个流行语,没有做不到,只有想不到。

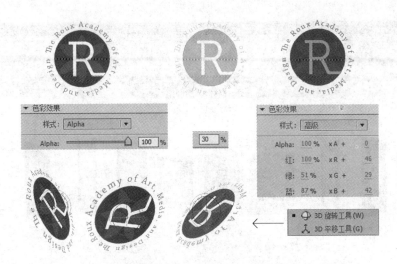

图 4.9 影片剪辑的 3D 变换和颜色变换

4.7 时间轴、帧、关键帧和图层

Flash 动画由两个要素构成,一个是动画的展示空间,一个是动画的时间序列。对于这两个要素的控制,前者在舞台上进行,后者在时间轴上进行。

时间轴与时间有关,设计师在这里安排动画时空逻辑。时间轴窗口上会显示许多小影格,每个小影格代表一帧,如图 4.10 所示。每一帧对应舞台上一副画面。帧是时间轴上管理动画序列的基本单位。帧的长度用时间来衡量,方法是用 1 秒钟除以帧频,得到的时间片就是一帧的长度。

帧的时间长度由动画帧频决定。如果帧频是 25 帧/秒,那么每帧的时间长度就是 1/25 秒,即 0.04 秒。这说明,一个 10 秒钟的动画,反映在帧的长度上就是 250 帧。反过来,250 帧的动画,播放的时间长度是 10 秒。

帧与时间和舞台都有关系,是一个时空概念。某一时间片对应的舞台画面,称作一帧。时间轴控制了图形、文字、实例、声音、视频、脚本等各种对象的出场顺序以及持续时间。设计师在安排一个动画场景时,不但要考虑各角色在舞台上的位置,还要考虑每个角色应该在时间轴的哪一帧出现。第 1 帧出场的角色要比第 2 帧出场的角色早一个帧的时间。播放动画时,总是从播放第 1 帧开始,然后播放第 2 帧,第 3 帧……。帧频设定得越高,动画播放得越快。

每个动画影片都有一个反映舞台变化的时间轴。这个时间轴往往被称为主时间轴,因为舞台上的元件可能还有自己独立的内部时间轴。设计师用时间轴上的每一帧来管理舞台上对应的场景变化。每一帧对应一个舞台画面。播放动画时实际上是在按照帧的速度切换舞台画面。

经常会看到时间轴上有很多行,每一行叫一个图层。将图层叠合在一起,可以反映同一帧出现的几层画面的叠合效果。图层技术让复杂设计变成了简单设计,让设计师在有限的平面空间里创造出了无限可能。

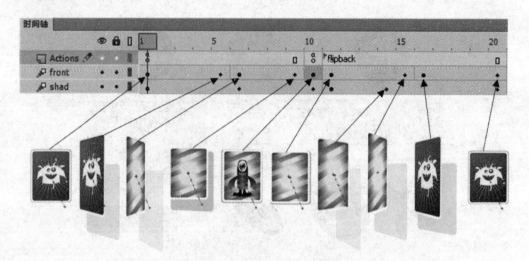

图 4.10　影片剪辑的时间轴与舞台对应关系

图 4.10 所示是一个卡片翻转剪辑的时间轴与舞台设计。时间轴上安排了 3 层，分别处理卡片的正面变化、投影变化和脚本变化。舞台上展示了卡片的 10 种不同画面，并反映在了时间轴上。对应 10 个不同画面的位置都是关键帧的位置。

在图 4.10 中的时间轴上标注实心小圆点的帧，是关键帧；标注菱形符号的帧，是属性关键帧；标注空心小圆圈的帧，是空白关键帧；标注 a 符号的帧，帧格的下方有一个空心小圆圈，表示这一帧为脚本关键帧。有的帧格上标注了一面小红旗，旁边有文字说明，表明这一帧有标签。可以在脚本中通过标签访问这一帧，当然也可以用帧的序号访问这一帧。除了关键帧、空白关键帧、属性关键帧和脚本关键帧以外，帧格体现为一个灰色小方块的帧称为普通帧。普通帧不对应舞台上任何实体对象。普通帧的内容与离它最近的上一关键帧的内容一致。

4.8　4 种基本动画

Flash 动画有以下 4 种基本形式。
(1) 逐帧动画：最基础的动画形式，是每一帧都由关键帧构成的动画序列。
(2) 传统补间：用于实现位置、旋转、放大缩小、透明度变化等动画效果。
(3) 补间动画：可以完成传统补间动画的效果，外加 3D 补间动画等。
(4) 补间形状：主要用于变形动画，如圆形变成方形等。
图 4.11 给出了 4 种补间动画在时间轴上表现形式的不同。

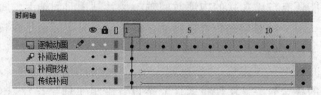

图 4.11　4 种基本动画形式

补间动画依靠计算机对关键帧以外的帧的动画序列进行插值运算,实现逐帧动画的效果。从 Flash Professional CS3 开始,补间动画成为了一种主要的动画形式,其使用更为灵活,功能更为强大。

4.9 逐帧动画

逐帧动画被称作万能的动画形式,多数情况下制作逐帧动画费时费力,不如补间动画来得高效。不过,有些动画场合,动画行为过于繁杂,用逐帧动画反而比补间动画效率要高。例如,制作一个人物原地侧身跑步动画,图 4.12 给出的是用逐帧动画实现的设计效果。

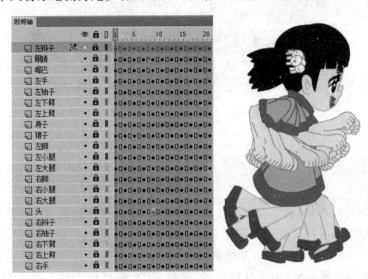

图 4.12 逐帧动画实现原地跑步

仔细观察图 4.12 中时间轴上帧的设计。人物造型被分解为 21 个组成部分,每个组成部分在长度为 21 帧的时间轴上各定义了 11 个关键帧。前 10 个关键帧后面都跟有一个普通帧。时间轴右侧给出的是用绘图纸外观方式展示的人物形态在 11 个关键帧上的变化。

4.10 补间动画

图 4.12 实现了人物原地跑动画。现在让我们在这个基础上制作一个人物前进跑的 1 秒钟动画。步骤如下。

(1) 打开本章案例文件"茜茜侧身原地跑.fla",从库中将茜茜人物剪辑拖放到舞台上,可以看到主时间轴第 1 帧变成了关键帧。

(2) 文档帧频设为 25 帧/秒,选择时间轴第 25 帧,右击,在快捷菜单中选择"插入帧"命令,将第 1 关键帧延续到第 25 帧。

(3) 在第 1 帧和第 25 帧之间右击,在快捷菜单中选择"创建补间动画"命令,时间轴上第 1 帧到第 25 帧就变成了 1 秒钟的浅蓝色补间动画条。

(4) 将播放头移动到第 25 帧,用鼠标将人物剪辑拖动到舞台右侧。这时,第 25 帧上会出现一个菱形小点，表示第25帧已经成为一个属性关键帧。舞台上在人物起点和终点之间会形成一条绿色的运动路径。可以用选择工具对这条路径进行变形操作，控制人物运动轨迹的变化。

经过上述4个步骤，用时间轴绘图纸外观模式看到的设计效果如图4.13所示。

小贴士：制作补间动画时，需要将实例类型变为影片剪辑或图形元件。补间形状则要求起始关键帧和结束关键帧上的图形为形状，不能是元件实例。

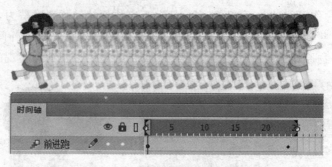

图4.13 人物前进跑补间动画

4.11 补间形状

对于复杂的补间形状，为了取得更好的过渡效果，可以在补间的起止位置添加形状提示点。下面是从数字1补间形状变到字母a的动画实现步骤。

（1）新建一个FLA空文档，将其命名为"补间形状.fla"。

（2）选择时间轴第1帧，用工具箱中的"文本"工具在舞台上输入数字"1"。字体设为Arial，72磅，颜色为黑色。

（3）选择时间轴第24帧，用右键菜单插入关键帧，选择舞台上的文本框，将数字"1"改为字母"a"。

（4）在第1帧到第24帧之间右击，在快捷菜单中选择"创建补间形状"命令，发现不能执行。这是因为补间形状要求起止帧上的元素必须为图形形状，不能为元件实例或文本对象。纠正办法是，选择第1帧，用菜单"修改"→"分离"命令将数字"1"打散变成形状。同样选择第24帧，将字母"a"分离成形状。重新在第1帧和第24帧之间执行右键菜单"创建补间形状"命令，会有一条绿色动画条出现在时间轴第1帧和第24帧之间，表示补间形状动画完成。

（5）测试运行影片。会发现从"1"到"a"的过渡有些突兀和跳跃，动画渐变过程不够平滑和明显。解决方法是：添加形状提示点。

（6）选择第1帧，选择"修改"→"形状"→"添加形状提示"命令，数字"1"上面会出现一个标有字母a的红色小圆圈，再执行一遍这个命令，又会出现一个标有字母b的红色小圆圈。这两个小圆圈即是两个形状提示点。将a点移动到数字"1"的左上角，b点移动到左下角。

（7）选择第24帧，这时会发现同样多了a、b两个形状提示点。将a点移动到字母"a"的左上角，b点移动到左下角。如果a、b两个提示点均由红色变成了绿色，则说明提示点前后位置关联正确。

(8) 选择第 1 帧,会发现 a、b 两个提示点均由原来的红色变成了黄色,这说明前后形状提示点已经完全关联起来了。

对于更复杂的形状补间,可以适当增加提示点的数量。完成的补间形状设计如图 4.14 所示。

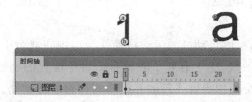

图 4.14　补间形状

4.12　3D 补间动画

将补间动画和 3D 技术融合在一起,可以实现 3D 补间动画。下面给出一个让车库库门三维旋转、拉起的动画创作。

(1) 打开第 4 章练习文件"3D 补间_start.fla",可以看到时间轴第 1 帧上有"车库"和"库门"两个图层。观察到"库门"图层是一个影片剪辑实例,可以做补间动画。文档的帧频为 24 帧/秒。

(2) 按住 Shift 键同时选择两个图层的第 24 帧,使用右键菜单插入帧,准备做一个 1 秒钟的库门向上旋转拉起的动画。

(3) 选择"库门"图层,在第 1 帧到第 24 帧的任意位置右击,弹出快捷菜单,创建补间动画。

(4) 将播放头移动到第 24 帧,选择工具箱中的"3D 旋转"工具,可以看到库门剪辑上出现了"3D 旋转"工具提示。拖动红色直线可以让库门围绕 x 轴旋转。不过此时是围绕库门的几何中心旋转。

(5) 拖动鼠标,将 3D 旋转中心放置到库门的顶端正中位置。拖动红色直线,让库门向上旋转至水平消失的位置。

播放动画。制作完成后的时间轴与舞台动画序列如图 4.15 所示。

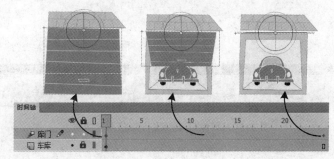

图 4.15　库门 3D 补间动画

小贴士：如果希望追加库门落回原处的动画效果，只要将库门动画层的第1帧到第24帧复制下来，然后新建一个图层，将复制的帧粘贴至该图层，再用右键菜单里的"翻转关键帧"命令即可完成。

4.13 路径导向动画

完成一个补间动画设计后，动画的运动路径就会出现在舞台上。运动路径将补间实例的逐帧运动状态串成一条线，线上有若干表示目标对象位置的小圆点（有时叫补间点或帧点）。图4.16给出了一个模拟导弹飞行的补间动画和它的运动路径，要求导弹沿着路径自动调整方向。动画制作步骤如下。

(1) 打开本章练习文件"导弹飞行_start.fla"，查看库中一个称为"导弹"的图形元件。查看舞台属性，得知帧频为24帧/秒。

(2) 选择第1帧，将导弹拖放到舞台左下角。选择第24帧，插入帧。

(3) 在第1帧至第24帧之间右击，利用快捷菜单创建补间动画。

(4) 移动播放头至第24帧，拖动导弹到舞台右上角。使用"选择"工具向左上方拖动舞台上绿色的运动路径，形成一条抛物线。测试动画。此时导弹弹头始终是垂直向上，不会随着弹道调整方向。

(5) 选择运动路径，打开"属性"面板，勾选其中的"调整到路径"选项。测试影片。这时你会欣喜地发现，弹头的姿态随着路径有所调整，时间轴的动画条上自动增加了若干属性关键帧。完成后的动画效果如图4.16所示。

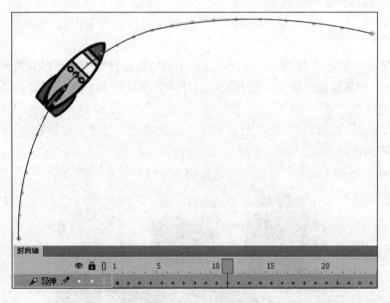

图4.16 导弹自动沿飞行路径调整方向

4.14 混合模式与遮罩模式

Flash 里提供了类似 Photoshop 中的对象混合模式。在游戏设计领域,将角色与背景进行混合,可以创造出独特的视觉效果。如图 4.17 所示,这是一个蝴蝶影片剪辑与蓝、白、黑 3 种不同背景混合后的 13 种效果对比。创作步骤如下。

(1) 打开本章练习文件"混合模式_start.fla",库中只有蝴蝶一个影片剪辑。时间轴上有两个图层。底层为一个填充模式为蓝白渐变的矩形,舞台背景为黑色。上层为"蝴蝶"影片剪辑层。

(2) 选择蝴蝶剪辑,查看"属性"面板的显示区域。打开混合下拉列表,可以看到 13 种混合模式。逐个试用一下,选取自己需要的模式即可。图 4.17 展示了其中部分模式的应用效果。

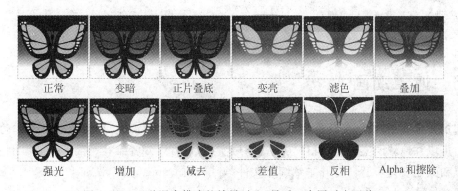

图 4.17 13 种混合模式的效果对比(最后一个图对应两种)

遮罩模式由遮罩层与被遮罩层两部分组成,Flash 中的遮罩技术与 Photoshop 中的遮罩不是一个概念。下面以实例来说明。

打开本章案例文件"遮罩层_start.fla"。时间轴上分为两层,底层是一幅丛林的背景图片,上层是一只猴子的剪辑。假设我们希望只显示猴子的头部,让猴子身体其他部分完全隐身于丛林之中。若想实现这个创意,使用遮罩层技术将异常简单。创作步骤如下。

(1) 锁定背景图层和"猴子"图层,在上方新建一个图层,将其命名为 mask。

(2) 打开工具箱,选择"椭圆"工具,填充颜色为绿色,Alpha 设为 50%,笔触颜色无。在猴子头部位置,比照头部大小画出一个椭圆,用"箭头"工具对椭圆进行细微的变形调整,使其正好能够遮挡猴子头部。

(3) 双击图层名称 mask 左侧的小图标,可以打开一个如图 4.18 所示的对话框。将 mask 类型设为"遮罩层",单击"确定"按钮,会发现 mask 图层图标类型变成了遮罩图标。

(4) 用类似的步骤将 monkey 图层的类型设为"被遮罩"图层。这时,monkey 图层会自动缩进,与 mask 图层形成遮罩和被遮罩的关系。测试影片,查看效果。锁定 mask 图层,可以在设计模式下观看效果。

步骤 3、4 也可以合并为一步进行,即从第 3 步开始,用右键菜单里的"遮罩层"命令,可以一步搞定 mask 对 monkey 的遮罩。完成的创作效果如图 4.19 所示。

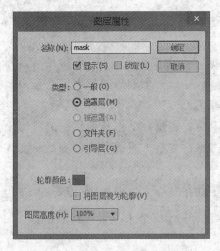

图 4.18　设置图层类型

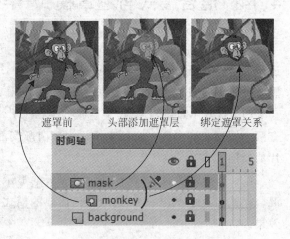

图 4.19　遮罩层与被遮罩层

4.15　遮罩动画

遮罩技术应用广泛，灵活运用该技术可以实现各种动画特效。用遮罩技术制作动画时，动画层可以在遮罩层实现，也可以在被遮罩层实现，也可以二者兼有。接下来的案例演示的是遮罩动画的设计步骤。打开本章练习文件"遮罩动画_start.fla"，做如下创作。

（1）时间轴上有 3 个图层，从下往上依次为 background、monkey、text。

（2）在时间轴上方新建一个图层，命名为 mask。

（3）打开"工具箱"面板，选择"矩形"工具，笔触颜色为无，填充颜色为绿色，Alpha 值设为 50%。对遮罩层形状的填充颜色没有要求，设为半透明是为了便于观察其下方图层。在舞台左侧仿照猴子剪辑的大小绘出一个矩形形状。因为接下来要让这个矩形动起来，所以将这个形状转换为名称为 mask 的剪辑。

（4）实现一个 2 秒动画效果，按住 Shift 键，选择时间轴上 4 个图层的第 48 帧，插入一个普通帧。

（5）选择 mask 层，用右键菜单完成补间动画创建。然后将播放头移动到第 48 帧，拖动绿色矩形到舞台右侧。mask 层的动画制作完成。

（6）双击 mask 层左侧小图标，设置图层类型为"遮罩层"。

（7）将 text 层和 monkey 层拖动到 mask 层下方右缩进的位置，text 层和 monkey 层自动成为被遮罩层。测试影片，可以看到遮罩的动画效果。

（8）接下来，为被遮罩的 monkey 层添加动画效果。首先在 monkey 层创建补间动画条。将播放头移动到第 48 帧，将猴子向右方拖动半个身位的距离。

（9）选择猴子的运动路径，在"属性"面板上将其设置为顺时针方向旋转一次。重新测试影片，效果如图 4.20 所示。

第4章　Flash动画基础

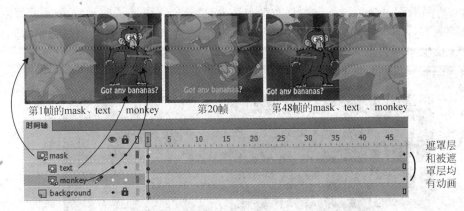

图 4.20　遮罩动画设计方法

4.16　补间动画后期制作

打开本章案例文件"补间动画综合_start.fla"。时间轴上有 8 个 48 帧的补间动画图层，分别对应猴子从舞台顶部运动到底部的 8 种运动方式，分别为：缩放动画、alpha 动画、加速动画、减速动画、旋转动画、路径调整动画、路径导向动画、交换实例对象动画。这 8 种动画的初始运动方式均相同。本案例的目标是在这 8 个相同动画的基础上，改变动画的一些属性，实现 8 种不同的动画效果。

（1）解锁 grow 动画层，隐藏其他层。将播放头移动到第 48 帧。选择"变形"工具，放大 monkey 剪辑。查看播放效果。这里实现了猴子一边运动一边长大的双重动画效果。

（2）解锁 alpah 动画层，隐藏其他层。将播放头移动到第 48 帧。在"属性"面板上将 monkey 剪辑的 alpha 属性设为 0。查看播放效果。这里实现了猴子一边运动一边淡出消失的双重动画效果。

（3）解锁 easeIn 动画层，隐藏其他层。选择动画路径。查看"属性"面板，将"缓动"属性的值设为－100。查看播放效果。猴子由原来匀速运动变成了加速运动。

（4）解锁 easeOut 动画层，隐藏其他层。选择动画路径。查看"属性"面板，将"缓动"属性的值设为 100。查看播放效果。猴子由原来匀速运动变成了减速运动。

（5）解锁 rotate 动画层，隐藏其他层。选择动画路径。查看"属性"面板，设定猴子顺时针旋转两周。查看播放效果。这里实现了猴子一边运动一边顺时针旋转两周的双重动画效果。

（6）解锁 path 动画层，隐藏其他层。选择动画路径，将其由直线调整为曲线。查看播放效果。这里实现了猴子曲线下落的动画效果。

（7）解锁 orient 动画层，隐藏其他层。选择动画路径，将其由直线调整为曲线。查看"属性"面板，勾选"调整到路径"复选框。查看播放效果。这里实现了猴子曲线下落并随着曲线调整下落姿态的动画效果。

（8）解锁 swap 动画层，隐藏其他层。不必关注播放头的位置。选择舞台上的猴子剪辑，你会看到整个动画层都被选中了。查看"属性"面板，单击"交换"按钮，用库中的

elephant 剪辑替换 monkey 剪辑。查看播放效果。你会发现猴子的运动变成了大象的运动。细心察看库中这两个剪辑的大小。其实大象要大得多，但是，在动画过程中，却自动调整为了原来猴子的大小。太酷了。

这些动画的运动效果如图 4.21 所示。

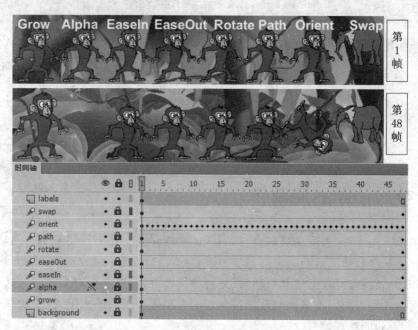

图 4.21　补间动画的后期制作

4.17　骨骼动画

骨骼动画与补间动画采用了两种截然不同的数学模型。补间动画的每一帧实质都是模型特定姿态的一个"快照"，通过在帧之间插值的方法，来得到平滑的动画效果。在骨骼动画中，模型由互相连接的"骨骼"组成骨架结构，通过改变骨骼的朝向和位置来为模型生成动画。

骨骼动画具有许多设计上的优点，适合创建角色的复杂动作。例如，一个游戏角色可以转动头部、射击并且同时也在走路。再如，游戏角色俯身并向某个方向观察或射击，或者从地上的某个地方捡起一个东西。但是，骨骼动画比补间动画要求更高的处理器性能，支持骨骼动画的引擎远没有补间动画多。

Flash 的"骨骼"工具可以应用于形状，也可以应用于元件实例。

（1）将形状各部分连接起来。例如，假设绘制完成了一幅蛇的图形，现在希望这条蛇运动起来。不必将其转换为元件，可直接在形状内部（蛇头、蛇身各段）添加骨骼，以使其逼真地爬行。

（2）将元件实例链接起来。例如，可以将显示躯干、手臂、前臂和手的影片剪辑链接起来，以使其彼此协调而逼真地运动。

下面以长颈鹿走路动画设计为例，演示"骨骼"工具基本用法。打开本章练习文件"形状骨骼动画_start.fla",观察时间轴和舞台的对应关系,如图4.22所示。

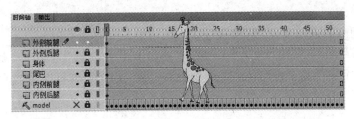

图4.22 长颈鹿和它的时间轴

图4.22中的时间轴包含7个图层。其中底层是一个逐帧动画层,图层类型被设定为引导层,用作设计骨骼动画时的参照。

其他6个图层,分别对应长颈鹿身体的6个部位:4条腿(外侧前腿、外侧后腿、内侧前腿、内侧后腿)、身体和尾巴。整个长颈鹿的图形是由形状构成的。接下来是制作长颈鹿外侧前腿的动画步骤。

(1)除外侧前腿图层外,锁定并隐藏其他图层,选择外侧前腿图层第1帧。可以看到舞台上外侧前腿被选中。

(2)选择"骨骼"工具,沿着长颈鹿大腿根至膝盖的方向拖动鼠标,在形状内绘制出一块骨骼。接着骨骼的终点,向长颈鹿蹄部方向绘制第2块骨骼。

(3)可以看到,原来的外侧前腿图层已经变成空白,顶层多了一个被称作"骨架"的图层。对应舞台上的外侧前腿,则多了两块连在一起的骨骼。删除空白的外侧前腿图层。

(4)切换到"箭头"工具,选择大腿上的骨骼。被选中时骨骼会变成绿色。然后用鼠标拖动脚部作旋转和摆腿动作。可以看到原本离散的大腿和小腿,居然可以联动起来,模拟走路动作了。

(5)解除对引导层的隐藏。拖动播放头,根据引导层提示,分别在第34、38、42、45、53帧位置处,调整前腿摆动位置,即在这些帧处插入姿势关键帧。测试动画,观察效果。

(6)用类似方法,参照引导层提示,完成长颈鹿原地走路的所有动画设计,如图4.23所示。

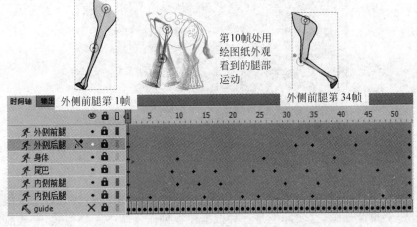

图4.23 在形状内实现骨骼动画

在骨骼动画定稿后，建议将每一层转换为逐帧动画，做成影片剪辑，用于实际项目，这样动画效率会更好。

关于骨骼动画的进一步学习，读者可以访问下面这个网址（http://www.adobe.com/cn/devnet/flash/articles/character_animation_ik.html）。在这里，Adobe 技术专家 Chris Georgenes 发布了一个关于骨骼动画的详细教程。图 4.24 是教程中演示的如何让脚部动作归位的示意图。

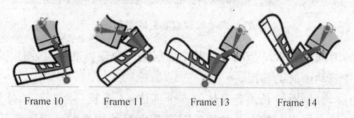

图 4.24　脚部移回到前进位置的动作序列

4.18　动画预设

Flash 提供了一个动画预设库，定义了一些常用的动画形式，可以帮助我们用更少的步骤完成一些看起来不那么简单的动画。这是动画预设库的第一个功能。也可以把一些已完成的动画存储到动画预设库中，这些动画被称为自定义预设动画。可以像使用标准预设动画一样使用自定义预设动画。图 4.25 给出了动画预设库中已有的 30 种标准动画预设形式。

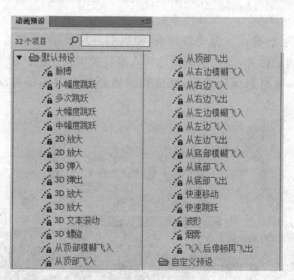

图 4.25　30 种标准预设动画形式

在游戏设计中，根据项目需要，灵活运用图 4.25 中这些标准预设动画，或者创建一些游戏角色的自定义预设动画，这实际上是一种根据模板创作动画的工作模式，有效简化了动画设计步骤，提高了动画创作效率。

4.19 小结

本章从18个方面归纳了Flash游戏设计过程中经常用到的一些基本绘图方法与动画特效制作方法,包括绘图技巧、变形方法、文本方法、元件方法、滤镜方法、混合方法、图层遮罩方法、逐帧动画方法、补间动画方法、补间形状方法、3D补间方法、遮罩动画方法、骨骼动画方法、动画预设方法等。

本章并不试图囊括Flash动画创作的所有知识,但若能熟练掌握这些常用技法,举一反三,触类旁通,你就拥有了Flash游戏设计的第一只翅膀。接下来,让我们开始下一章的学习,去锤炼你的另一只翅膀吧。

4.20 习题

1. 举例说明Flash形状模式和对象模式这两种绘图模式的不同之处。
2. 举例说明Flash任意变形工具和渐变变形工具的用法。
3. Flash定义了3种文本框类型,各适用于什么场合?
4. 元件、实例、库、舞台这四者之间是什么关系?
5. 举例说明剪辑、按钮和图形这3种元件创作方法和步骤,三者之间有何区别与联系。
6. 时间轴与舞台是何关系?图层、舞台和时间轴这三者之间是何关系?
7. Flash提供的滤镜效果有哪些?如何应用?
8. 时间轴上的帧类型有哪些?举例说明空白关键帧、关键帧、脚本关键帧、属性关键帧的不同。
9. 为什么说逐帧动画是最基本的动画形式?补间动画的原理是什么?
10. 帧频和动画播放速度有何关系?如何根据帧数和帧频计算动画播放的时间长度?
11. 补间动画与传统补间区别是什么?为什么补间动画是更好的动画形式?
12. 补间形状的提示点如何设置?什么情况下需要应用形状提示?
13. 如何实现3D补间动画?
14. 举例说明路径导向动画制作方法。
15. Flash提供了哪些混合模式?如何应用这些混合模式创造特殊艺术效果?
16. 举例说明Flash遮罩图层和遮罩动画的制作方法。
17. 举例说明骨骼动画的制作方法。
18. 应用本章介绍的各种动画形式,设想一个游戏角色,完成其动画创作。
19. 把本章遇到的问题用列表方式记录下来,带着这些问题继续前进。

第 5 章

AS3编程基础

三次登泰山,最喜欢杜甫那首《望岳》。

      岱宗夫如何？齐鲁青未了。
      造化钟神秀,阴阳割昏晓。
      荡胸生层云,决眦入归鸟。
      会当凌绝顶,一览众山小。

泰山十八盘是山路中极险要的一段,远远望去,恰似天门云梯。泰山之雄伟,尽在十八盘。泰山之壮美,尽在登攀中。泰山有 3 个十八盘之说。按照我的经验,第 4、5、6 三章内容好比等待读者去攀登的十八盘。第 4 章是游戏初学者的"慢十八",本章是"不紧不慢又十八",第 6 章开启的全新游戏设计"2048 游戏完整版",则是"紧十八"。过了十八盘,游戏就入门了。君当定有"会当凌绝顶,一览众山小"之慷慨;君当定有"雄关漫道真如铁,而今迈步从头越"之激昂;君当定有"山,快马加鞭未下鞍,惊回首,离天三尺三"之喜悦。

5.1 常量、变量、数据类型

学习一门新编程语言,大致都是从常量、变量、数据类型这些基础概念开始的吧。常量与变量,是构成程序的灵动音符,被设计师安排在程序各个角落。在鸿篇巨制的代码行里,它们是不起眼的,又是不可或缺的。

1. 常量

常量就是在程序生命期内,不会被改变的量。例如,m＝50 这个语句中的数字 50 是个确定数据,可以被称为常量。再如,const M:int＝50 这个语句中,50 这个数是常量,M 这个符号也是个常量,它在程序中代表 50。

我们称 M 为符号常量。单看 M,并不知道它的含义,不像 50 那样直观,所以需要结合 M 的定义来看。当一个标识符的前面有 const 这个关键字的时候,就表明这是一个常量,需要给它一个确定的值。符号常量 M 被定义后,在程序其他任何地方,都不允许再改变 M 的值。例如,临时想让 M 变成 100,用 M＝100 这样的赋值语句是不允许的。

这样看来,M 只在定义时可以被改变。它有什么用处呢？让我们设想这样一种编程场景:一个拼图游戏是 4×4 阶的。数字 4 在这里有行数和列数的意思。程序中很多地方都要根据行列数来确定循环的次数。这个时候,我们在程序开始的地方,定义两个常量语句如下：

```
const ROW:int = 4;        //行数
const COL:int = 4;        //列数
```

这样一来,程序可读性会好很多,毕竟,ROW、COL 这些符号常量比数字 4 更能传达一些可读性意义。

还有一个巨大的好处：当我们把问题规模升级为 $5×5$、$8×10$、$11×15$ 时,只需要改变程序开头定义的 ROW、COL 这两个符号常量即可。用不着到处识别程序中出现 4 的位置,看它到底是代表行还是列,还是有别的含义。

所以,符号常量可以让程序变得可读性好、可扩展性好、可维护性好,然而初学编程的人往往很容易忽视这一点。

2．变量

变量就是在程序的生命期内,可以被反复改变的量。例如,"var x:int＝50;"这个语句中的 x 就是个变量。尽管它的初值是 50,但可以在需要的时候改变它。例如,x＝100 这个语句就是合法的。此时 x 的值由 50 替换成了 100。

Pascal 语言之父尼古拉斯·沃斯(Niklaus Wirth)有个著名的编程公式：数据结构＋算法＝程序。变量定义了程序的数据结构。在设计一款程序的时候,需要定义哪些变量,这些变量各有什么含义,如何用有意义的名字(标识符)表示它们,都是程序员需要思考的。

3．数据类型

为什么编程语言会规定不同的数据类型？用一种类型不好吗？首先,分门别类的方法是人类认识世界、化繁为简的有效方法；其次,不同类型的事物具有不同性质,分门别类管理更容易一些。例如,数字 5 和数字 5.5,虽然都表示数量,但可以归类为整数和浮点数两种类型。相对于浮点数,整数在计算机里表示起来会简单一些,占用的存储空间更少一些,其运算速度会更快一些。

AS3 中,整数用 int 这个关键字定义,浮点数用 Number 来定义。如果你的程序需要一个变量 n 来表示敌人的数量,那么将 n 定义成 int 类型会比较好一些。如果敌人的数量特别多,超过了整数这种数据类型的表示范围,也可以将 n 定义成 Number 类型。Number 类型的范围比整型大。

至于为什么不用 Number 代替 int,这个道理不用再解释了吧？

表 5.1 中列出的是对 AS3 常用数据类型的一个归纳。

表 5.1 AS3 常用数据类型

类型名称	功能描述	变量的默认值
Number	用 64 位双精度格式存储数据,可表示整数、无符号数、浮点数	NaN
int	用 32 位格式存储有符号数据,只能表示整数	0
uint	用 32 位格式存储无符号数据,只能表示非负整数	0
Boolean	只有 true 和 false 两个值,分别表示逻辑真和假	false
String	表示字符串。字符串常量需要用双引号括起来表示	null

续表

类型名称	功能描述	变量的默认值
Object	AS3 对象类型,是所有其他对象类型的基类	null
Class	手动声明或创建 Class 类型的变量	null
Date	Date 类表示日期和时间信息	null
Array	数组类型,其每个元素都可以是一个 Object 类型	null
未定义类型	例如"var x;"中 x 的值为 undefined	undefined

游戏编程中还会用到许多 Flash 预定义的系统类。例如,Sprite,表示动画精灵类,MovieClip 表示影片剪辑类,Button 表示按钮类,Event 表示事件类,MouseEvent 表示鼠标事件类等。

5.2 AS3 类图

学习 AS3 编程,需要尽早掌握 AS3 常用系统类的关系图,我称之为 AS3 编程的大局观。图 5.1 是几个常用显示对象类和常用事件类的类图。这里尽量缩减了类的数量,以集中读者的注意力。AS3 的整体类库实在是太庞大了,不过读者还是应该经常查看 Adobe 的官方文档,了解各种类的功能、用法和相互关系。

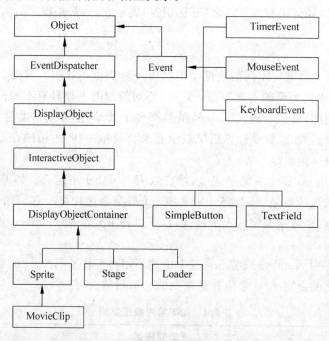

图 5.1 几个常用类之间的继承关系

图 5.1 蕴藏了丰富的编程信息。Object 是所有类的基类。EventDispatcher 类和 Event 类是两个与事件有关的基类。EventDispatcher 类是可调度事件的所有运行时类的基类。Event 类作为创建 Event 对象的基类,当发生事件时,Event 对象作为参数传递给事件侦听器。

DisplayObject 类是所有显示对象的基类。DisplayObjectContainer 类是显示容器的基类。InteractiveObject 类是用户可以使用鼠标、键盘或其他用户输入设备与之交互的显示对象的基类。

Stage 类代表主绘图区。使用 Flash Player 运行 SWF 文件时，Stage 表示显示 Flash 内容的整个区域，即舞台。程序中无法以全局方式访问 Stage 对象，而是需要利用 DisplayObject 实例的 stage 属性进行访问。Loader 类可用于加载 SWF 文件或图像（JPG、PNG 或 GIF）文件。

Sprite 与 MovieClip 类都是显示容器。Sprite 没有独立时间轴，MovieClip 拥有独立时间轴，Sprite 是 MovieClip 的父类。

5.3 运算符和表达式

前面已经学习过常量和变量。不得不承认，面对复杂问题世界，它们的表达能力还不够强大。但是，如果有两个整型变量，分别是 a 和 b，将 a 和 b 用算术运算符连接起来，则 a+b、a-b、a*b、a/b 这样的表达式传递的信息会更为丰富。

再举两个例子。

(1) 3.14 * r * r 这个算术表达式由常量 3.14、两个乘法运算符 * 和两个变量 r 组成。表达的意思是：计算圆的面积。

(2) age>=18 && age<=60 这个逻辑表达式由两个关系表达式 age>=18、age<=60 和一个逻辑与运算符 && 联合组成。关系表达式 age>=18 由变量 age、常量 18 和运算符 >= 组成。关系表达式 age<=60 由变量 age、常量 60 和运算符 <= 组成。表达的意思可能是：

① 年龄在 18~60 岁之间；

② 体重在 18~60 公斤之间；

③ 工作年限在 18~60 个月之间；

……

可见，表达式更容易表达思想。运算符是表达式里最灵动的部分。运算符决定了数据之间"化学反应"的方式。表 5.2～表 5.7 列出了 AS3 的常用运算符。使用这些运算符，可以有力地描述编程世界里的各种计算模型。

表 5.2 算术运算符

运算符	功能
+	a+b，加法
--	a--，自减 1
/	a/b，除法
++	a++，自加 1
%	a%b，求余数
*	a*b，乘法
-	-a 或 a-b，取负或减法

表 5.3 赋值运算符

运算符	功能
=	a=表达式,将右边的表达式赋值给左边的变量,表达式是任意类型
+=	a+=b,将 a+b 的结果赋值给 a
/=	a/=b,将 a/b 的结果赋值给 a
%=	a%=b,将 a%b 的结果赋值给 a
*=	a*=b,将 a*b 的结果赋值给 a
-=	a-=b,将 a-b 的结果赋值给 a

表 5.4 比较运算符

运算符	功能
==	相等
>	大于
>=	大于等于
!=	不等于
<	小于
<=	小于等于
===	严格等于比较,不自动进行类型转换
!==	严格不等于比较,不自动进行类型转换

表 5.5 逻辑运算符

运算符	功能
&&	a&&b,逻辑与运算,a 与 b 均为 true,结果才为 true
&&=	a&&=b,将 a&&b 的结果再赋值给 a
!	!a,逻辑否运算,对变量或表达式的布尔值取反
||	a||b,逻辑或运算,a 与 b 均为 false,结果才为 false
||=	a||=b,将 a||b 的结果再赋值给 a

表 5.6 字符串运算符

运算符	功能
+	a+b,连接两个字符串
+=	a+=b,连接 a 与 b 两个字符串后再将结果赋值给 a
"	表示字符串的开始或结束,两个"可以界定一个字符串

表 5.7 其他运算符

运算符	功能
[]	初始化一个新数组或多维数组,或者访问数组中的元素
,	逗号运算符
?:	条件运算符
.	访问类变量和方法,分隔导入的包或类
in	计算属性是否为特定对象的一部分
is	计算对象是否与特定数据类型、类或接口兼容

续表

运算符	功　能
::	标识属性、方法或 XML 属性或特性的命名空间
new	对类进行实例化
{}	创建一个新对象,并用指定的 name 和 value 属性对初始化该对象
()	执行分组运算,执行表达式的顺序计算,或者括住函数的一个或多个参数
:	用于指定数据类型
typeof	计算并返回一个指定表达式的数据类型
void	计算表达式,然后放弃其值,返回 undefined
按位运算符	按位与(&)、按位或(|)、按位取反(~),移位运算符:<<、>>、>>>
按位组合赋值	&= 、<<= 、|= 、>>= 、>>>=

5.4　分支与循环

程序由一条条语句构成。语句是程序的基本功能单位。编写程序的过程体现为编写一条条通向目标的语句。语句在程序中是有顺序的。排在前面的先执行,排在后面的后执行。这是最自然的法则,也是程序最自然的结构,称之为顺序结构。看下面这段小程序:

```
01    result = a + b;
02    result = a - b;
```

程序先执行的语句是 01 行,然后是 02 行。修改程序如下:

```
01    if (a>b) {
02        result = a + b;
03    } else {
04        result = a - b;
05    }
06    ……
```

现在情况发生了变化。程序从 01 行开始执行,并不保证一定会执行 02 行和 04 行。当 a>b 成立时,被执行到的语句是:01、02 行和从 06 行开始的语句。04 行语句被完整地跳过去了。如果 a>b 不成立,则 02 行语句会被跳过,直接去执行 04 行语句。

我们把上述 01~05 行构成的程序段称为分支结构。01~05 行是一个典型的 if…else…逻辑。当分支情况较多时,可以用 switch…case…逻辑取代 if…else…逻辑。在分支的程序片段里,顺序结构被完全打破,但就程序的全局大结构而言,总体上还是顺序的。

另一种打破顺序逻辑的是循环结构。例如下面这段计算 1~100 之和的小程序。

```
01    sum = 0;
02    for (i = 1; i <= 100; i++) {
03        sum = sum + i;
04    }
05    ……
```

03 行语句会被执行 100 遍！每一遍都用一个新的 sum 值与 i 值相加。当 i=101 时，程序才会结束循环，从 05 行语句向后执行。

显然，顺序、分支和循环组合起来能表达更复杂的逻辑。现在你可以闭上眼睛冥想以下几种场景。

（1）一个分支语句里有另一个分支语句，而且这种分支嵌套的情况会继续下去……

（2）一个循环语句里会有另一个循环语句，而且这种循环嵌套的情况会继续下去……

（3）分支里有循环，循环里有分支，而且记不清是谁最先开始的，反正是你中有我，我中有你，这种交替嵌套的情况也会继续下去……

（4）程序整体逻辑是顺序的，但到处都是（1）、（2）和（3）的情况。

当你能够顺利完成上述形式逻辑的想象和构建时，或许标志着你已跨入编程世界之门。

5.5 函数

讲到函数，大家可能首先会想到数学里的函数。例如 sin(x)，给定一个 x 值，就会得到它的正弦值。AS3 提供了一个称作 Math 的类，实现了常用数学函数的计算。例如 Math.sin(x)、Math.cos(x)是分别计算正弦和余弦的函数。

看下面这段小程序：

```
01    function addSum(n:uint) : int {
02        var sum:int = 0;
03        for (i = 1; i <= n; i++) {
04            sum = sum + i;
05        }
06        return sum;
07    }
```

上面的程序定义了一个函数，函数名称是 addSum，带有一个 uint 类型的参数 n，函数返回值是 int 型。能够看出 02~05 行语句是求和的，06 语句返回和值。这与上一节计算 1~100 的和有什么质的不同吗？请看如下用法：

```
01    result = addSum(100)          //计算 1~100 的和
02    result = addSum(500)          //计算 1~500 的和
03    result = addSum(1000)         //计算 1~1000 的和
04    result = addSum(10000)        //计算 1~10000 的和
```

这里，addSum 函数不仅实现了一次设计，反复使用，而且更好用，功能更强大。函数使得程序更便于维护和扩展，更便于团队成员分工协作，更便于成员间分享智慧成果。

函数不但让程序本身看起来简约高效，而且函数方法实现了软件的文化传承。例如，我们可以使用系统提供的函数库、使用第三方开发的开源免费库或者收费库，也可以自己做出有价值的函数库供他人使用。所以，我们要善于用函数的思维去分析、归纳、整理和设计程序逻辑，建立解决问题的编程模型。

5.6 类、属性、方法和实例对象

函数是一种优秀的编程方法,但终究是面向过程的思维模式,有一定局限性。现在是面向对象的编程时代。面向对象技术展现了更为先进的技术理念。其基本指导思想是:分析编程任务和需要解决的问题,把问题描述和解决过程建立在对一系列对象行为的设定和对象间关系的处理上,围绕对象建立数学模型。这是一种契合人类思维特点和思考规律的编程模式,是现代软件工程的主流思考方法。

1. 类的定义

AS3 编程语言中,对象的构造主要通过定义类的方式实现。类是实例对象的模板。类的基本语法格式是:

```
01  [类修饰词列表] class 类名 [extends 父类名][implements 接口名称列表]
02  {
03      类体
04  }
```

(1) [ ]表示其括起来的内容是可选项。
(2) 01 行称为类的头部。
(3) 02、04 行花括号分别定义类体的开始和结束。
(4) 03 行称作类体,包含类的属性定义、构造方法和一般方法。
(5) 类的修饰词包括以下 4 种。
① dynamic:允许在运行时向实例添加属性。
② final:不能被继承,没有子类。
③ internal(默认):对当前包内的引用可见。
④ public:对所有位置的引用均可见。

AS3 中的类编写完成后,需要存储在以.as 为扩展名的类文件中。一个类文件可以同时包含一个类或多个类定义。类文件的基本语法结构如下:

```
01  package 包名                        //包的定义
02  {
03      [类修饰词列表] class 类名 [extends 父类名][implements 接口名称列表]{
04          //静态属性
05          [访问控制符] static var 静态属性名:类型[ = 属性值]
06          [访问控制符] static const 静态属性名:类型 = 属性值
07          //静态方法
08          [访问控制符] static function 静态方法名(参数...):返回值类型{
09              //方法体
10          } //end function
11          //实例属性
12          [访问控制符] var 属性名称:属性类型[ = 值]
13          //构造函数(可以省略)
14          [访问控制符] function 类名(参数...) {
15              //方法体
```

```
16              } //end function
17          //实例方法
18          [访问控制符] function 方法名(参数…):返回值类型{
19              //方法体
20              } //end function
21          } //end class
22      } //end package
23      //包外类,此处可以定义第2个类、第3个类……,这些类在定义该类的源文件以外不可见
```

2．静态属性和静态方法

（1）静态属性存储所有此类对象共同的状态,独立于所有实例。每个对象的实例属性值可以不同,但所有同类对象的静态属性值都是一致的。改变一个类的静态属性值会影响该类的所有对象。

（2）静态常量的声明与静态属性的声明基本一致,只是把 var 换成了 const,且在声明时必须赋值。

（3）静态方法与静态属性一样,也是独立于所有实例的。它只同类进行绑定,不和类的任何实例绑定。

（4）静态属性和静态方法在类被调用时创建,且只为每个类创建一次。

（5）访问静态属性的语法为,类名.静态属性名；访问静态方法的语法的,类名.静态方法名。

3．实例属性和实例方法

（1）实例属性存储值,用来描述每个对象的状态,以变量的形式表现,定义在类中。

（2）实例方法描述这个实例可以有哪些行为,以函数形式定义在类中。

（3）方法根据所使用的访问控制符来控制其可访问性。

（4）必须先创建实例,才能访问实例属性和实例方法。创建类的实例之后,就可以使用.运算符来访问实例属性和实例方法。

4．构造函数

（1）当使用 new 关键字修饰类名时,构造函数就会执行。构造函数的名字与类的名称完全相同。类的名称都是以大写字母开头的,构造函数也是用大写字母开头的。

（2）类成员不建议以大写字母开头,常量除外,常量建议全部用大写。

（3）如果在类中没有定义构造函数,那么编译器在编译时会自动生成一个默认的空的构造函数。构造函数可以有参数,可以通过给构造函数传入参数来初始化成员。

（4）构造函数只能使用 public 访问控制符。编程时可以省去 public,编译器会自动将构造函数设为 public。构造函数不能有返回值,声明时返回类型必须留空,但仍可以使用 return 来改变程序的流程,只是 return 语句不能返回任何值。

5．访问控制符

AS3 访问控制符共有 4 个,分别是 public、private、protected 和 internal。访问控制符放在每一个类成员前面,每个访问控制符只控制跟在自己后面的那个类成员。访问控制符不仅控制实例属性和方法,也控制静态属性和方法。

(1) internal：包内访问。

如果一个类成员前面没有加任何访问控制符，那么它的访问控制符就是 internal。它表示在包的内部，只要是和当前类在同一个包的类，都可以访问这个类成员。换句话说，两个类如果拥有相同的包声明，那么这两个类都可以访问彼此的 internal 成员。

使用 internal 控制符，其实质是对封装思想和 package 模块化思想的具体体现。同一包中的类可以共同协作，对 internal 类成员可以相互访问，但对包外部则限制了访问权限。因此对于需要相互协作的类，可以把它们放到同一个包中，将需要互相访问的类成员设置为 internal 或干脆不设置访问控制符。

(2) public：完全公开。

在类成员前使用 public 访问控制符，表示所有外部类都可以访问 public 类成员。如果某个类成员需要被外部频繁访问，就要考虑这个类成员的设计是否恰当，可否独立出来，可否归入那些需要频繁访问的包中。总之，尽量将类成员的访问权限控制到最低限度，以便为日后的代码维护带来更多便利。

(3) private：类内可见。

private 修饰的类成员，称为私有成员，是访问控制最严格的。除了当前类中的成员，所有其他类的方法都不可以访问到该成员，即使是在同一个包中的类或者该类的子类也不可以访问到。

(4) protected：子类可访问。

protected 访问控制符修饰的类成员只能被当前类和当前类的子类访问。它和 package 没有关系，即使当前类和子类不在同一个包中，也可以访问到 protected 成员。

6. 实例对象

类的实例对象用 new 运算符创建，语法如下：

new 构造函数(参数列表)

对本节内容总结如下。

(1) 类的定义包括 package 包路径的定义、类名称、实例属性、实例方法、静态属性、静态方法和构造函数。

(2) 每个 AS 文件都可以放置多个类，但只有与文件名同名的类才对外可见。

(3) package 的花括号内，必须且只能定义一个类。

(4) package 花括号内的类，必须与 AS 文件名相同。

(5) 在 package 花括号外，还可以定义若干个类（包外类）。包外类只能被同包内的其他类访问。

5.7 包

将一组类或接口的定义封装在一个包（package）里，是一种先进的代码管理技术。包的定义语句必须是 AS 文件的第 1 条语句。包的定义语法如下：

package 包名{

    包内类的定义
}
//包外类的定义

1. 包名

包名可以是一个标识符，也可以是若干标识符由.连接构成。例如：包名为 interface，表示包文件存放在项目文件夹下的 interface 子目录里；包名为 cn.edu.ldu，表示包文件存放在项目文件夹下的 cn\edu\ldu 子目录（Windows 系统）或 cn/edu/ldu 子目录（Linux 或 Unix 系统）里。

可见，包名的实质含义是定义一个一级子目录或多级子目录。如果省略包名，则包文件存储于项目的根目录。

2. 包的导入

有如下两种用法：

（1）import 包名.*；

（2）import 包名.类型名；

第一种用法是将包的类、接口全部导入到当前程序中，不管其中的类是否用到。第二种用法是将指定的类导入到当前程序。前一种会增加程序内存开销，降低编译效率。因此，建议尽量采用第二种格式。

5.8 文档类与导出类

5.8.1 文档类

文档类是程序的入口，相当于程序的主类。文档类需要以 Sprite 类或者 MovieClip 类作为其父类。打开第 3 章的"看水果学单词"游戏项目文件夹，可以看到里面有 3 个完成的设计文件。其中，MatchingGame.fla 是主文件；GameMain.as 是游戏主控类文件，这个类被称作文档类，是程序主控逻辑的入口；另一个类文件 WordCard.as 是一个普通的类，被主控类所调用。这三者之间的关系如图 5.2 所示。最后它们被联合编译成 MatchingGame.swf 文件供用户使用。

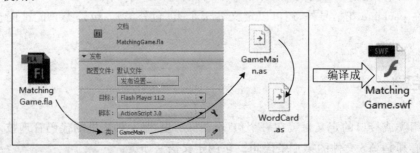

图 5.2　GameMain 是文档类

在游戏项目设计中,一般把游戏的主控逻辑类作为文档类,其他角色功能可以分别定义成普通类。其实,一个类是否是文档类,关键看它与 FLA 主文件的关系,是否在 FLA 文件"属性"面板里进行了有效关联。

5.8.2 导出类

回头再看看第 3 章的游戏设计,打开 FLA 主文件,查看"库"面板,如图 5.3 所示。水果卡片、StartGame、PlayGame、EndGame、单词表这 5 个影片剪辑元件以及 4 个声音文件,均对应一个导出类名。这些类名可以作为外部类,被其他类直接访问使用。这样一来,彻底打通了图形设计和编程之间的通道。

通过导出类技术,可以将库中的元件作为类在程序中直接使用,就像把它们直接从库中拖放到舞台上一样。而有了代码的协助,对这些元件实例的控制将更具自动化、智能化。

事实上,在将库中的元件作为导出类时,如果把元件的基类指定为外部已经设计好的某个功能类,这样会进一步增强元件的行为能力。在本书后面"水果连连看"游戏的卡片设计中,对水果卡片就采用了这一技术。

图 5.3 导出类将元件变成外部可用类

Flash 通过文档类和导出类模式,将游戏的界面设计、编码逻辑设计有机整合为一个整体,大大提高了软件工程效率。不得不赞叹,文档类和导出类是一项神奇的技术。

5.9 显示对象、显示容器与显示列表

5.9.1 显示对象

与声音等对象不同,显示对象是那种可以在舞台上显示出来给用户看的对象。在 AS3 中,在应用程序屏幕上出现的所有元素都属于"显示对象"类型。flash.display 包中包含一个 DisplayObject 类,该类是一个被许多其他类扩展的基类。

在选择使用何种类型显示对象时,内存占用量也是一个重要考量因素。例如,对于非交互式简单形状,用 Shape 类创建;不需要时间轴的交互式对象,用 Sprite 类创建;使用时间轴的动画,用 MovieClip 类创建。以下 3 行代码中,后面的数字反映了不同显示对象的内存使用量。

```
trace(getSize(new Shape()));        // output: 400
trace(getSize(new Sprite()));       // output: 688
trace(getSize(new MovieClip()));    // output: 752
```

可以看到,MovieClip 对象占用内存最大。如果不需要 MovieClip 对象时间轴功能,过度使用 MovieClip 对象而不是使用简单的 Shape 对象,会浪费较多内存。为了优化内存的使用,应为显示对象选择合适的显示类型。

5.9.2 显示容器

在 AS3 中,有些显示对象不但自己是可视的,其本身还可以作为一个容器,容纳其他的显示对象进来。这些被容纳的显示对象称为它的子级。这种能容纳其他显示对象的显示对象被称为显示容器。

例如,同样都是显示对象类型的 Shape 对象、Sprite 对象、MovieClip 对象,Shape 对象不是容器,Sprite 对象和 MovieClip 对象是容器。

对于以 AS3 编程方式创建的显示对象实例,显示容器通过调用 addChild() 或 addChildAt() 方法,将实例添加到容器的显示列表后,才能在屏幕上看到该实例。

5.9.3 显示列表

显示容器会维护一个显示列表,来管理它的所有子级显示对象。

当改变显示对象在容器中的位置时,显示容器中的其他子级会自动重新定位并更新索引位置。

显示容器有个 numChildren 属性,用于列出显示容器中的子级数。借助 numChildren 属性,可以遍历列表中从索引位置 0 到最后一个索引位置(numChildren-1)的所有对象。

也可以通过使用显示容器的 getChildByName() 方法来访问显示容器中的子级对象。

值得一提的是,在 AS3 中,可以访问显示列表中的所有对象,包括使用 AS3 创建的对象以及在 Flash 创作工具中创建的所有显示对象。

5.9.4 SWF 文件全局显示列表

每个 AS3 创建的应用程序都有一个由显示对象构成的全局显示层次,读者应该对此有所了解。如图 5.4 所示,这里给出了一个 SWF 文件全局显示列表的树形示例。Flash 影片发布后,用户在舞台上看到的各种可视元素组成了一个显示列表。这个列表的顶端是舞台,次级是主类实例。主类实例也是一个显示容器。其他显示容器的级别都比这两个要低。

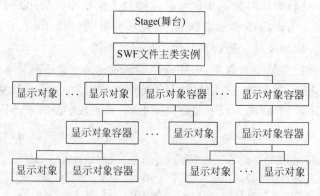

图 5.4 某 SWF 文件全局显示列表

根据图 5.4 所示的全局显示列表,可以得出如下结论。

(1) Stage 是顶级显示容器。Stage 是包括所有显示对象的基础容器。每个应用程序都有一个 stage(注意是小写)全局对象,作为顶级容器,位于显示列表树的根部。

(2) 如果在 FLA 文件中关联了文档类,那么该类称为"SWF 文件的主类"。在 Flash Player 或 Adobe AIR 中打开 SWF 文件时,Flash Player 或 AIR 将调用该类的构造函数,并添加所创建的主类实例作为 stage 对象的子级。

(3) 所有显示对象类都是 DisplayObject 类的子类,DisplayObjectContainer 类是 DisplayObject 类的子类。由此可见,显示容器也是一种显示对象。

(4) 如果从显示列表中删除某个 DisplayObjectContainer 对象,或者以其他某种方式移动该对象或进行变形处理,则会同时删除、移动或变形 DisplayObjectContainer 中所有子显示对象。

(5) 显示容器本身就是一种显示对象,它可以添加到其他显示容器中,实现容器间的嵌套。

(6) 要使某一显示对象出现在显示列表中,必须将其添加到显示容器中。使用容器的 addChild()方法或 addChildAt()方法可执行此操作。例如,如果下面的代码没有最后一行,将不会在容器中显示 myTextField 对象。

```
var myTextField:TextField = new TextField();
myTextField.text = "hello";
this.addChild(myTextField);
```

在上面这 3 行代码示例中,this 指向包含该代码的显示容器。也可以将 this 换成其他容器。

(7) 使用 addChildAt()方法可将子级添加到显示容器子级列表中的指定位置。

如果将包含在一个显示容器中的显示对象添加到另一个显示容器中,则会从第一个显示容器子级列表中删除该显示对象。

除了上面介绍的方法之外,DisplayObjectContainer 类还定义了操作子显示对象的几个方法,现在来熟悉一下。

① contains():确定显示对象是否是 DisplayObjectContainer 的子级。
② getChildByName():按名称检索显示对象。
③ getChildIndex():返回子显示对象的索引位置。
④ setChildIndex():更改子显示对象的位置。
⑤ removeChildren():删除多个子显示对象。
⑥ swapChildren():交换两个显示对象的前后顺序。
⑦ swapChildrenAt():交换两个显示对象的前后顺序(由其索引值指定)。

5.10　Sprite 与 MovieClip

Sprite 与 MovieClip 都是显示容器,在游戏设计中可用于表示各种游戏角色,使用频率极高。常有人抱怨,AS3 类库过于庞大,不知从何处下手。这里,推荐先从 Sprite 与 MovieClip 开始,这样容易做到触类旁通。找来 Adobe 官方文档,对这两个类仔细推敲研究一番,再来动手编程,就有思路了。俗语说:"巧妇难为无米之炊"。这是强调原料的重要性。如果你对类库不熟悉，不能做到全局在胸，那么你的思考就会停滞，因为你没有足够的思维"原料"作支撑，不知道工具的边界和能力在哪里。

有趣的是，Sprite 是 MovieClip 的父类。Sprite 没有独立时间轴，而 MovieClip 包含独立时间轴。图 5.5 显示了 Sprite 类常用的属性和方法。仔细观察，只有虚线下方的 6 个属性和 5 个方法是 Sprite 类新增加的，其他的属性和方法全部来自其父类。

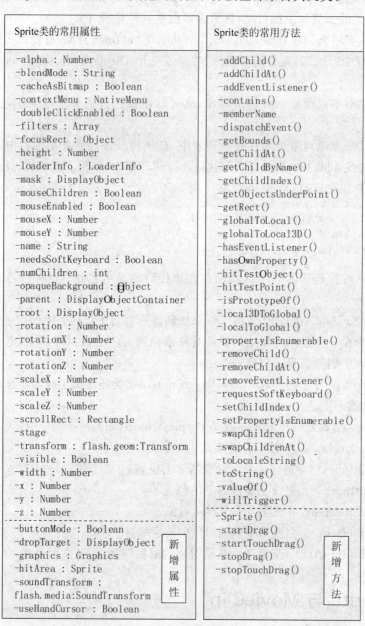

图 5.5 Sprite 类的常用属性和方法

再来看 MovieClip 类。它是 Sprite 的子类，如图 5.6 所示，它在 Sprite 的基础上增加了一些针对时间操作的属性和方法。在可以响应的事件方面，MovieClip 与 Sprite 保持一致。

MovieClip类的常用属性	MovieClip类的常用方法	Sprite/MovieClip的常用事件
继承了Sprite的属性	继承了Sprite的方法	-Event.ADDED
新增的public 属性：	新增的 pubic 方法：	-Event.ADDED_TO_STAGE
-currentFrame : int	-MovieClip()	-Event.ENTER_FRAME
-currentFrameLabel : String	-gotoAndPlay()	-MouseEvent.CLICK
-memberName	-gotoAndStop()	-MouseEvent.MOUSE_OVER
-currentLabel : String	-nextFrame()	-MouseEvent.MOUSE_OUT
-currentLabels : Array	-nextScene()	-ouseEvent.MOUSE_UP
-currentScene : Scene	-play()	-MouseEvent.MOUSE_DOWN
-enabled : Boolean	-prevFrame()	-MouseEvent.ROLL_OVER
-framesLoaded : int	-prevScene()	-MouseEvent.ROLL_OUT
-totalFrames : int	-stop()	-Event.REMOVED
-trackAsMenu : Boolean		-Event.REMOVED_FROM_STAGE

图 5.6 MovieClip 类的属性、方法和事件

5.11 事件与侦听器

与 Java、C♯等编程语言相比，AS3 提供了独具特色的事件驱动机制。事件是程序运行过程中所发生的一些事情，例如，按下了键盘，单击了鼠标，文件加载完成，显示对象从容器里移除等。如何处理这些事件呢？AS3 定义了一种被称为事件侦听器的技术。当为某个对象添加了一个事件侦听器后，这个对象就有了"耳朵"，能够察觉或听到发生的事件，并对事件做出响应。这就是事件侦听器的魔力。

创建事件侦听器需要完成以下 3 步。

(1) 从 flash.events 包中导入一个事件类。

(2) 调用 addEventListener 方法为对象添加一个事件侦听器。这个方法需要指定侦听的事件以及事件发生时执行的事件函数名。

(3) 创建侦听器里指定的事件函数。这是一个特殊函数，它能"处理事件"。它有一个形式参数，可以接受侦听器发送来的事件对象。这个函数在事件发生时被自动调用，事件不发生时不执行。

我们把这种由事件驱动的程序逻辑称作面向事件的编程。下面举一个例子说明。

玩家不断在舞台上单击鼠标。现在，我们希望把玩家的单击行为捕捉下来进行处理。假设这里只是在输出窗口给出一行提示："你在舞台上单击了鼠标"。我们不知道玩家什么时候单击，也不知间隔多长时间再次单击。显然这是一个事件驱动的问题。事件发生时，程序就要处理；否则，什么也不用做。

图 5.7 展示了玩家单击舞台时输出信息的编程方法。03 行导入事件类，06 行注册侦听器，08～10 行的 onClick 函数响应单击事件。这里的 onClick 还过于简单。此时当然可以让游戏角色唱一首歌，或者做发射炮弹之类的事情。把这些想做的事情统统放到 onClick 函数里。只要玩家单击鼠标，onClick 函数就会被执行。这一切都由一个看不见摸不着的被称作侦听器的对象管理着。这个侦听器是在执行 06 行那个 addEventListener 语句时产生的，其工作原理如图 5.7(程序 5.1)所示。

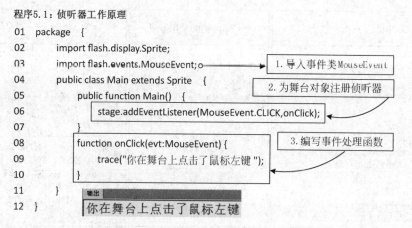

图 5.7　侦听器工作逻辑

对象、事件、事件处理函数三者之间通过侦听器实现了有机联系。addEventListener 给对象添加侦听器，许多资料上也称为注册侦听器，是一个意思。某些情况下，我们不希望对象继续对事件响应，则可以用 removeEventListener 方法将侦听器移除。例如，如果希望解除 stage 对象与 MouseEvent.CLICK 事件的关系，则用如下语句即可。

```
stage.removeEventListener(MouseEvent.CLICK,onClick);
```

此时回头看看第 3 章的程序 3.1 和程序 3.2。多个地方都用到了 addEventListener 和 removeEventListener 方法。一般来说，侦听器完成使命后，都要及时移除，释放资源。某些情况下，程序自身逻辑要求必须将侦听器移除，例如程序 3.1 中对拖放操作的侦听。

现在让我们来想想，都有哪些舞台对象可以添加侦听器，Sprite 类对象、MovieClip 类对象、Button 类对象……还记得本章开头图 5.1 所示的那张 AS3 类图吗，在那里有个类 EventDispatcher，它是所有可调度事件的基类，addEventListener 方法正是由 EventDispatcher 类所定义的。所有 EventDispatcher 类的子类都继承了这个方法。DisplayObject 类是 EventDispatcher 类的子类，所以，所有 DisplayObject 子类对象，都可以添加侦听器。

5.12　键盘控制对象运动

用键盘控制游戏角色移动，需要用 AS3 两个类来实现：KeyboardEvent 类和 Keyboard 类。在程序头部导入如下语句：

```
import flash.events.KeyboardEvent;
import flash.ui.Keyboard;
```

下面来完成这个练习，步骤如下。

（1）打开本章案例文件夹 exam2 里的 Panda.fla 文件。观察一下，库中只有一个名称为"熊猫"的影片剪辑元件，其导出类名称为 Panda。舞台和时间轴都是空的。熊猫的注册点在其几何中心。

(2) 新建一个 AS3 类,类名为 Main。保存类文件到 exam2 目录里,文件名称为 Main.as。

(3) 回到主文件 Panda.fla,在"属性"面板里指定文档类为 Main,保存主文件。

(4) 回到 Main 类,完成程序 5.2 所示代码设计。

程序 5.2:用键盘控制熊猫移动

```
01  package {
02      import flash.display.MovieClip;
03      import flash.events.KeyboardEvent;
04      import flash.ui.Keyboard;
05      public class Main extends MovieClip {
06          private var mcPanda : MovieClip;              //为 Main 类声明一个私有成员
07          public function Main() {
08              mcPanda = new Panda();                    //生成实例对象
09              addChild(mcPanda);                        //添加到舞台这个显示容器
10              //让熊猫出现在舞台正中央
11              mcPanda.x = stage.stageWidth/2;
12              mcPanda.y = stage.stageHeight/2;
13                  //为舞台添加一个侦听器,侦听 KEY_DOWN 事件,事件处理函数 goKeyDown
14              stage.addEventListener(KeyboardEvent.KEY_DOWN,goKeyDown);
15          } //end Main
16          function goKeyDown(evt:KeyboardEvent) : void {   //事件处理函数
17              if (evt.keyCode == Keyboard.LEFT) {          //按下左箭头键
18                  mcPanda.x -= 10;                         //向左移动 10 个像素
19              } else if (evt.keyCode == Keyboard.RIGHT) {  //按下右箭头键
20                  mcPanda.x += 10;                         //向右移动 10 个像素
21              } else if (evt.keyCode == Keyboard.UP) {     //按下上箭头键
22                  mcPanda.y -= 10;                         //向上移动 10 个像素
23              } else if (evt.keyCode == Keyboard.DOWN) {   //按下下箭头键
24                  mcPanda.y += 10;                         //向下移动 10 个像素
25              } //end if
26          } //end goKeyDown
27      } //end class
28  } //end package
```

在这段小程序里,添加了较为详细的注释,请耐心仔细研究一番。

(1) AS3 有一个 Stage 内置类,它是 DisplayObjectContainer 的直接子类。图 5.1 中清楚地标明了这种关系。发布 SWF 文件时,AS3 编译器会自动创建该类的一个实例,名称为 stage(小写)。可以在程序的任何位置使用这个 stage 对象。可以再回头看看图 5.4。可以看到,stage 是整个 SWF 文件显示列表的根。

(2) 14 行代码用于为 stage 对象添加侦听器。当键盘被按下时,按键对应的键控代码会被作为事件对象的参数发送到事件处理函数。在事件处理函数中,正是通过事件对象的 keycode 属性获得了按键的编码。这个编码其实是一个数字,例如,37 表示左箭头键,39 表示右箭头键,但我们不愿意去记忆这些抽象数字,所以直接使用 Keyboard 类里的常量代替了那些数字。

(3) 测试程序。你会看到想要的结果,如图 5.8 所示。

(4) 美中不足的是,如果同时按下两个方向键,例如左、右箭头同时按下,熊猫只会向一个方向移动。这是键盘缓冲作用的结果。如果先捕获到了右箭头按键,则只有当右箭头键松开后,才会去处理左箭头键。还有一个问题,如果同时按下左箭头和上箭头,熊猫也不会像预想的那样向左上方运动,而是最终只选择了向上或向左运动。这说明,程序 5.2 所示的键盘控制运动的方法并不完善,需要改进。解决问题的方法是采用 ENTER_FRAME 事件,重新设计控制运动的方法。

图 5.8　熊猫向 4 个方向移动

5.13　ENTER_FRAME 事件

针对程序 5.2 出现的问题,将采取如下措施来改进熊猫的运动设计。

(1) 导入 AS3 的 Event 类,使用 ENTER_FRAME 事件。

(2) 创建两个新变量 vx 和 vy,分别表示熊猫水平和垂直方向的移动速度。

(3) 更新 goKeyDown 事件处理函数,不再直接改变熊猫的坐标,而是改变熊猫的速度(速度包含了运动方向)。

(4) 增加一个 goKeyUp 事件处理函数,用于处理释放按键时,将速度设为 0。

(5) 创建 goEnterFrame 事件处理函数,这个函数根据熊猫的速度控制其运动。

(6) 适当增加 FLA 文件的帧频,使运动看起来更流畅。例如,设置帧频为 30 帧/秒。

操作步骤如下。

(1) 打开本章案例文件夹 exam3,打开主文件 Panda.fla。同前一个案例一样,库中只有"熊猫"这一个影片剪辑,其导出类名为 Panda。时间轴和舞台都是空的。改变帧频为 30 帧/秒。设置文档类的名称为 Main。保存文件 Panda.fla。

(2) 新建类文件 Main.as,保存到 exam3 文件夹里。Main 类的设计如程序 5.3 所示。

程序 5.3:键盘控制熊猫移动的改进版

```
01    package {
02        import flash.display.MovieClip;
03        import flash.events.KeyboardEvent;
04        import flash.ui.Keyboard;
05        import flash.events.Event;
06        public class Main extends MovieClip {
```

```
07          private var mcPanda : MovieClip;            //为 Main 类声明一个私有成员
08          private var vx:int;
09          private var vy:int;
10          public function Main() {
11              mcPanda = new Panda();                  //生成实例对象
12              addChild(mcPanda);                      //添加到舞台这个显示容器
13              //让熊猫出现在舞台正中央
14              mcPanda.x = stage.stageWidth/2;
15              mcPanda.y = stage.stageHeight/2;
16              //初始化速度变量
17              vx = 0;
18              vy = 0;
19              //添加事件侦听器
20              stage.addEventListener(KeyboardEvent.KEY_DOWN,goKeyDown);
21              stage.addEventListener(KeyboardEvent.KEY_UP,goKeyUp);
22              addEventListener(Event.ENTER_FRAME,goEnterFrame);
23          }
24          //处理键盘按下事件
25          function goKeyDown(evt:KeyboardEvent) : void {
26              if (evt.keyCode == Keyboard.LEFT) {      //按下左箭头键
27                  vx = -5;                             //向左移动速度为:-5 像素/秒
28              } else if (evt.keyCode == Keyboard.RIGHT) {  //按下右箭头键
29                  vx = 5;                              //向右移动速度为:5 像素/秒
30              } else if (evt.keyCode == Keyboard.UP) {     //按下上箭头键
31                  vy = -5;                             //向上移动速度为:-5 像素/秒
32              } else if (evt.keyCode == Keyboard.DOWN) {   //按下下箭头键
33                  vy = 5;                              //向下移动速度为:5 像素/秒
34              } //end if
35          } //end goKeyDown
36          //处理键盘释放事件
37          function goKeyUp(evt:KeyboardEvent) : void {
38              if (evt.keyCode == Keyboard.LEFT || evt.keyCode == Keyboard.RIGHT) {
39                  vx = 0;                              //左右方向键释放时,水平速度变为0
40              } else if (evt.keyCode == Keyboard.UP || evt.keyCode == Keyboard.DOWN) {
41                  vy = 0;                              //上下方向键释放时,垂直速度变为0
42              }
43          } //end goKeyUp
44          //处理进入帧事件,函数里同时改变了熊猫的 x 和 y,实现斜向运动效果
45          function goEnterFrame(evt:Event) : void {
46              mcPanda.x += vx;
47              mcPanda.y += vy;
48          } //end goEnterFrame
49      } //end class
50  } //end package
```

(3) 测试影片。现在熊猫可以斜向运动了,而且移动更加平滑,如图 5.9 所示。

现在我们来认真总结程序 5.3 做出了哪些改变。

(1) 为熊猫设定了水平和垂直移动速度 vx 和 vy。这是程序 5.2 所没有的。用速度控制物体运动,间接避免了键盘缓冲的问题。

(2) goKeyDown 函数不再直接改变熊猫坐标,而是设定速度,速度里包含了运动方向。

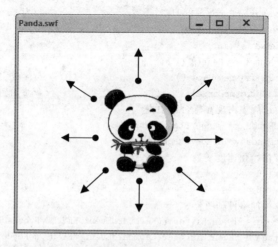

图 5.9　熊猫可以向更多方向平滑移动

（3）新增了针对 KEY_UP 事件的侦听器。在 goKeyUp 函数里将速度设为 0，表示当玩家释放按键时，熊猫停止移动。保持一直按键，熊猫才会一直运动。

（4）程序第 22 行新增了 ENTER_FRAME 事件侦听器。这是一个什么事件呢？这得从 Flash 影片运行机制说起。

当前这个 FLA 文件帧频设为了 30 帧/秒。那就意味着，SWF 文件的舞台每秒钟会被更新 30 次。每一次用一个帧的画面去更新，每一帧画面的更新时间为 1/30 秒。动画的播放原理如图 5.10 所示。

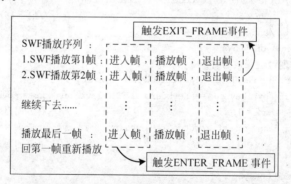

图 5.10　ENTER_FRAME 事件被触发的时机

每次进入帧，都会触发 ENTER_FRAME 事件。帧频为 30 帧/秒，即每秒可以触发 30 次，事件处理函数 goEnterFrame 每秒钟被执行 30 次。而且，只要动画不停止，ENTER_FRAME 事件就不会停止。这就是 ENTER_FRAME 蕴含的工作机制。

当然，如果使用了如下语句：

```
removeEventListener(Event.ENTER_FRAME,goEnterFrame);
```

就另当别论了。

图 5.10 中还有一个与 ENTER_FRAME 相反的事件 EXIT_FRAME。如果把程序 5.3 第 22 行里的事件改为 EXIT_FRAME，你会发现熊猫的移动似乎不受影响。当然，ENTER

_FRAME 与 EXIT_FRAME 还是不同的,至少在时间上是有差异的。

在游戏设计中,巧妙运用 ENTER_FRAME 与帧的同步关系,可以做出许多精彩的设计。前面第 3 章的案例用到了这个机制。在后面的学习中,你会发现 ENTER_FRAME 的应用十分广泛,例如,用来构建游戏的主循环,控制对象的运动,做某些定时的检查等。

(5) 细心的读者可能还发现了程序第 22 行即下面这个语句与 20 行、21 行的不同。

```
addEventListener(Event.ENTER_FRAME,goEnterFrame);
```

20、21 行两个侦听器都加到了 stage 这个全局对象上。那么上面的这个语句呢?可不可以也加到 stage 上,就像下面这样:

```
stage.addEventListener(Event.ENTER_FRAME,goEnterFrame);
```

当然可以。stage 是全局对象,是显示列表的根,对所有子级显示对象都是可见的,子级对象可以直接访问 stage。

但是,如果 addEventListener 这个函数省略了添加侦听器的目标对象,那么侦听器就会添加到当前所在类的实例上。就程序 5.3 而言,当前类是 Main 类,这是文档类,是 SWF 文件的主类,所以侦听器就被加给了 Main 的实例。在后续游戏设计中,针对不同的类,经常需要省略 addEventListener 的目标对象,让 addEventListener 自动识别所处的类环境。

程序 5.3 第 22 行也可以写成如下形式:

```
this.addEventListener(Event.ENTER_FRAME,goEnterFrame);
```

这里,this 关键字(指当前类的实例对象)可以省略不写。

5.14 舞台边界

在上一个例子中,小熊猫可以啃着竹子在舞台上四处溜达,如果它消失在边界之外,就会与玩家失去联系。如何把熊猫的活动范围限定在舞台之内呢?通常有如下解决方案。

(1) 在舞台边界阻止熊猫的继续移动,让熊猫停下来。在一些反弹类游戏中,会改变角色的速度方向,继续运动下去。

(2) 当熊猫超出边界时,会出现在反方向边界的一侧。

先来看第一种情况。设计和实现步骤如下。

(1) 打开 exam4 文件夹,里面有一个与前两个案例一样的 Panda.fla 文件。打开这个文件,设定它的文档类为 Main,帧频为 30 帧/秒,保持舞台宽高为 550×400 不变,保存文件。

(2) 新建文档类 Main。这时你可以回到程序 5.3,把那里的代码都复制过来。幸运的是,我们仅仅需要对程序 5.3 的 goEnterFrame 事件函数做修改。完成新的 goEnterFrame 事件函数如下所示,这里标记为程序 5.4。

程序 5.4:熊猫在舞台边界处停止移动
```
01    //处理进入帧事件,函数里同时改变了熊猫的 x 和 y,实现斜向运动效果
02    function goEnterFrame(evt:Event) : void {
03        //新增如下两个变量,分别表示熊猫半个身宽和半个身高
```

```
04        var halfPandaWidth:int = mcPanda.width/2;
05        var halfPandaHeight:int = mcPanda.height/2;
06        //熊猫移动,每秒钟会执行30次这样的移动
07        mcPanda.x += vx;
08        mcPanda.y += vy;
09        //在舞台边界停止熊猫的移动
10        if (mcPanda.x + halfPandaWidth > stage.stageWidth) {        //超出右边界
11            mcPanda.x = stage.stageWidth - halfPandaWidth;
12        }
13        if (mcPanda.x - halfPandaWidth < 0) {                        //超出左边界
14            mcPanda.x = halfPandaWidth;
15        }
16        if (mcPanda.y - halfPandaHeight < 0) {                       //超出上边界
17            mcPanda.y = halfPandaHeight;
18        }
19        if (mcPanda.y + halfPandaHeight > stage.stageHeight) {       //超出下边界
20            mcPanda.y = stage.stageHeight - halfPandaHeight;
21        }
22    } //end goEnterFrame
```

(3) 测试程序,可以看到熊猫在舞台边界处乖乖地停了下来。这段程序包含了丰富的信息。

① 除了 07 行、08 行外,其他内容都是新增的。

② 04 行、05 行新增了两个局部变量,这两个变量只在函数 goEnterFrame 内可见,被称作局部变量。这两个变量的作用是实时监测熊猫的半宽和半高。有人可能会认为这两个变量的计算放在函数的外部会更好一些,这样至少可以减少计算次数。把这两个变量放在 goEnterFrame 函数里的好处是,不用担心运动过程中熊猫因为吃到了神奇的竹子导致身体突然增大或变小的问题,这种处理方法更符合游戏里经常碰到的一些场景。

③ 对象的半宽和半高在一些碰撞检测算法中也经常用到,读者应该注意这个技巧。

④ 已经在程序里加了较多的注释,相信读者能够看明白。应该注意的是 10~21 行的 4 个 if 语句,这里不能写成 if…else…的形式。为什么呢? 读者可以亲自试验一下。改成 4 个 if 语句连写的 if…else…形式之后,会忽略掉一种极端情况,例如,如果熊猫到达了右下角,如果你同时按下右方向键和下方向键,你会惊讶地发现熊猫仍然跑出了舞台边界。其他 3 个角上也有类似情况出现。所以,应该确保每个 ENTER_FRAME 周期内,对 4 种出边界的情况均作检查。

(4) 对于让熊猫在舞台另一侧折返的情况,程序实现与程序 5.4 相似,但注意,计算方法是不同的,不小心极易搞错。将这段代码作为程序 5.5 展示如下。

程序 5.5:熊猫在舞台边界折返(仅列出了与程序 5.4 不同的地方)
```
01    if (mcPanda.x - halfPandaWidth > stage.stageWidth) {       //消失在右边界
02        mcPanda.x = - halfPandaWidth;                           //从左边界折返
03    }
04    if (mcPanda.x + halfPandaWidth < 0) {                       //消失在左边界
05        mcPanda.x = stage.stageWidth + halfPandaWidth;          //从右边界折返
06    }
```

```
07      if (mcPanda.y + halfPandaHeight < 0) {                      //消失在上边界
08          mcPanda.y = stage.stageHeight + halfPandaHeight;        //从下边界折返
09      }
10      if (mcPanda.y + halfPandaHeight > stage.stageHeight) {      //消失在下边界
11          mcPanda.y = - halfPandaHeight;                          //从上边界折返
12      }
```

5.15 滚屏效果

　　多数 2D 动作类游戏或探险类游戏都会使用一种叫做滚屏的技术，以使得游戏角色可以在远远大于舞台边界的区域中移动。其实，游戏角色并没有真正离开舞台的可视范围，而是通过移动背景，营造出了这种视觉效果。常用的滚屏技术有横向滚屏、纵向滚屏、多向滚屏，图 5.11 是对横向和多向滚屏的一个示意。

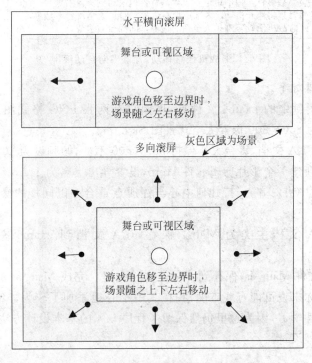

图 5.11　滚屏技术示意图

　　在很多游戏中，当玩家角色接近舞台边界时背景才开始移动，玩家角色在舞台中心区域自由活动时，背景不移动。下面是实现一个多向滚屏的经典设计。

　　如图 5.12 所示，程序运行时，舞台中央有一架战机，用一个星空图景作背景。玩家可以用方向键控制战机向任意方向移动。程序内置了一个虚拟的矩形区域。当战机在这个内部虚拟区域活动时，背景不需要移动。当战机到达虚拟矩形边界并继续移动时，背景开始滚动。当背景滚动到舞台边界时，停止滚动。这时战机的虚拟矩形区域会自动扩大到舞台边界，从而实现战机全舞台随机运动。当战机远离舞台边界，重回初始矩形区域时，背景又会暂停移动。

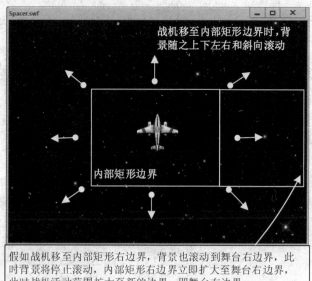

图5.12 战机任意移动,背景多向自动滚屏

本案例设计步骤如下。

(1) 打开本章案例中的 exam6 文件夹,里面只有两张 PNG 格式图片,一张为战机图 Hero.png,另一张为 800×800 像素太空背景图 Sky.png。

(2) 新建一个 FLA 文档,舞台大小保持 550×400 不变,帧频设为 30 帧/秒。导入上述两张图片到库中。新建一个影片剪辑元件 Hero,设置导出类名为 Hero。将库中图片 Hero 拖入舞台,与舞台正中央对齐,保持几何中心与注册点重合。以同样的操作,完成背景影片剪辑 Sky 的创作。

(3) 设置 FLA 文档主类为 Main。保存 FLA 文档到 exam6 文件夹,文件名为 Spacer.fla。

(4) 新建主类文件 Main.as,保存到 exam6 文件夹里。完成 Main.as 的设计,如程序 5.6 所示。这个算法对你来说可能有些难度,我在其中小心地添加了较为详细的注释。你可以与程序 5.4 作对比性学习,因为这里仍然保留了程序 5.4 的基本设计方法,只是增加了对背景和虚拟矩形的编程设计。

程序 5.6:战机任意移动,背景随战机移动而反向滚屏

```
01    package {
02        import flash.display.MovieClip;
03        import flash.events.KeyboardEvent;
04        import flash.ui.Keyboard;
05        import flash.events.Event;
06        public class Main extends MovieClip {
07            private var mcHero : MovieClip;            //英雄战机
08            private var vx:int;                        //战机和背景的水平移动速度
09            private var vy:int;                        //战机和背景的纵向移动速度
10            private var background:MovieClip;          //背景
11            private var rect_left:uint;                //内部矩形左边界
```

```
12          private var rect_top:uint;                    //内部矩形上边界
13          private var rect_right:uint;                  //内部矩形右边界
14          private var rect_bottom:uint;                 //内部矩形下边界
15          public function Main() {
16              background = new Sky();                   //生成太空背景对象
17              addChild(background);                     //添加到舞台
18              background.x = stage.stageWidth/2;
19              background.y = stage.stageHeight/2;
20              mcHero = new Hero();                      //生成战机对象
21              addChild(mcHero);                         //添加到舞台
22              //让战机出现在舞台正中央
23              mcHero.x = stage.stageWidth/2;
24              mcHero.y = stage.stageHeight/2;
25              //初始化速度变量
26              vx = 0;
27              vy = 0;
28              //初始化内部矩形边界,用舞台宽和高的一半作为内部矩形的大小
29              rect_left = stage.stageWidth/2 - stage.stageWidth/4;
30              rect_right = stage.stageWidth/2 + stage.stageWidth/4;
31              rect_top = stage.stageHeight/2 - stage.stageHeight/4;
32              rect_bottom = stage.stageHeight/2 + stage.stageHeight/4;
33              //添加事件侦听器
34              stage.addEventListener(KeyboardEvent.KEY_DOWN,goKeyDown);
35              stage.addEventListener(KeyboardEvent.KEY_UP,goKeyUp);
36              addEventListener(Event.ENTER_FRAME,goEnterFrame);
37          }
38          //处理键盘按下事件
39          function goKeyDown(evt:KeyboardEvent) : void {
40              if (evt.keyCode == Keyboard.LEFT) {        //按下左箭头键
41                  vx = -5;                               //向左移动速度为:-5像素/秒
42              } else if (evt.keyCode == Keyboard.RIGHT) { //按下右箭头键
43                  vx = 5;                                //向右移动速度为:5像素/秒
44              } else if (evt.keyCode == Keyboard.UP) {   //按下上箭头键
45                  vy = -5;                               //向上移动速度为:-5像素/秒
46              } else if (evt.keyCode == Keyboard.DOWN) { //按下下箭头键
47                  vy = 5;                                //向下移动速度为:5像素/秒
48              } //end if
49          } //end goKeyDown
50          //处理键盘释放事件
51          function goKeyUp(evt:KeyboardEvent) : void {
52              if (evt.keyCode == Keyboard.LEFT || evt.keyCode == Keyboard.RIGHT) {
53                  vx = 0;                                //左右方向键释放时,水平速度变为0
54              }
55              if (evt.keyCode == Keyboard.UP || evt.keyCode == Keyboard.DOWN) {
56                  vy = 0;                                //上下方向键释放时,垂直速度变为0
57              }
58          } //end goKeyUp
59          //处理进入帧事件,实现滚屏效果
```

```
60      function goEnterFrame(evt:Event) : void {
61          //定义和初始化局部变量
62          var halfHeroWidth:uint = mcHero.width/2;
63          var halfHeroHeight:uint = mcHero.height/2;
64          var halfbackgroundWidth:uint = background.width/2;
65          var halfbackgroundHeight:uint = background.height/2;
66          //移动战机
67          mcHero.x += vx;
68          mcHero.y += vy;
69          //在内部矩形边界处停止战机的移动
70          if (mcHero.x + halfHeroWidth > rect_right) {          //战机越过内部矩形右边界
71              mcHero.x = rect_right - halfHeroWidth;
72              rect_left = stage.stageWidth/2 - stage.stageWidth/4;    //恢复左边界
73              background.x -= vx;                              //背景左移
74          }
75          if (mcHero.x - halfHeroWidth < rect_left) {          //战机越过内部矩形左边界
76              mcHero.x = rect_left + halfHeroWidth;
77              rect_right = stage.stageWidth/2 + stage.stageWidth/4;   //恢复右边界
78              background.x -= vx;                              //背景右移
79          }
80          if (mcHero.y - halfHeroHeight < rect_top) {          //战机越过内部矩形上边界
81              mcHero.y = rect_top + halfHeroHeight;
82              rect_bottom = stage.stageHeight/2 + stage.stageHeight/4; //恢复下边界
83              background.y -= vy;                              //背景下移
84          }
85          if (mcHero.y + halfHeroHeight > rect_bottom) {       //战机越过内部矩形下边界
86              mcHero.y = rect_bottom - halfHeroHeight;
87              rect_top = stage.stageHeight/2 - stage.stageHeight/4;   //恢复上边界
88              background.y -= vy;                              //背景上移
89          }
90          //在舞台边界停止移动背景
91          if (background.x + halfbackgroundWidth < stage.stageWidth) { //背景左移极限
92              background.x = stage.stageWidth - halfbackgroundWidth;
93              rect_right = stage.stageWidth;                   //内部矩形右极限
94          }
95          if (background.x - halfbackgroundWidth > 0) {        //背景右移极限
96              background.x = halfbackgroundWidth;
97              rect_left = 0;                                   //内部矩形左极限
98          }
99          if (background.y - halfbackgroundHeight > 0) {       //背景下移极限
100             background.y = halfbackgroundHeight;
101             rect_top = 0;                                    //内部矩形上极限
102         }
103         if (background.y + halfbackgroundHeight < stage.stageHeight) {
                                                                 //背景上移极限
104             background.y = stage.stageHeight - halfbackgroundHeight;
105             rect_bottom = stage.stageHeight;                 //内部矩形下极限
106         }
```

```
107            } //end goEnterFrame
108        } //end class
109    } //end package
```

（5）赶快来测试一下程序5.6。这是一个很棒的设计，几乎不用修改即可应用到你的项目中。

（6）程序第11～14行声明了4个私有成员，用来定义内部矩形的4个边界。

（7）在Main构造函数中（15～37行），完成了战机、背景、内部矩形的初始化工作和添加事件侦听器的工作。

（8）关键设计都是在goEnterFrame里完成的。程序第69～89行负责处理战机超出内部矩形边界的问题，并根据战机与内部矩形边界的关系，让背景反方向移动。90～106行负责处理背景超出舞台边界的问题，并根据背景与舞台的边界关系修改内部矩形的边界。

5.16 数组编程

AS3数组与字符串都是表达能力极强的数据类型，它们都被定义成AS3的顶级类。这两种类型都提供了丰富的操作方法，熟练掌握和灵活运用这些方法，是提高AS3编程水平的重要途径。在表达复杂的数据结构时，数组和字符串具有神奇的魔力，就像倚天剑和屠龙刀，能让你实现一些奇妙的"编程招数"。

下面对AS3数组的常用操作做一简单归纳整理。这一节篇幅稍长，初学者应该对这些内容做重复性学习。理解得越透彻，掌握得越熟练，程序设计时的灵感越会源源不断。掌握了数组，字符串就不在话下了。关于字符串的学习，读者可以参见Adobe官方帮助文档的详尽介绍。

5.16.1 创建数组

创建数组，用Array类的构造函数。

示例5.1：

```
var myArr:Array = new Array();       //创建空数组
trace(myArr.length);                 //输出数组长度为0
```

示例5.2：

```
var myArr:Array = new Array(5);      //创建包含5个元素的数组
trace(myArr.length);                 //输出长度: 5
myArr[0] = "one";                    //对第一个元素赋值
myArr.push("six");                   //在数组末尾插入一个新元素
trace(myArr);                        //输出数组: one,,,,,six
trace(myArr.length);                 //输出数组长度: 6
```

5.16.2 链接数组

concat()方法用于链接数组，可以创建一个新数组，原数组保持不变。

示例5.3:

```
var numbers:Array = new Array(1, 2, 3);
var letters:Array = new Array("a", "b", "c");
var numbersAndLetters:Array = numbers.concat(letters);
var lettersAndNumbers:Array = letters.concat(numbers);
trace(numbers);                    // 1,2,3
trace(letters);                    // a,b,c
trace(numbersAndLetters);          // 1,2,3,a,b,c
trace(lettersAndNumbers);          // a,b,c,1,2,3
```

5.16.3 添加数组元素

(1) push()函数采用的是尾部添加法,即将一个或多个元素添加到数组尾部,并返回该数组的新长度。

示例5.4:

```
var letters:Array = new Array();
letters.push("a");
letters.push("b");
letters.push("c");
trace(letters.toString());         // a,b,c
```

示例5.5:

```
var letters:Array = new Array("a");
var count:uint = letters.push("b", "c");
trace(letters);                    // a,b,c
trace(count);                      // 3
```

(2) unshift()函数采用的是头部添加法,即将一个或多个元素添加到数组的开头,并返回该数组的新长度。数组中其他元素从其原始位置i移到i+1。

示例5.6:

```
var names:Array = new Array();
names.push("Bill");
names.push("Jeff");
trace(names);                      // Bill,Jeff
names.unshift("Alfred");
names.unshift("Kyle");
trace(names);                      // Kyle,Alfred,Bill,Jeff
```

5.16.4 删除数组元素

(1) pop()函数采用的是尾部删除法,即删除数组中最后一个元素,并返回该元素的值。

示例5.7:

```
var letters:Array = new Array("a", "b", "c");
trace(letters);                    // a,b,c
```

```
var letter:String = letters.pop();
trace(letters);                    // a,b
trace(letter);                     // c
```

(2) shift()函数采用的是头部删除法,即删除数组中第一个元素,并返回该元素的值。

示例5.8:

```
var letters:Array = new Array("a", "b", "c");
var firstLetter:String = letters.shift();
trace(letters);                    // b,c
trace(firstLetter);                // a
```

5.16.5 截取子数组

slice()函数是截取新数组的方法,返回由原始数组中某一范围的元素构成的新数组,而不修改原始数组。

startIndex:int(default=0)用于指定起始位置。如果 startIndex 是负数,则起始点从数组的尾部开始。该参数为-1时,指的是最后一个元素。

示例5.9:

```
var letters:Array = new Array("a", "b", "c", "d", "e", "f");
var someLetters:Array = letters.slice(1,3);
trace(letters);                    // a,b,c,d,e,f
trace(someLetters);                // b,c
```

示例5.10:

```
var letters:Array = new Array("a", "b", "c", "d", "e", "f");
var someLetters:Array = letters.slice(2);
trace(letters);                    // a,b,c,d,e,f
trace(someLetters);                // c,d,e,f
```

示例5.11:

```
var letters:Array = new Array("a", "b", "c", "d", "e", "f");
var someLetters:Array = letters.slice(-2);
trace(letters);                    // a,b,c,d,e,f
trace(someLetters);                // e,f
```

5.16.6 插入或删除数组元素

splice()函数用于给数组添加元素或从数组中删除元素。

(1) 语法:splice(startIndex:int, deleteCount:uint, ... values):Array

(2) 各参数如下。

startIndex:int 表示插入或删除的起始位置。可以用一个负整数来指定相对于数组尾部的位置(例如,-1表示指向数组的最后一个元素)。

deleteCount:uint 用于指定要删除的元素数量。该数量包括 startIndex 参数中指定的元素。如果没有为 deleteCount 参数指定值,则该方法将删除从 startIndex 元素到数组中最后一个元素的所有值。如果该参数的值为 0,则不删除任何元素。

values 表示用逗号分隔的一个或多个值的可选列表,此可选列表将插入 startIndex 参数指定的位置处。如果插入的值是数组类型,则将此数组作为单个元素插入。

示例 5.12:

```
var vegetables:Array = new Array("spinach", "green pepper","cilantro","onion","avocado");
var spliced:Array = vegetables.splice(2, 2);
trace(vegetables);              // spinach,green pepper,avocado
trace(spliced);                 // cilantro,onion
vegetables.splice(1, 0, spliced);
trace(vegetables);              // spinach,cilantro,onion,green pepper,avocado
trace(vegetables.length);       //4
```

输出时 vegetables 看起来有 5 个元素。注意到其长度为 4,其中第 2 个元素是一个包含两个元素的数组。

示例 5.13:

```
var vegetables:Array = new Array("spinach", "green pepper","cilantro","onion","avocado");
var spliced:Array = vegetables.splice(2, 2);
trace(vegetables);              // spinach,green pepper,avocado
trace(spliced);                 // cilantro,onion
vegetables.splice(1, 0, "cilantro", "onion");
trace(vegetables);              // spinach,cilantro,onion,green pepper,avocado
trace(vegetables.length);       //5
```

5.16.7 翻转数组

reverse()函数可以反转数组各元素,实现反向排列。

示例 5.14:

```
var letters:Array = new Array("a", "b", "c");
trace(letters);                 // a,b,c
letters.reverse();
trace(letters);                 // c,b,a
```

5.16.8 数组转为字符串

join()函数可以将数组中的元素转换为字符串、在元素间插入指定的分隔符、连接这些元素然后返回结果字符串。嵌套数组总是以逗号(,)分隔,而不使用传递给 join()方法的分隔符分隔。

示例 5.15:

```
var myArr:Array = new Array("one", "two", "three");
var myStr:String = myArr.join(" and ");
trace(myArr);                   // one,two,three
trace(myStr);                   // one and two and three
```

5.16.9 检索数组

(1) indexOf()函数使用全等运算符(===)搜索数组中的项,并返回项的索引位置。

① 语法:indexOf(searchElement:*, fromIndex:int = 0):int

② 各参数如下。

searchElement:* 表示要在数组中查找的项。

fromIndex:int (default = 0)表示指定搜索起始位置。

③ 返回值如下。

int 表示数组项的索引位置(从 0 开始)。如果未找到 searchElement 对象,则返回值为-1。

示例 5.16:

```
var arr:Array = new Array(123,45,6789);
arr.push("123-45-6789");
arr.push("987-65-4321");
var index:int = arr.indexOf("123");
trace(index);                    // -1
var index2:int = arr.indexOf(123);
trace(index2);                   // 0
```

(2) lashIndexOf()函数用于搜索数组中的项(从最后一项开始向前搜索),并使用全等运算符(===)返回匹配项的索引位置。

① 语法:lastIndexOf(searchElement:*, fromIndex:int = 0x7fffffff):int

② 各参数如下。

searchElement:* 表示要在数组中查找的项。

fromIndex:int (default = 0x7fffffff)用于指定搜索起始位置,默认为允许的最大索引值。如果不指定 fromIndex,将从数组中的最后一项开始进行搜索。

③ 返回值如下。

int 表示数组项的索引位置(从 0 开始)。如果未找到 searchElement 项,则返回值为-1。

示例 5.17:

```
var arr:Array = new Array(123,45,6789,123,984,323,123,32);
var index:int = arr.indexOf(123);
trace(index);                    // 0
var index2:int = arr.lastIndexOf(123);
trace(index2);                   // 6
```

trace(index2)输出的是从最后一项开始查询到的 123,索引值是 6。数组中有 3 个 123,如果需要全部输出,可用下面的循环来处理。

```
for(var i:int; i<arr.length; i++){
  if(arr[i]==123){
    trace(i);                    //输出 0 3 6
  }
}
```

5.16.10　数组排序

(1) 用 Sort 函数对数组元素排序。

示例 5.18：

```
var aa:Array = [7,3,32,64,96,13,42];
aa.sort ();
trace(aa);                          //输出 13,3,32,42,64,7,96
```

如果要按元素值的大小来排列，需要指定排序关键字 NUMERIC。

示例 5.19：

```
var aa:Array = [7,3,32,64,96,13,42];
aa.sort (Array.NUMERIC);
trace(aa);                          //输出 3,7,13,32,42,64,96
```

上面的输出，同时解决了取出数组中的最大值和最小值问题。

```
trace(aa[0]);                       //输出最小值 3
trace(aa[aa.length-1]);             //输出最大值 96
```

(2) sortOn()函数可以根据数组中的一个或多个字段对数组元素排序。

语法：sortOn(fieldName:Object, options:Object = null):Array

各参数如下。

fieldName:Object 为一个字符串，它用来标识要用作排序值的字段或一个数组，其中第 1 个元素表示主排序字段，第 2 个元素表示第二排序字段，依此类推。

options:Object (default = null)为排序关键字，其相互之间由(|)运算符隔开，它们可以更改排序行为。options 参数可接受以下值：

① Array.CASEINSENSITIVE 或 1；
② Array.DESCENDING 或 2；
③ Array.UNIQUESORT 或 4；
④ Array.RETURNINDEXEDARRAY 或 8；
⑤ Array.NUMERIC 或 16。

默认情况下，Array.sortOn()按以下方式进行排序。

① 排序区分大小写(Z 优先于 a)。
② 按升序排列(a 优先于 b)。
③ 修改该数组以反映排序顺序，在排序后的数组中不按任何特定顺序连续放置具有相同排序字段的多个元素。
④ 元素无论属于何种数据类型，都作为字符串进行排序。所以，100 在 99 之前，这是因为"1"的字符串值小于"9"的字符串值。

示例 5.20：根据数组中的一个或多个字段对数组中的元素排序

```
01    var records:Array = new Array();
02    records.push({name:"john", city:"omaha", zip:68144});
03    records.push({name:"john", city:"kansas city", zip:72345});
```

```
04    records.push({name:"bob", city:"omaha", zip:94010});
05    for(var i:uint = 0; i < records.length; i++) {
06        trace(records[i].name + ", " + records[i].city);
07    } //end for
      // 输出结果：
      // john, omaha
      // john, kansas city
      // bob, omaha
08    trace("records.sortOn('name', 'city');");
09    records.sortOn(["name", "city"]);
10    for(var i:uint = 0; i < records.length; i++) {
11        trace(records[i].name + ", " + records[i].city);
12    } //end for
      //输出结果：
      // bob, omaha
      // john, kansas city
      // john, Omaha
13    trace("records.sortOn('city', 'name');");
14    records.sortOn(["city", "name"]);
15    for(var i:uint = 0; i < records.length; i++) {
16        trace(records[i].name + ", " + records[i].city);
17    } //end for
      //输出结果：
      // john, kansas city
      // bob, omaha
      // john, omaha
```

5.16.11 数组的 every 方法

every()函数用于判断数组里的每个元素是否满足某些条件,只有全部都满足才返回true。

示例 5.21：every 函数用法

```
01  function Sample_every() {
02      //必须 5 个人都满 70 岁,才可以免门票
03      var person1:Object = {name:"zhou",age:70};
04      var person2:Object = {name:"wu",age:69};
05      var person3:Object = {name:"zheng",age:70};
06      var person4:Object = {name:"wang",age:68};
07      var person5:Object = {name:"zhao",age:70};
08      var personList:Array = [person1,person2,person3,person4,person5];
09      if(!personList.every(CheckAge)) {
10          trace("队伍中有人年龄未到 70,无法集体免费");
11      } // end if
12  } //end Sample_every
13  function CheckAge(item:*,index:int,arr:Array):Boolean {
14      if(item.age < 70) {
15          //trace(item.name + "年龄未到 70,无法免费");
16          return false;
```

```
17        } //end if
18        return true;
19    } //end CheckAge
20    Sample_every();
      //输出结果：队伍中有人年龄未到 70，无法集体免费
```

5.16.12 数组的 some 方法

some()函数用于判断数组里的每个元素是否满足某些条件，只要有一个满足就返回 true。

示例 5.22：some 函数用法

```
01  function Sample_some() {
02      //只要 5 个人有一个满 70 岁，就可以免门票
03      var person1:Object = {name:"zhou",age:70};
04      var person2:Object = {name:"wu",age:69};
05      var person3:Object = {name:"zheng",age:70};
06      var person4:Object = {name:"wang",age:68};
07      var person5:Object = {name:"zhao",age:70};
08      var personList:Array = [person1,person2,person3,person4,person5];
09      if(!personList.some(CheckAge)) {
10          trace("队伍中有人年龄满 70,可以集体免费");
11      } //end if
12  } //end Sample_some
13  function CheckAge(item:*,index:int,arr:Array):Boolean {
14      if(item.age<70) {
15          trace(item.name+"年龄达到 70,可以免费");
16          return true;
17      } //end if
18      return false;
19  } //end CheckAge
20  Sample_some();
    //输出结果：队伍中有人年龄满 70,可以集体免费
```

5.16.13 数组的 map 方法

map()函数可以对数组中的每一项执行指定的功能函数并构造一个新数组。

示例 5.23：map 函数用法——将数组所有项更改为大写

```
01  function Array_map() {
02      var arr:Array = new Array("one", "two", "Three");
03      trace(arr);                    // one,two,Three
04      var upperArr:Array = arr.map(toUpper);
05      trace(upperArr);               // ONE,TWO,THREE
06  } //end Array_map
07  function toUpper(element:*, index:int, arr:Array):String {
08      return String(element).toUpperCase();
09  } //end toUpper
10  Array_map();
```

```
//输出结果:
//one,two,Three
//ONE,TWO,THREE
```

5.16.14 数组的 filter 方法

filter()函数可以将数组里满足特定条件的元素提取出来,生成一个新数组。

示例 5.24:filter 函数用法

```
01  function Sample_filter() {
02      //将所有年满70岁的人组成新数组
03      var person1:Object = {name:"zhou",age:70};
04      var person2:Object = {name:"wu",age:69};
05      var person3:Object = {name:"zheng",age:70};
06      var person4:Object = {name:"wang",age:68};
07      var person5:Object = {name:"zhao",age:70};
08      var personList:Array = [person1,person2,person3,person4,person5];
09      var newArray:Array = personList.filter(CheckAge);
10      for(var i:int = 0;i < newArray.length;i++) {
11          trace(newArray[i].name + ",");
12      } //end for
13  } //end Sample_filter
14  function CheckAge(item:*,index:int,arr:Array):Boolean {
15      if(item.age >= 70)  {
16          return true;
17      } //end if
18      return false;
19  } //end CheckAge
20  Sample_filter();
//输出结果:
//zhou,
//zheng,
//zhao,
```

5.16.15 数组的 forEach 方法

forEach()函数可以对数组里的元素逐个进行操作,这些操作实际上改变了数组(不同于 map)。

示例 5.25:forEach 函数用法

```
01  function Sample_forEach() {
02      //在每个名字前加上国籍
03      var person1:Object = {name:"zhou",age:70};
04      var person2:Object = {name:"wu",age:69};
05      var person3:Object = {name:"zheng",age:70};
06      var person4:Object = {name:"wang",age:68};
07      var person5:Object = {name:"zhao",age:70};
08      var personList:Array = [person1,person2,person3,person4,person5];
09      personList.forEach(BuildName);
```

```
10        for(var i:int = 0;i < personList.length;i++) {
11            trace(personList[i].name + ",");
12        } //end for
13    } //end Sample_forEach
14    function BuildName(item: * ,index:int,arr:Array):void {
15        item.name = "中国: " + item.name;
16    } //end BuildName
17    Sample_forEach() ;
      //输出结果:
      //中国: zhou,
      //中国: wu,
      //中国: zheng,
      //中国: wang,
      //中国: zhao,
```

5.17　4种碰撞检测方法

在一些2D交互游戏中,经常会出现这样的场景:游戏角色拾取宝物、敌人战机随机飞入、子弹乱飞、汽车与障碍物相撞等。想要处理这些物体间碰撞后的行为,首先要学习一种叫做碰撞检测的编程方法。这里为读者介绍4种常见的技术手段,可以解决几乎所有的碰撞问题。

5.17.1　hitTestObject方法

语法:public function hitTestObject(obj:DisplayObject):Boolean

功能:计算当前显示对象的边框,以确定它是否与obj显示对象的边框重叠或相交。

参数:obj:DisplayObject,表示被测试的显示对象。

返回值:Boolean值,如果与被测试显示对象相交,则为true,否则为false。

AS3认为,所有的显示对象外围都被一个矩形盒子包围着。当然,这个盒子是我们想象出来的,可以把它称为显示对象的外框。外框定义了hitTestObject方法所要检测的区域。假如导弹的实例名称为missile,飞机的实例名称为plane,则检测导弹打中飞机的语句可以这样表示:"missile.hitTestObject(plane);"或者"plane.hitTestObject(missile);"。

如果返回true,就表示击中;返回false,则表示没有击中。hitTestObject是一种非常简单高效的编程方法,但它的一些局限性也应该引起注意。

如图5.13所示,这里展示了几种不同类型显示对象外框间的碰撞关系。

图5.13说明,使用hitTestObject方法时,如果物体形状是规则的矩形或正方形,则没有误判的问题。但如果导弹只是贴着飞机的翅膀飞过去,也会认为飞机被击中。即便这样,hitTestObject仍然是多数情况下碰撞检测的首选。理由如下。

(1) hitTestObject易于使用,对CPU和Flash Player运行资源占用低。多数情况下,游戏的性能是第一位的。

(2) 当物体移动得足够快时,这些缺陷显得并不那么明显。当然,物体移动很慢的时候是个问题。

（3）如果你有较多 2D 游戏经验，就会惊奇地发现，几乎所有的角色看起来都有棱有角，或者非常饱满，这正是设计师的聪明之处。

（4）其实，还有一种弥补的办法。比如，可以在飞机这个剪辑内部定义一个小的矩形区域作为飞机的子级对象，当导弹与飞机内部的这个区域相撞时，才认为导弹击中飞机，如图 5.14 所示。这是另一种简单而聪明的设计。

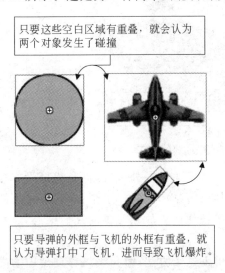

图 5.13　hitTestObject 方法工作原理　　　　图 5.14　为飞机定义一个虚拟的内部矩形

碰撞检测语句可以改为如下形式："missile.hitTestObject(plane.rectArea);"或者"plane.rectArea.hitTestObject(missile);"。

不过，要注意把飞机内部矩形 rectArea 对象的 alpha 值设为透明。

（5）如果需要追求更精确的碰撞检测，还可以把图 5.14 中飞机的内部矩形改为多个，例如机身一个，两个翅膀各一个。这也意味着计算量会加大。不过记住，物极必反。如果认真观察 2D 游戏的实战效果，当玩家角色稍微与敌人碰撞时往往并不会受到伤害，这是一种有效的模糊处理，它让游戏更容易进行下去，增强了玩家体验。所以，多数情况下，碰撞检测也不是越精确越好，取得一个合理的平衡最重要。

5.17.2　hitTestPoint 方法

语法：hitTestPoint(x:Number, y:Number, shapeFlag:Boolean = false):Boolean

功能：计算当前显示对象，以确定它是否与 x 和 y 参数指定的点重叠或相交，即检测一个点是否与当前显示对象相撞。

参数：shapeFlag:Boolean（default = false），为 true 时表示检查对象的实际像素，为 false 时表示检查边框。

返回值：Boolean 值，如果显示对象与指定的点重叠或相交，则为 true，否则为 false。

hitTestPoint 是另一种用于碰撞检测的方法。它可以精确地检测一个点是否碰到了一个形状区域。注意，这里的形状区域指的是轮廓内的填充区域，而不是那个外框区域。这样看来，hitTestPoint 避免了 hitTestObject 的缺点。如图 5.15 所示，为了避免让飞机撞到下面的小山上，可以检测飞机坐标是否进到了小山的轮廓内。

图 5.15　hitTestPoint 方法检测飞机碰撞小山

从图 5.15 的位置 1 可以看出，飞机尾部已经进入了小山的外框内，但是机尾没有接触到小山的形状区域，所以不认为飞机与山体发生碰撞。注意，这里用了个技巧，将飞机的坐标点（即注册点）放到了飞机的尾部正中位置。如果把注册点放在飞机的几何中心，显然是不合适的。

位置 2 是飞机与小山撞在一起的情形。可以借助这个方法，避免飞机移动到山的高度以下的区域。实现检测的语句如下：

```
hill.hitTestPoint(plane.x,plane.y,true);
```

应该以形状区域作为参照对象。这里以 hill 作为形状区域。参数中的 true 表示进行点检测。

使用 hitTestPoint 时要注意以下两点。

(1) 前两个参数，即点的坐标必须以整个舞台为坐标系，而不能以其父级容器为坐标系，显示容器是舞台时除外。

(2) 第 3 个参数为 true 时表示以实际图像为准（碰到实际图像时才认为碰撞发生），为 false 时表示以边框为准（碰到边框就认为碰撞发生）。

5.17.3　像素级检测 hitTest 方法

语法：hitTest(firstPoint:Point, firstAlphaThreshold:uint, secondObject:Object, secondBitmapDataPoint:Point = null, secondAlphaThreshold:uint = 1):Boolean

功能：BitmapData 的 hitTest() 方法，在一个位图图像与一个点、矩形或其他位图图像之间执行像素级的碰撞检测。

参数如下。

(1) firstPoint 为第 1 个 bitmap 左上角点，secondBitmapDataPoint 为第 2 个 bitmap 的左上角点，二者必须以同一个坐标系为参照。

(2) firstAlphaThreshold 表示第 1 个 bitmap 中参与碰撞检测的像素的最小 alpha 值，也就是说第 1 个 bitmap 中的像素点，只有它的 alpha 值大于等于 firstAlphaThreshold 时才

会参与碰撞检测,否则不参与碰撞检测。这样一来,可以通过 alpha 值控制参与检测的区域。

(3) secondAlphaThreshold 表示第 2 个 bitmap 中参与碰撞检测的像素的最小 alpha 值。

(4) secondObject 可以是一个 Rectangle、Point、Bitmap 或 BitmapData 对象。

返回值:Boolean 值,如果发生碰撞,则值为 true,否则为 false。

比起前两种方法来,hitTest 提供了更为精准的碰撞检测方法。观察图 5.16,位置 1 是二者没有碰撞的情况,对于位置 2,当小圆慢慢靠近大圆时,只要发生像素与像素接触,即提示已经发生碰撞。

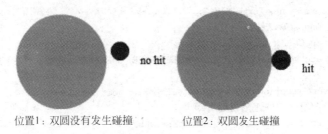

位置1:双圆没有发生碰撞　　位置2:双圆发生碰撞

图 5.16　像素级碰撞检测

读者可以亲自体验这个案例。设计步骤如下。

(1) 新建一个 FLA 文档,命名为 hitTest.fla,指定文档类为 Main,存放到本章案例文件夹 exam7 子目录下。

(2) 新建一个文档类文件 Main.as,存放到 exam7 目录下。编写主类 Main,如程序 5.7 所示。

程序 5.7:hitTest 方法像素级碰撞检测

```
01  package {
02      import flash.display.Bitmap;
03      import flash.display.BitmapData;
04      import flash.display.MovieClip;
05      import flash.display.Sprite;
06      import flash.events.Event;
07      import flash.geom.Point;
08      import flash.text.TextField;
09      public class Main extends Sprite {
10          private var bmp1:Bitmap;
11          private var bmp2:Bitmap;
12          private var msg:TextField;
13          public function Main() {
14              //创建第 1 个圆
15              var sp1:Sprite = new Sprite();
16              sp1.graphics.beginFill(0xff0000, 0.5);
17              sp1.graphics.drawCircle(50, 50, 50);
18              sp1.graphics.endFill();
19              var bmpd1:BitmapData = new BitmapData(sp1.width, sp1.height, true, 0);
20              bmpd1.draw(sp1);
21              bmp1 = new Bitmap(bmpd1);
```

```
22          bmp1.x = 150;
23          bmp1.y = 150;
24          addChild(bmp1);
25          //创建第 2 个圆
26          var sp2:Sprite = new Sprite();
27          sp2.graphics.beginFill(0, 0.8);
28          sp2.graphics.drawCircle(10, 10, 10);
29          var bmpd2:BitmapData = new BitmapData(sp2.width, sp2.height, true, 0);
30          bmpd2.draw(sp2);
31          bmp2 = new Bitmap(bmpd2);
32          addChild(bmp2);
33          //文本提示框
34          msg = new TextField();
35          msg.selectable = false;
36          addChild(msg);
37          addEventListener(Event.ENTER_FRAME, goEnterFrame);    //侦听器
38        }
39        private function goEnterFrame(e:Event) : void {
40          //第 2 个圆跟随鼠标移动
41          bmp2.x = mouseX - 0.5 * bmp2.width;
42          bmp2.y = mouseY - 0.5 * bmp2.height;
43          msg.x = mouseX + 20;
44          msg.y = mouseY;
45          //像素级碰撞检测,两个圆的碰撞情况
46          if (bmp1.bitmapData.hitTest(new Point(bmp1.x, bmp1.y), 127, bmp2.bitmapData,
47          new Point(bmp2.x, bmp2.y), 128)) {
48            msg.text = "hit";
49          }else{
50            msg.text = "no hit";
51          }
52        } //end goEnterFrame
53      } // end Class
54    } //end package
```

(3) 测试程序 5.7,运行效果如图 5.16 所示,在需要精细控制碰撞检测的场合,hitTest 体现出来的优越性是毋庸置疑的。

5.17.4 几何中心距离测量法

每个图形都有自己的几何中心。基于图形几何中心,计算两个图形之间的距离。用这个距离去和两个图形的半宽或半高之和比较。如果半宽之和或者半高之和大于图形之间的距离,则可以认为二者发生了重叠和碰撞。图 5.17 演示了计算方法。

在一些布满通道或坑道的游戏场景中,假设 A 物体代表移动的角色,B 物体代表障碍物,例如墙壁等。如果 A 移动过快,与 B 发生了碰撞,是允许 A 回到与 B 碰撞的前一状态的。在 hitTestObject 方法中,A 的上一状态可能与 B 之间还有点距离。这样,A 回退之后,与 B 之间会留下空隙,而图 5.17 所示基于图形几何中心的距离测量法则可以有效弥补这一缺陷。可以精确地根据公式计算出物体 A 应该回退的距离。图 5.17 只给出了横向的计算方法,还可以根据物体间的接触方向,计算纵向碰撞的情况。

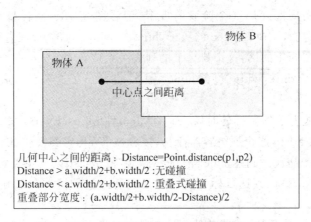

图 5.17　图形几何中心距离测量法

总之，本节给出的 4 种方法各有所长，读者应该根据需要灵活运用或多种方法综合运用。

5.18　自定义事件与类通信

不掌握 AS3 事件机制，不能算是精通 AS3 编程。事件机制是 Flash 游戏逻辑的精髓，灵活的事件机制可以让成百上千的类对象联通协作。如果你能透彻理解掌握本节内容，那么恭喜你，你的 AS3 编程正在接近专家级水平。

5.18.1　事件生命周期

事件生命周期是指事件从发生到完成所经历的过程。AS3 定义事件的捕获、目标和冒泡 3 个阶段为一个完整生命周期。为了便于读者理解 AS3 事件机制，请耐心地完成本节的这个演示案例。我对这个案例做了精心设计。步骤如下。

(1) 打开 exam8 文件夹，里面有一个文件 addEventListener.fla。打开这个文件，你会发现舞台和时间轴都是空的，库里有 3 个影片剪辑元件，其导出类名分别是 Red、White、Blue。把 FLA 文件的文档类指定为 Main，然后保存这个 FLA 文件。

(2) 接下来，创建一个主类 Main，保存到 exam8 文件夹里。完成这个类的设计并不复杂，程序 5.8 是类的全部内容。我在里面添加了较为详细的注释。在动手研究这个类之前，我们回顾一下 5.11 节事件与侦听器的内容是非常必要的。5.11 节的图 5.7 描述了 addEventListener 的工作原理，其实那里并没有列出其全部参数。这个函数的完整语法如下：

```
addEventListener(type:String, listener:Function, useCapture:Boolean = false, priority:int = 0, useWeakReference:Boolean = false):void
```

请注意，第 3 个参数 useCapture 默认值为 false，其含义是侦听器不侦听捕获阶段的事件，只侦听目标阶段和冒泡阶段发生的事件。如果其为 true，则表示只侦听捕获阶段的事件，不侦听目标和冒泡阶段的事件。

关于对事件生命周期经历 3 个阶段的理解，请看图 5.18。假设舞台上有 red、white、blue 3 个影片剪辑实例，white 是 red 的孩子，blue 是 white 的孩子，三者形成了一个显示列表。如果你还记得图 5.4 的话，这个舞台上的列表关系应该是 stage 包含主类实例，主类实例包含 red，red 包含 white，white 包含 blue。图 5.18 画出了这五者组成的 SWF 影片显示列表。

当我们在蓝色块上单击鼠标的时候，鼠标单击事件 MouseEvent.CLICK 并不是直接到达 blue，而是首先被 stage 这个顶级容器捕获，接着被 SWF 主类实例捕获，再接着是被 red 捕获，然后是被 white 捕获。到达 blue 经过的对象路径是：stage→主类实例→red→white→blue。我们把鼠标单击事件到达目标（蓝色块）之前所经过的这些父级显示结点，称为事件的捕获阶段。

事件被目标 blue（蓝色块）捕获并处理的阶段称作目标阶段。

目标处理事件后，事件的生命周期并没有结束。刚才那个单击事件会沿着与捕获阶段相反的方向，向各父级结点冒泡（类似广播）。就图 5.18 示例而言，先是冒泡到 white 结点，然后是 red，接着是主类实例，最后是全局对象 stage，即冒泡的路径是：white→red→主类实例→stage。

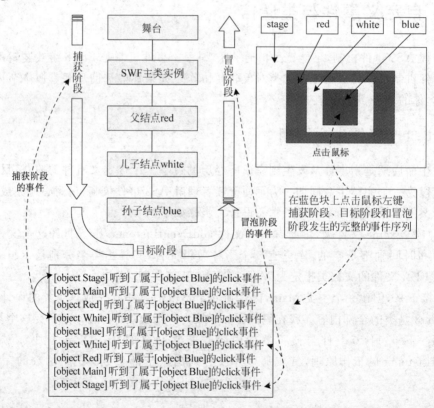

图 5.18　AS3 事件工作机制（以单击蓝色块生成的事件序列为例）

（3）你现在可能想知道图 5.18 中的事件序列是怎样得来的。现在是时候对程序 5.8 做一番研究了。

程序 5.8：AS3 事件的工作机制

```
01  package {
02      import flash.display.MovieClip;
03      import flash.display.Sprite;
04      import flash.events.MouseEvent;
05      public class Main extends Sprite {
06          private var blue:MovieClip;         //声明蓝色块实例
07          private var white:MovieClip;        //声明白色块实例
08          private var red:MovieClip;          //声明红色块实例
09
10          public function Main() {
11              //生成 red,white,blue 3 个矩形实例
12              blue = new Blue();
13              white = new White();
14              red = new Red();
15              red.addChild(white);            //建立父子包含关系: red 包含 white,white 包含 blue
16              white.addChild(blue);
17              addChild(red);                  //把 red 加到舞台上
18              red.x = stage.stageWidth/2;
19              red.y = stage.stageHeight/2;
20
21              //第 3 个参数为 true,只在捕获阶段侦听事件,不会侦听目标和冒泡阶段
22              blue.addEventListener(MouseEvent.CLICK,traceEvent,true);
23              white.addEventListener(MouseEvent.CLICK,traceEvent,true);
24              red.addEventListener(MouseEvent.CLICK,traceEvent,true);
25              this.addEventListener(MouseEvent.CLICK,traceEvent,true);
26              stage.addEventListener(MouseEvent.CLICK,traceEvent,true);
27
28              //第 3 个参数省略,为 false,不侦听捕获阶段的事件,只在目标和冒泡阶段侦听
29              blue.addEventListener(MouseEvent.CLICK,traceEvent);
30              white.addEventListener(MouseEvent.CLICK,traceEvent);
31              red.addEventListener(MouseEvent.CLICK,traceEvent);
32              this.addEventListener(MouseEvent.CLICK,traceEvent);
33              stage.addEventListener(MouseEvent.CLICK,traceEvent);
34          }
35          function traceEvent(evt:MouseEvent) {    //各侦听器的统一事件处理函数
36              trace(evt.currentTarget + " 听到了属于" + evt.target + "的" + evt.type + "事
                  件");                               //事件信息
37          }
38      } // end Class
39  } //end package
```

（4）程序 5.8 第 12～19 行完成了 red、white、blue 这 3 个实例的创建,建立了 red 包含 white、white 包含 blue 这样的父级与子级关系。17、18、19 行把 3 个实例对象显示到舞台中央。

（5）22～26 行这 5 个侦听器分别添加到了 stage、主类实例、red、white、blue 这 5 个对象上,并且用第 3 个参数为 true 的方式指定了其工作模式为"捕获阶段"。

（6）29～33 行这 5 个侦听器仍然添加到了 stage、主类实例、red、white、blue 这 5 个对象上,但因为省略了第 3 个参数,故其工作模式为"目标阶段和冒泡阶段"。

这样一来,stage、主类实例、red、white、blue 每个对象都有两套侦听器。这两套侦听器

对每个对象而言都是独立的,互不影响。就像运动场上的接力跑,每名运动员都只能在自己的那一段路程范围内跑。

22~33 行程序相当于针对 SWF 文件的所有显示对象设置了全程的事件监控。在运行程序 5.8 的时候,可以反复单击舞台上的其他位置,观察程序的输出结果,用这个结果帮助你进一步理解 AS3 事件的工作机制。

(7) 注意区别 target 与 currentTarget。36 行的 trace 语句用来输出事件的发生信息。其中,target 返回鼠标真正单击的那个目标对象。如果鼠标单击对象的父级对象也注册了相同事件,则 currentTarget 返回的是父级对象。

5.18.2 自定义事件

有了上述基础之后,再来探究类之间的通信问题。前面在 addEventListener 里使用的事件都是 AS3 预定义的,而一个空战游戏项目的实际情况可能是:导弹击中了飞机,飞机要爆炸,玩家生命值下降,分数减少。如果玩家击中了敌人目标,生命值上升,分数上升,分数达到一定程度,武器装备也要升级,等等。在一个复杂的系统里,涉及的对象可能有数百个,即使是小规模的游戏,只有十几个角色需要协作,你也会发现管理这些角色之间的逻辑关系是一件伤脑筋的事情。如果单凭传统的游戏主循环访问各个对象,其逻辑关系会相当臃肿,各类之间的耦合性会大大增加,从而降低系统的健壮性和可维护性。

其实,各种游戏角色对象之间的联系完全可以用自定义事件来维系。AS3 为此提供了很好的机制。例如,如果玩家击毙了一个敌人,那么它可以发出一个被称作 KILL 的事件,然后就什么也不用操心了。关心这个事件的对象会处理这个事件。例如,"分"数面板会自动更新分数显示,敌人一方会判断是否需要派出更多的敌人,或者更换武器系统等。

为了便于读者理解 AS3 的自定义事件机制,请读者参照如下步骤完成本章的最后一个案例:自定义事件向上冒泡实现类间通信。

(1) 这个案例需要读者完全从零做起,不需要任何素材准备。新建一个 FLA 文档,文件名称为 dispatchEvent.fla。用工具箱的工具在舞台上迅速绘制一个圆形,作为本案例中的圆饼对象。去掉轮廓,将其转换为影片剪辑,命名为 Circle,导出类名也设为 Circle。删除舞台上的圆,只保留库中的元件即可。设定文档主类为 Main。保存 FLA 文档,这里把它保存到 exam9 文件夹里。

(2) 接下来需要了解 dispatchEvent 这个方法。

dispatchEvent 方法与 addEventListener 方法一样,定义在 EventDispatcher 类中。还记得图 5.1 吗?此时你可以回头再看一遍图 5.1。EventDispatcher 类作为其他类的父类,级别很高,是所有可视对象、交互式对象、显示容器的父类。也就是说,游戏中的各种可视角色,基本上都可以使用 dispatchEvent 方法。dispatchEvent 方法用来分发事件,语法如下:

    dispatchEvent(event:Event):Boolean

(3) 读者可以参考图 5.19 来帮助理解如何使用 dispatchEvent 方法。图 5.19 中,假设舞台里有一个圆饼形对象,随机地向舞台四周游动。如果其越过舞台边界向外继续移动,则让其回弹反方向运动,但同时要发出一个"越界事件通知",以便告知其他关心此事件的对象。假设圆饼的初始位置在舞台中央,横向和纵向初始速度均为 5 像素/秒。由于舞台宽度大于高度,所以其运动轨迹大致如图 5.19 所示,先触碰舞台下边界,回弹,到达右边界,回弹,到达上边界,回弹,到达左边界,回弹,周而复始下去。在圆饼触碰舞台边界时,我们为其设定了 4 个事件,分别是:下越界事件 CircleOutBottom、右越界事件 CircleOutRight、上越界事件 CircleOutTop、左越界事件 CircleOutLeft。圆饼发出这 4 个事件通知的语句如下:

```
dispatchEvent(new Event("CircleOutBottom",true));
dispatchEvent(new Event("CircleOutRight",true));
dispatchEvent(new Event("CircleOutTop",true));
dispatchEvent(new Event("CircleOutLeft",true));
```

通过这 4 个例句可以看到,dispatchEvent 方法首先用 Event 事件类构造函数自定义了一个事件对象,然后将这个事件对象作为参数,发送出去。Event 构造函数第 2 个参数为 true,表示事件冒泡传递,即向发出事件的对象的父级容器传递。由于舞台 stage 和主类实例容器对所有显示对象都是可见的,所以这个事件一定可以冒泡到 stage 上或主类实例上。这样就可以在主类实例上(即文档类里)轻松地构建游戏的主逻辑,协调各种游戏角色之间的通信协作。这就是自定义事件的工作机制,也是图 5.19 试图向读者传达的信息。

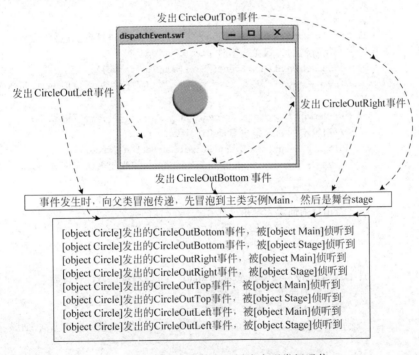

图 5.19　自定义事件向上冒泡实现类间通信

(4) 步骤(1)里已经完成了 FLA 文件的创建。现在完成圆饼类 Circle 的定义。保存 Circle.as 到文件夹 exam9。Circle 类的实现如程序 5.9 所示。

程序 5.9:Circle 类的完整定义
```
01    package  {
02        import flash.display.MovieClip;
03        import flash.events.Event;
04        import flash.filters.BevelFilter;
05        import flash.filters.BitmapFilterQuality;
```

```
06    public class Circle extends MovieClip {
07        private var _vx:Number;
08        private var _vy:Number;
09        private var _bevel:BevelFilter;
10        public function Circle(vx:Number,vy:Number,startX:Number,startY:Number) {
11            this.x = startX;                        //设置圆饼的初始位置
12            this.y = startY;
13            this._vx = vx;                          //设置圆饼的初始速度
14            this._vy = vy;
15            _bevel = new BevelFilter();             //为圆饼添加斜角滤镜,增强立体效果
16            _bevel.distance = 3;
17            _bevel.angle = 120;
18            _bevel.quality = BitmapFilterQuality.LOW;
19            this.filters = [_bevel];
20            addEventListener(Event.ENTER_FRAME, goEnterFrame);
21        }
22        private function goEnterFrame(evt:Event) : void {
23            x += _vx;                               //移动圆饼
24
25            y += _vy;
26            if (y - height/2 < 0)  {                //越过舞台上边界
27                //用冒泡的方式抛出事件 CircleOutTop
28                dispatchEvent(new Event("CircleOutTop",true));
29                _vy = - _vy;                        //改变纵向速度方向,回弹
30            }
31            if (y + height/2 > stage.stageHeight)  {  //越过舞台下边界
32                //用冒泡的方式抛出事件 CircleOutBottom
33                dispatchEvent(new Event("CircleOutBottom",true));
34                _vy = - _vy;                        //改变纵向速度方向,回弹
35            }
36            if (x - width/2 < 0)  {                 //越过舞台左边界
37                //用冒泡的方式抛出事件 CircleOutLeft
38                dispatchEvent(new Event("CircleOutLeft",true));
39                _vx = - _vx;                        //改变横向速度方向,回弹
40            }
41            if (x + width/2 > stage.stageWidth)  {  //越过舞台右边界
42                //用冒泡的方式抛出事件 CircleOutRight
43                dispatchEvent(new Event("CircleOutRight",true));
44                _vx = - _vx;                        //改变横向速度方向,回弹
45            }
46        } //end goEnterFrame
47    } // end Class
48 } //end package
```

（5）最后来完成文档主类设计,看看在主类中如何知晓圆饼发出的事件。Main 类的设计如程序 5.10 所示。

程序 5.10: Main 类的完整定义

```
01 package {
02     import flash.display.MovieClip;
03     import flash.events.Event;
```

```
04      public class Main extends MovieClip {
05          public function Main() {
06              //创建圆饼实例,初始化位置和速度,添加到舞台
07              var circle1:MovieClip = new Circle(5,5,stage.stageWidth/2,stage.stageHeight/2);
08              addChild(circle1);
09              //SWF 文件主类对来自 Circle 类的各种自定义事件侦听并分类处理
10              addEventListener("CircleOutTop", goCircleEvent);
11              addEventListener("CircleOutBottom", goCircleEvent);
12              addEventListener("CircleOutLeft", goCircleEvent);
13              addEventListener("CircleOutRight", goCircleEvent);
14              //舞台对来自 Circle 类的各种自定义事件侦听并分类处理
15              stage.addEventListener("CircleOutTop", goCircleEvent);
16              stage.addEventListener("CircleOutBottom", goCircleEvent);
17              stage.addEventListener("CircleOutLeft", goCircleEvent);
18              stage.addEventListener("CircleOutRight", goCircleEvent);
19          }
20          private function goCircleEvent(evt:Event) : void {
21              trace(evt.target + "发出的" + evt.type + "事件,被" + evt.currentTarget + "侦听到");
22          } //end goCircleBorn
23      } // end Class
24  } //end package
```

（6）保存主类文件 Main.as 和 Circle.as。测试影片,你将看到图 5.19 所示的圆饼运动轨迹。程序 5.10 中设定的初始速度会让圆饼首先向下运动。同时,在输出窗口,你会发现图 5.19 下方的事件提示信息会重复出现。圆饼发出的每一个事件,都会被其父类实例(如果有的话)、主类实例和 stage 侦听到。

这就是 AS3 自定义事件实现类间通信协作机制的全部秘密！

5.19 小结

本章以学习 AS3 编程的基础性与关键性技术为主线,梳理归纳了 18 个知识模块:常量、变量、数据类型,AS3 类图,运算符和表达式,分支与循环,函数,类、属性、方法和实例对象,包,文档类与导出类,显示对象、显示容器与显示列表,Sprite 与 MovieClip,事件与侦听器,键盘控制对象运动,ENTER_FRAME 事件,舞台边界,滚屏效果,数组编程,4 种碰撞检测方法,自定义事件与类通信。

上述内容对于初学者而言不会太轻松,每前进一步,都要付出很大的努力。学懂学通这些知识模块,必能获得极大的编程自由,从而拥有 Flash 游戏设计的第二只翅膀。

5.20 习题

1. 如何定义常量与变量？举例说明 AS3 包含哪些基本数据类型？
2. 探究图 5.1 给出的常用类关系图,简述事件类与显示对象类之间的关系是什么？
3. AS3 的运算符和表达式有哪些类型？
4. 举例说明 AS3 的分支与循环结构适用的场合。对照程序 3.1 与 3.2,找出所有的分

支语句与循环语句。

5. 函数的基本结构是怎样的？程序 3.1 和程序 3.2 各包含哪些函数？这些函数之间是如何联系的？

6. AS3 如何定义一个类？类包括哪些成员？类和实例的关系是什么？

7. 类的修饰词有哪些？类成员的访问控制符有哪些？

8. AS3 如何定义包？包的实质是什么？包与类的关系是什么？

9. 什么是文档类，如何设置？什么是导出类，如何设置？

10. 简述显示对象、显示容器、显示列表三者之间的关系。

11. 简述 SWF 文件全局显示列表的层次结构。

12. Sprite 与 MovieClip 是游戏设计中使用频度极高的两个显示容器，简述它们的属性、方法与事件。二者有何区别与联系？

13. AS3 如何实现事件侦听？侦听器通过哪个语句实现？

14. AS3 侦听器的工作原理是怎样的？举例说明事件、侦听器、处理函数三者之间的关系。

15. 与鼠标事件和键盘事件相比，ENTER_FRAME 事件的工作机制是什么？请根据本章知识，对程序 3.2 中 ENTER_FRAME 事件的工作逻辑做出解释。

16. AS3 如何处理键盘事件？用键盘控制物体运动时，应该注意什么问题？

17. AS3 如何处理鼠标事件？请结合程序 3.1 举例说明。

18. 对于运动物体越过舞台边界的问题，有哪些常见处理方法？

19. 滚屏效果是如何实现的？有哪些技术方法？

20. AS3 对数组和字符串这两类对象进行了强大的功能定义，举例说明一些基本用法。

21. AS3 提供了多种碰撞检测技术，处理物体间的相撞和临界关系，这些方法各有什么特点，如何应用？

22. 简述 AS3 事件的发生机制，描述 AS3 事件在生命周期不同阶段所具有的实际意义。

23. 如何自定义事件？如何用自定义事件实现类间的协作？请举例说明。

24. 按照表 5.8 的格式，将程序 3.1 和程序 3.2 中的所有事件梳理一遍。

表 5.8 "看水果学单词"游戏事件一览表

程 序 名	语 句 行	侦 听 对 象	侦 听 事 件	事件处理函数
程序 3.1	16	this	MouseEvent.MOUSE_DOWN	Drag
…	…	…	…	…

25. 仍然用列表的方式，把那些令你困惑的问题整理出来，带着这些问题继续前进。

第 6 章

"2048"游戏完整版

从本章开始,第 6、7、8、9 章连续 4 章实现了 4 个不同风格的游戏的完整设计,希望读者能反复练习,最后做到得心应手,运用自如,像庖丁解牛那样:"手之所触,肩之所倚,足之所履,膝之所踦,砉然向然,奏刀騞然,莫不中音。"

6.1 游戏试玩

"2048"这款游戏由意大利男孩 Gabriele Cirulli 于 2014 年创作,当时他只有 19 岁。这款游戏在上线后风靡全球,此后有许多衍生版本,其算法大致相同。本章介绍的这款"2048",从界面到编程,都是我的独立设计。

读者对游戏最初的体验和判断,大概都是从游戏的试玩中获得的。打开本章案例文件夹,运行 2048.swf 文件,最先呈现的游戏初始界面如图 6.1 所示。单击"开始游戏"按钮,试玩游戏界面如图 6.2 所示。

图 6.1　游戏开始界面

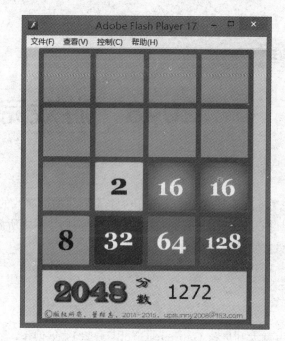

图 6.2 游戏进行界面

当然,如果你急于看到达成 2048 目标时的庆祝画面,聆听来自游戏的掌声,着实得费一番功夫。本游戏还为玩家提供了冲击 4096、8192、16384 这些更高目标的机会。接下来,让我们一边试玩,一边开启游戏设计的探索之旅。

6.2 了解项目组织

打开 chapter6 项目文件夹,文件组织如图 6.3 所示。G2014.fla 是游戏主文件,包含游戏角色元素设计。Main.as 是游戏主类文件(即文档类),实现了游戏的主控逻辑设计。G2048.swf 是编译文件,运行在 Flash Player 或 AIR 运行时平台上。

图 6.3 "2048"游戏项目文件夹

下面从创建 FLA 文件入手,先做界面设计,再做逻辑编程。游戏代码比较长,为了便于读者学习,我采取了两种办法:一是为所有代码行编上行号,严格按照代码顺序讲解游戏逻辑,书中的行号与提供给读者学习的游戏源码行号保持一致;二是尽量不将代码拆成若干细小的功能分述。化整为零是一种解决难题的好办法,但有时过于烦琐的迭代式讲解会让读者失去耐心。比较集中的代码更容易帮助读者理解逻辑关联,程序员习惯于在代码中学习代码。本书尽量在这二者之间取得某种平衡,一切从程序员的学习需要出发。

6.3 界面布局与规划

（1）新建一个 FLA 文件，命名为 G2048.fla，保存到 chapter6 文件夹中。修改舞台宽高为 500×620 像素，帧频为 30 帧/秒，游戏主类为 Main。

舞台宽 500 像素，高 620 像素，是经过严格计算的。计算方法如图 6.4 所示。先定好每个方格都是 110×110 像素，然后设计方格间距，即分割线的粗细为 12 像素。下方的计分面板高度为 120 像素。

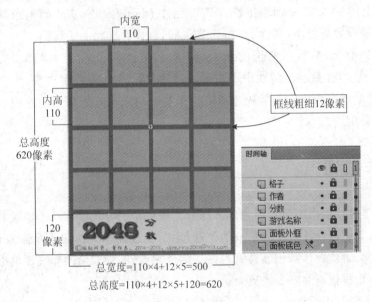

图 6.4　游戏盘面布局规划与设计

（2）新建一个图形元件，名称为 GamePanel，仿照图 6.4 的样式，完成游戏面板的创作。图 6.4 中给出了创作时的时间轴布局。共分了 6 个图层，每个图层对应一个元素设计。当然，也可以都在一个图层里完成。时间轴分层不是必需的。游戏棋盘颜色、风格都可以根据自己的喜好和审美进行个性化设计。

6.4 创作好看的数字卡片

数字卡片是游戏的主角，卡片的背景要有一定的区分度，字体设计上，可以根据本机字库进行选择。本案例创作了 14 张有个性的数字卡片，不同卡片采用了不同字体。例如 2048 那张卡片采用的是 Jokerman 字体，数字形象充满了一些欢乐的戏剧效果。

图 6.5　数字卡片剪辑 DigitsBlock 的时间轴序列（1～14 帧）

卡片基本制作步骤如下。

（1）新建一个影片剪辑元件，命名为d2。为其设计两个图层，一个是卡片背景，大小为110×110；另一个是文字图层，写上数字2。

（2）采用元件复制办法，迅速完成数字4、8、16、32、64、128、256、512、1024、2048、4096、8192、16384对应的影片剪辑元件d4、d8、d16、d32、d64、d128、d256、d512、d1024、d2048、d4096、d8192、d16384的创作。

这里把元件类型设为影片剪辑不是必需的，用图形元件类型也可以。影片剪辑的好处是可以给卡片添加滤镜等效果。

（3）运用上述14张卡片创作出影片剪辑元件DigitsBlock，其时间轴布局如图6.5所示。这个元件要设置导出类（名称为DigitsBlock），以便在文档类中访问。

此时你或许会想，游戏玩家达成2048目标时，竟然只依赖了2、4、8、16、32、64、128、256、512、1024这10个数字。游戏中不需要3、5、1023、2047等数字出现，事实上这些数字也不会出现，游戏规则会让你总是从2和4这样基础的数字开始累加。这进一步体现了游戏的简单性和易用性。

6.5 创作按钮

按钮可能是游戏创作中最容易完成的部分。按钮是引导玩家从一个游戏状态转入另一个状态的开关，其逻辑设计呈现为单一的跳转模式，比较简单。按钮不是游戏设计的重点，却是游戏的标配，游戏设计师依然会重视按钮的外观设计，就像给漂亮气派的大门装上精致的门锁那样，会让整幅画面看上去更美。

"2048"这个游戏中设计了3种按钮，如图6.6所示，包括游戏开始按钮、游戏结束时重新开始按钮、游戏成功时引导玩家向下一个目标（实质是下一关）继续前进的按钮。前两种按钮是显式设计的，每个按钮都包括3个状态。第3种按钮是隐式设计的，玩家只要在庆祝画面上单击一下鼠标键即可开启新征程。

图6.6 按钮的状态设计

图6.6所示的3类按钮，将分别手动添加到游戏的状态页面，不需要在程序中动态添加，所以库中不需要为其设置导出属性。

6.6 创作游戏状态页面

对游戏状态页面的规划,通常会在游戏设计初期阶段进行。游戏中有哪些关键阶段,对应哪些关键状态,设计师必须要理清楚,就像建筑师规划一座楼的设计一样,是 20 层还是 21 层,不能是个模糊问题。

"2048"游戏共包含 7 个状态页面,依次是:游戏起始页面、游戏进行页面、2048 成功页面、4096 成功页面、8192 成功页面、16384 成功页面、游戏结束页面。

(1) 游戏起始页面和进行页面的设计参见图 6.1 和图 6.2。

(2) 游戏结束页面在进行页面基础上添加了"重新开始"按钮。

进行页面和结束页面上显示的数字方块是动态的,因为不知道玩家进行到什么程度了,也不知道玩家是在什么样的局面下结束了游戏。

(3) 4 个成功状态页面的设计如图 6.7 所示。这 4 个页面不是常态页面,出现的几率较少。即便这样,它们仍然是关键设计。

图 6.7 4 个成功状态页面

图 6.7 所示的 4 个成功状态页面,需要根据游戏的进程动态出现。每个页面都是一个影片剪辑,其导出类名依次为:d2048Animation、d4096Animation、d8192Animation 和 d16384Animation。

6.7 主时间轴逻辑安排

主时间轴与主类(即文档类)都是可以调度游戏整体逻辑的地方。可以把所有的逻辑都放到时间轴上,也可以把所有的游戏逻辑都放到主类中。

当在一个 FLA 文档"属性"面板里指定它的主类时,这个文档的显示列表将变成 stage,为顶级容器,主类实例为次级容器,其他元素都是主类实例的子级。当不在 FLA 文档里指定任何主类(文档类)时,顶级容器仍为 stage,但次级容器将变成主时间轴,其他元素都是主时间轴的子级。所以,主时间轴和主类实例都是容器,而且都是在 stage 之下容纳其他元素的容器。但是,当指定主类时,主时间轴的地位会发生改变,即主时间轴变成了主类实例的时间轴。

明白上述关系之后,就能明白游戏设计中经常采用的 3 种技术路线。

(1) 将所有游戏逻辑放到主时间轴上。

(2) 将所有游戏逻辑放到主类(文档类)和其他外部类中。

(3) 结合上述两种方法,将游戏的状态逻辑放到主时间轴上,算法逻辑放到主类中。

图 6.8 游戏主时间轴设计

第 2 种技术路线是最好的，本书后面的案例都是基于主类和外部类设计的。本章的案例采用了第 3 种技术路线，这种路线可能更容易被动画基础好而编程基础弱的初学者所接受。第 1 种技术路线把所有逻辑放到时间轴上，不利于编码管理和维护，也不利于程序的扩展和团队成员的协作，已经被弃用。

本章游戏主时间轴设计如图 6.8 所示。

图 6.8 所示是游戏经典的"三幕式"结构，即游戏开始、游戏进行、游戏结束。最上端的 AS 层有 3 个脚本关键帧，各帧逻辑如下。

第 1 帧：

```
import flash.events.MouseEvent;
stop();
startButton.addEventListener(MouseEvent.CLICK, PlayGame);
function PlayGame(event:MouseEvent):void{
    gotoAndStop(2);                              //跳转至第 2 帧
}
```

第 2 帧：

```
initGame();                                      //游戏初始化,开始游戏
```

第 3 帧：

```
stop();
playAgain.addEventListener(MouseEvent.CLICK, PlayAgain);
function PlayAgain(event:MouseEvent):void{
    gotoAndStop(2);                              //回到第 2 帧
}
```

主时间轴上的编码少得可怜，那么游戏的算法实现都在哪里呢？答案是游戏主类。第 2 帧上的那个函数 initGame() 即为主类的一个成员函数。现在你明白了吧，在主时间轴上可以直接访问主类中的成员，二者是透明的。那是因为，此时主时间轴已经变成了主类的时间轴。

6.8 设计游戏文档类

我们已经在前面的步骤指定 G2048.fla 的文档类为 Main，现在要做的工作是创建类文件 Main.as，将其保存到 chapter6 文件夹中。程序 6.1 先给出了 Main 类的属性设计，即游戏的常量和变量的定义。这些常量、变量体现了游戏的数据结构，是理解游戏算法的基础。

程序 6.1：Main 类常量与变量定义

```
001    package  {
002        import flash.display.MovieClip;
003        import flash.events.KeyboardEvent;
```

```
004     import flash.display.Sprite;
005     import flash.geom.Point;
006     import flash.text.TextField;
007     import flash.text.TextFormat;
008     import flash.utils.Timer;
009     import flash.events.Event;
010     import flash.events.TimerEvent;
011     import fl.transitions.Tween;
012     import fl.transitions.easing.*;
013     public class Main extends MovieClip {
014         //游戏板格局定义
015         static const blockSpace:int = 12;              //方格间空隙
016         static const horizOffset:int = 67;             //左边距 = 12 + 55
017         static const vertOffset:int = 67;              //上边距 = 12 + 55
018         static const blockWidth:int = 110;             //方块宽度
019         static const blockHeight:int = 110;            //方块高度
020         /*定义数组 grid[4][4]表示 4×4 游戏方格的状态.
021         方格可能值: 0,2,4,8,16,32,64,128,
022         256,512,1024,2048,4096,8192,16384.0 表示该格子是空白格,
023         其余数字代表该格子上显示的数字块*/
024         private var grid:Array = new Array([0,0,0,0],[0,0,0,0],[0,0,0,0],[0,0,0,0]);
025         //记录游戏板每个格子的状态: 是否存在数字块
026         private var aExist:Array = new Array([0,0,0,0],[0,0,0,0],[0,0,0,0],[0,0,0,0]);
027         //定义方块对象数组
028         private var blockObjects:Array = new Array();
029         //分数文本框
030         private var gameScore:int = 0;
031         private var gameScoreField:TextField;
032         //移动状态
033         private var moveState:int = 0;                 //0 表示没有移动发生
034         private var gameFirst:Boolean = true;          //为 true 时表示第一局游戏
035         //祝贺动画对象
036         private var my2048:d2048Animation;
037         private var my4096:d4096Animation;
038         private var my8192:d8192Animation;
039         private var my16384:d16384Animation;
040         private var congratulation:int = 0;            //祝贺状态,1 表示进入祝贺画面
041         public function Main() { }                     //构造函数
```

024～028 行定义的 3 个数组 grid、aExist、blockObjects 是理解"2048"游戏算法的关键数据结构。

(1) grid 是一个二维数组,用于存储游戏板上每一个方格里出现的数字。

(2) aExist 是一个与 grid 同等规模的二维数组,存储的是游戏板上每一个方格的空白状态。如果方格不空,存储 1;否则,存储 0。

(3) blockObjects 数组存储的是每一个数字块对象。每个数字块对象都是一个影片剪辑实例。

6.9 游戏初始化

游戏主控逻辑包括游戏初始化、对键盘做出实时响应、生成(删除)数字块、处理数字块的移动、数字块的合并、游戏状态检测、分数更新等模块。下面分别进行介绍。

6.9.1 初始化入口函数

游戏初始化通过 initGame 函数完成。这个函数默默地完成了很多工作。图 6.9 展示了 initGame 函数调用的子函数。initGame 函数对键盘的按键事件注册了侦听器。游戏的驱动逻辑都是从键盘事件响应函数 keyPressedDown 开始的。程序"动能"由处理按键开始。

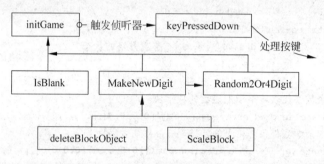

图 6.9 initGame 函数与子函数的关系

如图 6.9 所示，keyPressedDown 不能算作 initGame 的子函数，因为严格来讲它是由侦听器调度的，而不是由 initGame 直接或间接调用的。下面对 initGame 函数及其子函数做一个简要的分述。

initGame 函数如程序 6.2 所示。initGame 不但要处理第一局的初始化，还要处理重新开始后的初始化，所以 045 行是对游戏板状态是否为空的一个判断。游戏板不为空时，首先要清空游戏板，以便开始新的一局。

程序 6.2: Main 类 initGame 函数定义
```
042    public function initGame() {
043        var row,col:int;
044        stage.focus = stage;
045        if (!IsBlank())  {                        //说明游戏板上无空位
046            //删除上一局游戏板上留下的所有数字块
047            for (row = 0;row < 4;row++) {
048                for (col = 0;col < 4;col++) {
049                    grid[row][col] = 0;            //置空
050                    aExist[row][col] = 1;          //标记(row,col)处有数字块
051                    MakeNewDigit(row,col);         //在(row,col)处删除新块
052                    aExist[row][col] = 0;
053                } // end for col
054            } //end for row
055        } //end for if
```

```
056        Random2Or4Digit();                    //随机产生两个数字块 2 或 4,在空白处显示
057        Random2Or4Digit();
058        //侦听键盘消息
059        stage.addEventListener(KeyboardEvent.KEY_DOWN,keyPressedDown);
060        if (gameFirst) {                      //第一局游戏,初始化分数框
061            gameScoreField = new TextField();
062            gameScoreField.width = 170;
063            gameScoreField.x = 300;
064            gameScoreField.y = 520;
065            gameScoreField.selectable = false;
066            var format:TextFormat = new TextFormat();
067            format.font = "Verdana";
068            format.color = 0x000000;
069            format.size = 42;
070            gameScoreField.defaultTextFormat = format;
071            gameScoreField.text = "0";
072            addChild(gameScoreField);
073            gameFirst = false;
074        } else{
075            gameScoreField.text = "0";
076            gameScore = 0;
077        } //end if
078    } //end initGame()
```

程序提示如下。

(1) 045 行为 IsBlank()函数,用于检测游戏板的状态,如果不存在空白,则需要清空游戏板。

(2) 051 行为 MakeNewDigit(row,col)函数,此时的实际功能是删除数字块。

(3) 060～074 行执行的是初次进入游戏时的初始化;045～055 行、074～077 行执行的是游戏重新开始阶段的初始化。

6.9.2 棋盘空白检测函数

IsBlank 函数如程序 6.3 所示。这个函数负责检测游戏板是否已经填满。

程序 6.3: Main 类 IsBlank 函数定义

```
079    //判断游戏板上是否仍有空白块
080    public function IsBlank():Boolean {
081        var row,col:int;
082        var flag:int = 0;
083        //检查是否存在空白位置
084        for (row = 0;row < 4;row++)
085            for(col = 0;col < 4;col++)
086                if (grid[row][col] == 0)       //存在空白
087                    return true;
088        return false;
089    } //end IsBlank()
```

6.9.3 数字块生产和删除函数

MakeNewDigit 函数既能在指定位置生成新块,也能删除指定位置的旧块。
MakeNewDigit 函数如程序 6.4 所示。

程序 6.4:Main 类 MakeNewDigit 函数定义
```
090    //在指定位置产生一个新的数字块或删除指定位置的数字块
091    public function MakeNewDigit(row,col:int) {
092      var k:int;
093      if (aExist[row][col]!= 0) {                    //删除旧的数字块
094        deleteBlockObject(new Point(col,row));
095      } //end if
096      if (grid[row][col] != 0 ) {                    //产生新数字块
097        var block:DigitsBlock = new DigitsBlock();   //生成新块实例
098        switch (grid[row][col]) {                    //根据新块数字判断应该转到哪一帧
099          case 2:
100            k = 1;   break;
101          case 4:
102            k = 2;break;
103          case 8:
104            k = 3;break;
105          case 16:
106            k = 4;break;
107          case 32:
108            k = 5;break;
109          case 64:
110            k = 6;break;
111          case 128:
112            k = 7;break;
113          case 256:
114            k = 8;break;
115          case 512:
116            k = 9;break;
117          case 1024:
118            k = 10;break;
119          case 2048:
120            k = 11;break;
121          case 4096:
122            k = 12;break;
123          case 8192:
124            k = 13;break;
125          case 16384:
126            k = 14;break;
127        } //end switch
128        block.gotoAndStop(k);                        //转到第 k 帧
129        addChild(block);                             //添加到主类实例容器显示
130        //初始大小
131        block.scaleX = 0.5;
132        block.scaleY = 0.5;
```

```
133         //以动画形式呈现
134         block.addEventListener(Event.ENTER_FRAME,ScaleBlock);
135         //精准定位数字块的显示位置
136         block.x = col * (blockWidth + blockSpace) + horizOffset;
137         block.y = row * (blockHeight + blockSpace) + vertOffset;
138         //新数字块存入对象数组
139         var newObject:Object = new Object();
140         //新数字块坐标
141         newObject.currentLoc = new Point(col,row);
142         newObject.block = block;                    //新数字块剪辑实例
143         blockObjects.push(newObject);               //数组里存储新数字块实例对象
144     } //end if
145 } //end MakeNewDigit()
```

程序提示如下。

(1) 093～095 行实现删除旧块功能,调用 deleteBlockObject() 函数实现。

(2) 096～144 行实现造新块功能。其中,139～143 行的作用是将新块对象推入全局数组统一管理。

(3) 139～142 行中 newObject 对象的 currentLoc 和 block 属性,被称作动态属性,因为它们是临时添加的,不是预先定义的。所有这一切,都源于 Object 类是一个动态类。

6.9.4　数字块 2 和 4 随机生产函数

根据游戏规则,新数字块总是为 2 或 4,且随机生产。Random2Or4Digit 函数设置了 2 的生产概率大一些,以降低游戏难度。

Random2Or4Digit 函数如程序 6.5 所示。

```
程序 6.5: Main 类 Random2Or4Digit 函数定义
146 //空白处随机生成数字块 2 或 4,并显示
147 public function Random2Or4Digit() {
148     var aTemp:Array = new Array();
149     if (congratulation!= 1) {                       //还没达成目标时
150         for (var row:int = 0;row < 4;row++)
151             for (var col:int = 0;col < 4;col++)
152                 if (grid[row][col] == 0)
153                     aTemp.push(new Point(row,col));   //把空位集中起来
154         var i:int = Math.floor(aTemp.length * Math.random());  //随机选空位
155         row = aTemp[i].x;
156         col = aTemp[i].y;
157         //设置产生 2 的概率大一些
158         if (Math.random()> 0.08)
159             grid[row][col] = 2;
160         else
161             grid[row][col] = 4;
162         MakeNewDigit(row,col);                      //产生新块
163     } //end if
164 } //end Random2Or4Digit()
```

Random2Or4Digit 函数程序提示如下。

(1) 148～156 行负责随机选空位。需要先把空位统计出来,再随机抽取。
(2) 158～161 行决定是生产数字 2 还是数字 4,用随机数方式决定。
(3) 162 行调用 MakeNewDigit 函数在指定位置生产新数字块。

6.9.5　清除数字块函数

清除数字块函数比较简单,根据数字块坐标位置,在全局数组 blockObjects 中找到数字块对象,从游戏板和数组两个位置将数字块删除。

deleteBlockObject 函数如程序 6.6 所示。

程序 6.6: Main 类 deleteBlockObject 函数定义
```
165    //两个数字块合并后,删除原数字块
166    public function deleteBlockObject(location:Point):Boolean {
167        var j,i:int = 0;
168        var block:Object;
169        for (i = 0;i < blockObjects.length;i++)
170            if (blockObjects[i].currentLoc.equals(location)) {    //找到
171                removeChild(blockObjects[i].block);                //从游戏板移除
172                block = blockObjects.splice(i,1);                  //从对象数组删除
173                block = null;
174                return true;
175            } //end if
176        return false;
177    } //end deleteBlockObject()
```

6.9.6　数字块动画呈现函数

给数字块首次出场添加一个由远及近的放大动画效果,可以增强游戏美感和视觉冲击力。

ScaleBlock 函数如程序 6.7 所示。

程序 6.7: Main 类 ScaleBlock 函数定义
```
178    //随机生成的新数字块以放大动画形式出现
179    public function ScaleBlock(evt:Event) {
180        evt.target.scaleX += 0.1;
181        evt.target.scaleY += 0.1;
182        if (evt.target.scaleX >= 1)
183            evt.target.removeEventListener(Event.ENTER_FRAME,ScaleBlock);
184    } //end ScaleBlock()
```

6.10　键盘响应函数

键盘响应函数程序逻辑看起来就像小葱拌豆腐,一清二楚。它把所有工作,分别根据按键情况交给了 merge_left、merge_right、merge_up 和 merge_down 这 4 个函数去实现。这 4 个函数,就是"2048"游戏算法的核心。你应该耐心地顺着其中一个函数往下走,搞懂一

个，其余 3 个何其相似乃尔。

键盘响应函数如程序 6.8 所示。

程序 6.8：Main 类 keyPressedDown 函数定义
```
185   //响应按键
186   public function keyPressedDown(evt:KeyboardEvent) {
187       if (evt.keyCode == 37) {         //是左箭头键
188           merge_left();                //向左移动合并,修改分数,判断游戏进展,空白处产生一个
                                           //新数字块
189       } else if (evt.keyCode == 39) {  //是右箭头键
190           merge_right();               //向右移动合并,修改分数,判断游戏进展,空白处产生一个
                                           //新数字块
191       } else if(evt.keyCode == 38) {   //是上箭头键
192           merge_up();                  //向上移动合并,修改分数,判断游戏进展,空白处产生一个
                                           //新数字块
193       } else if (evt.keyCode == 40) {  //是下箭头键
194           merge_down();                //向下移动合并,修改分数,判断游戏进展,空白处产生一个
                                           //新数字块
195       }
196   } //end keyPressedDown
```

6.11 游戏核心算法

游戏核心算法逻辑如图 6.10 所示。不难看出，游戏核心算法由 4 个方向合并函数 merge_left、merge_right、merge_up 和 merge_down 组成。这是第一层关键。对每个方向的合并函数来说，数字块合并之前和合并之后都要移动，因此，move_left、move_right、move_up 和 move_down 这 4 个方向移动函数为第二层关键。对于 4 个移动函数而言，都调用了单步移动函数 MoveBlock，这是第三层关键。其他函数为辅助逻辑，比较容易理解。

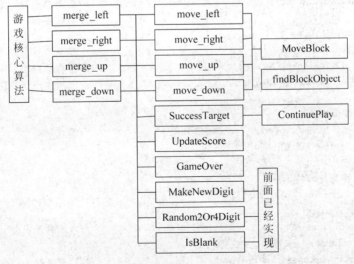

图 6.10　游戏核心算法逻辑

接下来,根据图 6.10 的提示,可以顺藤摸瓜,理解掌握游戏的全局逻辑框架。

6.11.1 四方向合并数字块函数

四方向合并数字块如程序 6.9 所示。这里四方向合并数字块的程序放到了一起,是为了便于对照查看,因为它们实在是没有什么质的不同。

程序 6.9: Main 类 merge_left、merge_right、merge_up、merge_down 函数定义

```
197     //左向移动与合并
198     public function merge_left(){
199         var row,col:int;
200         var score:int = 0;                                      //本次移动得分
201         move_left();                                            //左移
202         //左向合并
203         for(row = 0;row < 4;row++) {                            //检查 4 行
204             for(col = 0;col < 3;col++) {                        //从左向右检查
205                 if((grid[row][col]!= 0) && (grid[row][col] == grid[row][col + 1])) {    //合并
206                     aExist[row][col] = 1;                       //标记合并前此处有数字块
207                     aExist[row][col + 1] = 1;                   //标记合并前此处有数字块
208                     grid[row][col] += grid[row][col + 1];       //合并到左邻格
209                     grid[row][col + 1] = 0;                     //右格置空白
210                     score += grid[row][col];
211                     MakeNewDigit(row,col);                      //消除旧数字块
212                     MakeNewDigit(row,col + 1);                  //产生新数字块,消除旧数字块
213                     aExist[row][col] = 0;                       //合并后归 0
214                     aExist[row][col + 1] = 0;                   //合并后归 0
215                     //判断是否达到祝贺目标.如果达到 2048、4096、8192、16384,弹出祝贺动画
216                     SuccessTarget(grid[row][col]);
217                 } //end if
218             } //end for col
219         } //end for row
220         UpdateScore(score);                                     //更新总得分
221         move_left();                                            //再次左移
222         if (moveState == 1) {                                   //本方向发生移动
223             moveState = 0;
224             if (IsBlank() )                                     //存在空白块
225                 Random2Or4Digit();                              //随机生成新数字块
226         }
227         if (GameOver())
228             MovieClip(root).gotoAndStop(3);                     //游戏结束
229     } //end merge_left()
230
231     //右向移动与合并
232     public function merge_right() {
233         var row,col:int;
234         var score:int = 0;                                      //本次移动得分
235         move_right();                                           //右移
236         for(row = 0;row < 4;row++) {                            //检查 4 行
237             for(col = 3;col >= 1;col -- ) {                     //从右向左检查
238                 if((grid[row][col]!= 0) && (grid[row][col] == grid[row][col - 1])) {    //合并
```

```
239                aExist[row][col] = 1;                    //标记合并前此处有数字块
240                aExist[row][col-1] = 1;                  //标记合并前此处有数字块
241                grid[row][col] += grid[row][col-1];      //合并到右邻格
242                grid[row][col-1] = 0;                    //右格置空白
243                score += grid[row][col];
244                MakeNewDigit(row,col);                   //消除旧数字块
245                MakeNewDigit(row,col-1);                 //产生新数字块,消除旧数字块
246                aExist[row][col] = 0;                    //合并后归0
247                aExist[row][col-1] = 0;                  //合并后归0
248                //判断是否达到祝贺目标.如果达到2048、4096、8192、16384,弹出祝贺动画
249                SuccessTarget(grid[row][col]);
250            } //end if
251        } //end for col
252    } //end for row
253    UpdateScore(score);                                  //更新总得分
254    move_right();                                        //再次右移
255    if (moveState == 1) {                                //本方向发生移动
256        moveState = 0;
257        if (IsBlank())                                   //存在空白块
258            Random2Or4Digit();                           //随机生成新数字块
259    }
260    if (GameOver())
261        MovieClip(root).gotoAndStop(3);                  //游戏结束
262 } //end merge_right()
263
264 //向上移动与合并
265 public function merge_up() {
266    var row,col:int;
267    var score:int = 0;                                   //本次移动得分
268    move_up();                                           //上移
269    for(col = 0;col < 4;col++) {                         //检查4列
270        for(row = 0;row < 3;row++) {                     //从上往下检查
271            if((grid[row][col]!= 0) && (grid[row][col] == grid[row+1][col])) {   //合并
272                aExist[row][col] = 1;                    //标记合并此处有数字块
273                aExist[row+1][col] = 1;                  //标记合并此处有数字块
274                grid[row][col] += grid[row+1][col];      //合并到上邻格
275                grid[row+1][col] = 0;                    //下邻格置空白
276                score += grid[row+1][col];
277                MakeNewDigit(row+1,col);                 //消除旧数字块
278                MakeNewDigit(row,col);                   //产生新数字块,消除旧数字块
279                aExist[row][col] = 0;                    //合并后归0
280                aExist[row+1][col] = 0;                  //合并后归0
281                //判断是否达到祝贺目标.如果达到2048、4096、8192、16384,弹出祝贺动画
282                SuccessTarget(grid[row][col]);
283            } //end if
284        } //end for row
285    } //end for col
286    UpdateScore(score);
287    move_up();                                           //再次上移
288    if (moveState == 1)   {                              //本方向发生移动
289        moveState = 0;
```

```
290        if (IsBlank())                                      //存在空白块
291            Random2Or4Digit();                              //随机生成新数字块
292    }
293    if (GameOver())
294        MovieClip(root).gotoAndStop(3);                     //游戏结束
295 } //end merge_up()

297 //向下移动与合并
298 public function merge_down() {
299    var row,col:int;
300    var score:int = 0;                                      //本次移动得分
301    move_down();                                            //下移
302    for(col = 0;col < 4;col++) {                            //检查4列
303        for(row = 3;row > = 1;row -- ) {                    //从下往上检查
304            if((grid[row][col]!= 0) && (grid[row][col] == grid[row-1][col])) {   //合并
305                aExist[row][col] = 1;                       //标记合并前此处有数字块
306                aExist[row - 1][col] = 1;                   //标记合并前此处有数字块
307                grid[row][col] += grid[row - 1][col];       //合并到下邻格
308                grid[row - 1][col] = 0;                     //上邻格置空白
309                score += grid[row][col];
310                MakeNewDigit(row - 1,col);                  //消除旧数字块
311                MakeNewDigit(row,col);                      //产生新数字块,消除旧数字块
312                aExist[row][col] = 0;                       //合并后归0
313                aExist[row - 1][col] = 0;                   //合并后归0
314                //判断是否达到祝贺目标.如果达到2048、4096、8192、16384,弹出祝贺动画
315                SuccessTarget(grid[row][col]);
316            } //end if
317        } //end for row
318    } //end for col
319    UpdateScore(score);
320    move_down();                                            //再次下移
321    if (moveState == 1)  {                                  //本方向发生移动
322        moveState = 0;
323        if (IsBlank())                                      //存在空白块
324            Random2Or4Digit();                              //随机生成新数字块
325    }
326    if (GameOver())
327        MovieClip(root).gotoAndStop(3);                     //游戏结束
328 } //end merge_down()
```

下面以左向合并函数 merge_left 为例进行讲解。

(1) 201 行,首先左移,让所有数字块在同方向靠在一起。

(2) 202~219 行,对能够合并的数字块进行合并,合并后及时修改游戏格状态,消除旧块,生成合并后的新块。合并后立即用 SuccessTarget 函数检查一下合并后的数字是否已经达成目标。

(3) 220 行,更新得分。合并数字后是有奖励的,奖励的分数就是合成的新数字之和。

(4) 221 行,再次左移,以便消除因合并数字留下的空白,为下一次合并做准备。

(5) 222~226 行,如果还有空白格,则随机选择空白处,随机生成新数字 2 或 4。

(6) 227~228 行,检查游戏是否结束。

接下来，让我们带着对四方向合并函数的赞叹，进入到四方向移动函数的学习。

6.11.2 四方向移动数字块函数

将四方向移动函数 move_up、move_down、move_left 和 move_right 放在一起，如程序 6.10 所示。

程序 6.10：Main 类四方向移动 move_up、move_down、move_left、move_right 函数定义

```
329   //所有数字块向上移动到不能移动为止
330   public function move_up() {
331       var row,col,k:int;
332       for (col = 0; col < 4;col++) {                          //检查4列
333           for (row = 1; row < 4;row++)   {                    //检查下面3行
334               if (grid[row][col]!= 0) {                       //当前格不空
335                   k = row;
336                   while(k - 1 >= 0&&grid[k - 1][col] == 0) {  //上邻格为空
337                       //与上邻格交换
338                       grid[k - 1][col] = grid[k][col];
339                       grid[k][col] = 0;
340                       MoveBlock(new Point(col,k),"up");        //向上滑动一格
341                       k -- ;                                   //指向下一个上邻格
342                   } //end while
343               } //end if
344           } //end for row
345       } //end for col
346   } //end move_up()
347
348   //所有数字块向下移动到不能移动为止
349   public function move_down() {
350       var row,col,k:int;
350       for(col = 0;col < 4;col++) {                            //检查4列
352           for(row = 2;row >= 0;row -- ) {                     //检查上面3行
353               if (grid[row][col]!= 0) {                       //当前格不空
354                   k = row;
355                   while((k + 1 <= 3)&&(grid[k + 1][col] == 0)) {  //下邻格为空
356                       //与下邻格交换
357                       grid[k + 1][col] = grid[k][col];
358                       grid[k][col] = 0;
359                       MoveBlock(new Point(col,k),"down");      //向下滑动一格
360                       k++;                                     //指向下一个下邻格
361                   } //end while
362               } //end if
363           } //end for row
364       } //end for col
365   } //end move_down()
366
367   //所有数字块向左移动到不能移动为止
368   public function move_left() {
369       var row,col,k:int;
370       for(row = 0;row < 4;row++) {                            //检查4行
```

```
371            for(col = 1;col < 4;col++) {                          //检查右面 3 列
372                if (grid[row][col]!= 0) {                         //当前格不空
373                    k = col;
374                    while(k - 1 >= 0&&grid[row][k - 1] == 0)  {   //左邻格为空
375                        //与左邻格交换
376                        grid[row][k - 1] = grid[row][k];
377                        grid[row][k] = 0;
378                        MoveBlock(new Point(k,row),"left");        //向左滑动一格
379                        k -- ;                                     //指向下一个左邻格
380                    } //end while
381                } //end if
382            } //end for col
383        } //end for row
384 } //end move_left()
385
386 //所有数字块向右移动到不能移动为止
387 public function move_right() {
388     var row,col,k:int;
389     for(row = 0;row < 4;row++) {                                   //检查 4 行
390         for(col = 2;col >= 0;col -- ) {                            //检查左面 3 列
391            if (grid[row][col]!= 0) {                               //当前格不空
392                k = col;
393                while(k + 1 <= 3&&grid[row][k + 1] == 0) {          //右邻格为空
394                    //与右邻格交换
395                    grid[row][k + 1] = grid[row][k];
396                    grid[row][k] = 0;
397                    MoveBlock(new Point(k,row),"right");            //向右滑动一格
398                    k++;                                            //指向下一个右邻格
499                } //end while
400            } //end if
401        } //end for col
402     } // end for row
403 } //end move_right()
```

下面以向上移动函数 move_up 为例进行讲解。

(1) move_up 函数整体逻辑体现为一个三重循环。332 行为第一重循环开始处,333 行为第二重循环开始处,336 行为第三重循环开始处。

(2) 外面两重 for 循环,负责遍历所有的数字块。

(3) 最内层的 while 循环,负责移动数字块。334~343 行,移动数字块时,用了一个编程技巧:对于空白位置,可将其假想成空白块。上移的数字块要与空白块进行交换,用空白块去"填补"它移动前的位置。

(4) 340 行,调用 MoveBlock 函数实现单步移动并辅以动画效果。

完成了四方向合并与四方向移动函数的学习后,你会感觉到上坡的路走完了,眼前是一片开阔地带。那就让我们甩开双臂,大步向前吧。

6.11.3 数字块单步移动函数

MoveBlock 是个有意思的函数,它实现了数字块按照指定的方向滑动一格的动画效果,

如程序 6.11 所示。

程序 6.11:Main 类 MoveBlock 和 findBlockObject 函数定义

```
404    //在指定方向单步移动数字块
405    public function MoveBlock(location:Point,direction:String) {
406        var blockObject:Object;
407        var myTween:Tween;
408        var begin,end:Number;
409        moveState = 1;                                    //本方向发生移动
410        blockObject = findBlockObject(location);
411        switch (direction) {
412            case "up":
413                begin = blockObject.block.y;              //动画起点
414                blockObject.currentLoc.y -= 1;
415                end = blockObject.currentLoc.y * (blockHeight + blockSpace) + vertOffset;
                                                            //动画终点
416                //动画补间,5 帧动画
417                myTween = new Tween(blockObject.block,"y",Elastic.easeOut,begin,end,5,
                       false);
418                blockObject.block.y = blockObject.currentLoc.y * (blockHeight + blockSpace) +
                       vertOffset;
419                break;
420            case "down":
421                begin = blockObject.block.y;              //动画起点
422                blockObject.currentLoc.y += 1;
423                end = blockObject.currentLoc.y * (blockHeight + blockSpace) + vertOffset;
                                                            //动画终点
424                //动画补间,5 帧动画
425                myTween = new Tween(blockObject.block,"y",Elastic.easeOut,begin,end,5,
                       false);
426                blockObject.block.y = blockObject.currentLoc.y * (blockHeight + blockSpace) +
                       vertOffset;
427                break;
428            case "left":
429                begin = blockObject.block.x;              //动画起点
430                blockObject.currentLoc.x -= 1;
431                end = blockObject.currentLoc.x * (blockWidth + blockSpace) + horizOffset;
                                                            //动画终点
432                //动画补间,5 帧动画
433                myTween = new Tween(blockObject.block,"x",Elastic.easeOut,begin,end,5,
                       false);
434                blockObject.block.x = blockObject.currentLoc.x * (blockWidth + blockSpace) +
                       horizOffset; ;
435                break;
436            case "right":
437                begin = blockObject.block.x;              //动画起点
438                blockObject.currentLoc.x += 1;
439                end = blockObject.currentLoc.x * (blockWidth + blockSpace) + horizOffset;
                                                            //动画终点
440                //动画补间,5 帧动画
441                myTween = new Tween(blockObject.block,"x",Elastic.easeOut,begin,end,5,
```

```
442                false);
                   blockObject.block.x = blockObject.currentLoc.x * (blockWidth + blockSpace) +
                   horizOffset;
443                break;
444        }//end switch
445    } //end MoveBlock()
446
447    //查找并返回指定位置的小数字块对象
448    public function findBlockObject(location:Point):Object {
449        var i:int;
450        for (i = 0;i < blockObjects.length;i++)
451            if (blockObjects[i].currentLoc.equals(location))
452                return blockObjects[i];
453        return null;
454    } //end findBlockObject()
```

程序提示如下。

（1）410 行调用 findBlockObject 函数，目的是根据位置获取数字块对象的实例句柄，为下面的数字块移动和数字块动画做准备。

（2）417 行调用了 Tween 类构造函数，以减速方式生成了一个补间动画对象。还记得我们在第 4 章介绍的补间动画吗？那些补间动画都需要设计师在时间轴和舞台上手动创建。现在不同了，一行程序也能模拟一段补间动画，所以你有必要仔细研究下面这条语句：

```
myTween = new Tween(blockObject.block, "y", Elastic.easeOut, begin, end, 5, false);
```

这条语句表达的意思是：让 block 这个数字块，沿着它的 y 轴方向，由 begin 位置，运动到 end 位置，运动时间为 5 帧。如果最后一个参数为 true，表示移动时间的单位为秒，这里就变成了 5 秒。后面的程序 6.12 中也多处用到了这个补间动画技术。详细解释请读者自行查看 AS3 官方技术文档。

6.11.4　游戏状态检测与更新函数

SuccessTarget、ContinuePlay、UpdateScore 和 GameOver 函数如程序 6.12 所示。这些函数都是与游戏的状态有关，我在代码中添加了较多的注释，请读者对照学习。

程序 6.12：Main 类 SuccessTarget、ContinuePlay、UpdateScore 和 GameOver 函数定义

```
455    //判断是否达到祝贺目标，如果达到 2048、4096、8192、16384，弹出祝贺动画
456    public function SuccessTarget(score:int) {
457        var myTween:Tween;
458        var mySound:Clapping;
459        switch (score) {
460            case 2048:
461                congratulation = 1;                              //进入祝贺状态
462                //禁止响应键盘
463                stage.removeEventListener(KeyboardEvent.KEY_DOWN,keyPressedDown);
464                //添加祝贺画面
465                my2048 = new d2048Animation();
466                my2048.x = 250;
467                my2048.y = 310;
```

```
468                my2048.buttonMode = true;
469                my2048.addEventListener(MouseEvent.CLICK,ContinuePlay);
470                stage.addChildAt(my2048,stage.numChildren);        //加到顶层
471                //生成祝贺动画
472                myTween = new Tween(my2048,"scaleY",Elastic.easeOut,0,1,1,true);
473                //播放鼓掌声音
474                mySound = new Clapping();
475                mySound.play();
476                break;
477           case 4096:
478                congratulation = 1;                                //进入祝贺状态
479                //禁止响应键盘
480                stage.removeEventListener(KeyboardEvent.KEY_DOWN,keyPressedDown);
481                //添加祝贺画面
482                my4096 = new d4096Animation();
483                my4096.x = 250;
484                my4096.y = 310;
485                my4096.buttonMode = true;
486                my4096.addEventListener(MouseEvent.CLICK,ContinuePlay);
487                stage.addChildAt(my4096,stage.numChildren);        //加到顶层
488                //生成祝贺动画
489                myTween = new Tween(my4096,"scaleY",Elastic.easeOut,0,1,1,true);
490                //播放鼓掌声音
491                mySound = new Clapping();
492                mySound.play();
493                break;
494           case 8192:
495                congratulation = 1;                                //进入祝贺状态
496                //禁止响应键盘
497                stage.removeEventListener(KeyboardEvent.KEY_DOWN,keyPressedDown);
498                //添加祝贺画面
499                my8192 = new d8192Animation();
500                my8192.x = 250;
501                my8192.y = 310;
502                my8192.buttonMode = true;
503                my8192.addEventListener(MouseEvent.CLICK,ContinuePlay);
504                stage.addChildAt(my8192,stage.numChildren);        //加到顶层
505                //生成祝贺动画
506                myTween = new Tween(my8192,"scaleY",Elastic.easeOut,0,1,1,true);
507                //播放鼓掌声音
508                mySound = new Clapping();
509                mySound.play();
510                break;
511           case 16384:
512                congratulation = 1;                                //进入祝贺状态
513                //禁止响应键盘
514                stage.removeEventListener(KeyboardEvent.KEY_DOWN,keyPressedDown);
515                //添加祝贺画面
516                my16384 = new d16384Animation();
517                my16384.x = 250;
518                my16384.y = 310;
```

```
519              my16384.buttonMode = true;
520              my16384.addEventListener(MouseEvent.CLICK,ContinuePlay);
521              stage.addChildAt(my16384,stage.numChildren);        //加到顶层
522              //生成祝贺动画
523              myTween = new Tween(my16384,"scaleY",Elastic.easeOut,0,1,1,true);
524              //播放鼓掌声音
525              mySound = new Clapping();
526              mySound.play();
527              break;
528         } //end swtich
529    } //end SuccessTarget()
530
531    //继续接受游戏挑战
532    public function ContinuePlay(evt:Event) {
533         //移除祝贺画面
534         stage.removeChildAt(stage.getChildIndex(evt.currentTarget as MovieClip));
535         congratulation = 0;                                      //改变祝贺状态
536         if (IsBlank())                                           //存在空白块
537              Random2Or4Digit();                                  //随机生成新数字块
538         //启用键盘侦听
539         stage.addEventListener(KeyboardEvent.KEY_DOWN,keyPressedDown);
540    } //end ContinuePlay()
541
542    //更新得分板
543    public function UpdateScore(score:int) {
544         gameScore += score;
545         gameScoreField.text = String(gameScore);
546    }                                                             //end UpdateScore(score:int)
547
548    //判断游戏是否结束,即无法继续下去
549    public function GameOver():Boolean {
550         var row,col:int;
551         var flag:int = 0;
552         //检查是否存在空白位置
553         if (IsBlank())                                           //存在空白块
554              return false;                                       //游戏未结束
555         //检查水平方向是否存在可合并的数字块
556         for (row = 0;row < 4;row++) {
557              for(col = 0;col < 3;col++) {
558                   if (grid[row][col] == grid[row][col + 1])      //存在可合并数字块
559                        return false;                             //游戏未结束
560              } //end for
561         } //end for
562         //检查垂直方向是否存在可合并的数字块
563         for (col = 0;col < 4;col++)
564              {for(row = 0;row < 3;row++)
565                   {if (grid[row][col] == grid[row + 1][col])     //存在可合并数字块
566                        return false;                             //游戏未结束
567              } //end for
568         } //end for
569         return true;                                             //游戏结束
```

```
570     } //end GameOver()
571   } //end Main class
572 } //end package
```

现在,你已经完成了一个 500 行程序的学习,太了不起了。为了学懂这 500 行程序,你可能不得不进行 5000 行程序的学习量!如果一首诗有 500 行,很难想象诗人需要拥有怎样的情怀才能一蹴而就。程序则不然,程序像诗,也像故事,是故事一般的诗。

6.12 游戏模拟测试

虽然说从编写第 1 行程序开始,游戏的测试工作就如影随形,这样的话有些夸张,但也绝不会等到 500 行程序全部完工才进行游戏的测试工作。

事实上,测试工作伴随着每一个函数的设计。每个函数都需要测试,几个函数联合在一起也要测试。可以把这些阶段性的测试称为模块测试或单元测试。如果没有这些一步一个脚印的局部测试,就不会有最后的系统测试。

对于"2048"这个游戏,系统测试的重点是 2048、4096、8192、16384 这 4 个目标的逻辑过程。尽管我完成了这个游戏的设计,但事实上,仅有一次达到了 4096 这个目标。对于 8192 和 16384 这样的数字,只能望洋兴叹。

为此,可以改动程序 6.12 的 SuccessTarget 函数里的目标条件,进行模拟测试。具体方法如下。

(1) 将 460 行 case 2048 改为 case 64,进行模拟测试,完成后重新改回 case 2048。

(2) 将 477 行 case 4096 改为 case 64,进行模拟测试,完成后重新改回 case 4096。

(3) 将 494 行 case8192 改为 case 64,进行模拟测试,完成后重新改回 case 8192。

(4) 将 511 行 case 16384 改为 case 64,进行模拟测试,完成后重新改回 case 16384。

最后,对于 2048 这个目标,必须执行完整全程测试。对于 2048 之后的目标,应该在达成 2048 后尽量向 4096 目标全程测试。

6.13 小结

通过"2048"游戏,我们可以学到:
(1) 游戏的项目组织模式;
(2) 常见绘图工具的使用;
(3) 用影片剪辑组织和设计游戏角色的方法;
(4) 互动式按钮的创作;
(5) 舞台坐标的规划和计算;
(6) 游戏的基本逻辑框架;
(7) 常量、变量和数组的用法;
(8) 分支和循环;
(9) 函数、子函数和事件处理函数;

（10）鼠标事件、进入帧事件、键盘输入事件；

（11）随机数在游戏中的一些妙用；

（12）动态文本；

（13）编程实现动画与补间动画；

（14）声音播放；

（15）用影片剪辑的方式定义一组数字卡片的方法；

（16）复杂的程序逻辑；

（17）文档类与导出类的概念；

（18）用二维数组表示游戏阵列结构的方法；

（19）Object 类是一个动态类，可以动态添加属性；

（20）若干编程技巧。

6.14 习题

1. 打开"2048"游戏主文件 G2048.fla，查看"库"面板，可以发现里面只有一个声音文件 Clapping.mp3，导出类名称为 Clapping。这个声音被用在了程序 6.12 的 SuccessTarget 函数里。例如其中的 474~475 行，用户凑出 2048 数字时，会播放一个满屏的 2048 动画并配以热烈的掌声。如果希望在数字块合并时配音（当然这并不是个很好的主意），或者给整个游戏配点背景音乐，应该如何修改源程序设计？

2. 修改程序 6.12 的 SuccessTarget 函数在达成目标时的动画设计。以 472 行为例，将动画变成沿水平方向扩展，应该如何做？如何进行快速模拟测试？

3. 修改数字卡片和按钮的艺术设计，让游戏界面变成你的风格。

4. 找出程序中所有的 addEventListener 和 removeEventListener，按照表 6.1 所示的格式，列出侦听对象、事件名称、事件处理函数。

表 6.1 "2048"游戏事件一览表

语 句 行	侦 听 对 象	侦 听 事 件	事件处理函数
059	stage	KeyboardEvent.KEY_DOWN	keyPressedDown
…	…	…	…

5. 找出程序中所有的 addChild 和 addChildAt 语句，列表说明其对应的显示容器。

6. 改变游戏的计分规则，让游戏变得更富激励性。例如：2、4、8、16、32、64 数字合并，用合并后的数字之和加分；128、256、512 数字合并，将合并后的数字之和乘以 2 后加分；1024、2048 乘以 4 倍后加分；4096、8192 乘以 6 倍后加分；16384 乘以 8 倍后加分。请修改程序，并用模拟测试法快速测试。

7. 修改源程序 157 行，让 2 和 4 出现的概率各为 50%，应该如何修改？修改程序 157~161 行，让随机出现的数字由 2、4 变成 2、4、8，并且 2、4、8 的出现概率分别为 50%、30%、20%，如何修改？

8. 程序 183 行出现的 evt.target 表示什么意思？有的程序中会出现 evt.currentTaget，二者有何不同？

9. 对照程序 6.9，画出四方向合并流程图。
10. 对照程序 6.10，画出四方向移动流程图。
11. 549～570 行为游戏结束检测函数 GameOver 的定义，画出其逻辑流程。
12. 找出本游戏中不满意的地方并改进之。
13. 列出本章所有令你疑惑的问题，将其作为后续学习重点关注的对象。

第 7 章 "连连看"游戏完整版

"连连看"游戏非常流行,诸如"宠物连连看"、"果蔬连连看"、"水晶连连看"等,这些游戏的内容主题不同,但其算法实现是类似的,玩法是相同的。

连连看游戏有若干技术版本,也有用 C++、C#、Java 语言实现的,网上最流行的还是 Flash 版本的连连看,本章将与你一起彻头彻尾地设计完成一款具有商业水准的"水果连连看"游戏。

要想提高游戏编程水平,没有什么捷径可走,大量阅读经典代码,勤于实践,从代码中学习编程,借鉴别人成功经验,内化于心,外化于行是必由之路。

7.1 游戏试玩与体验

在深入探讨"连连看"游戏设计方法之前,或许最应该做的是打开 chapter7 文件夹,运行其中的 FruitLink.swf 程序。然后撰写你的试玩体验。你认为哪些设计最好,是你最欣赏的,你对哪些内容与设计充满了好奇,把它们一一列出来,带着这些问题与好奇开启本章探索之旅,去收获你的快乐与惊喜吧。

这个游戏有 25 关。要想迅速全部通关,离不开"重置"和"提示"按钮的帮助。我的最好成绩是 15 分钟以内,你的呢?对了,这款游戏特意去掉了通关时间记录和得分排行榜,学完了本章,你完全可以自行把它们加上去。记住,相对于即将学习的内容而言,这是个很简单的功能。本章不包含过多功能的目的是想尽量压缩游戏规模,避免内容过长,以便读者集中注意力于核心要点的学习上。

至少,你可以试着对图 7.1 所示的游戏开始页面和图 7.2 所示的游戏进行页面做个点评,写点心得,带着这些感觉继续下去吧。

1. 游戏开始页面点评

(1) 画面很漂亮。小桥、池塘、青蛙、荷花、莲蓬、远山、蓝天、白云、彩虹、绿地、小房子、水果柜、西瓜和迎面奔来的小姑娘,构成了美丽的田园风景。

(2) 伴随漂亮画面的是明快的音乐。

(3) "开始游戏"按钮和"通关秘籍"按钮是开始页面的全部功能设计。

2. 游戏进行页面点评

第 1 关游戏页面如图 7.2 所示,当然内容是随机的。

图 7.1 游戏开始页面(包含"开始游戏"按钮和"通关秘籍"按钮)

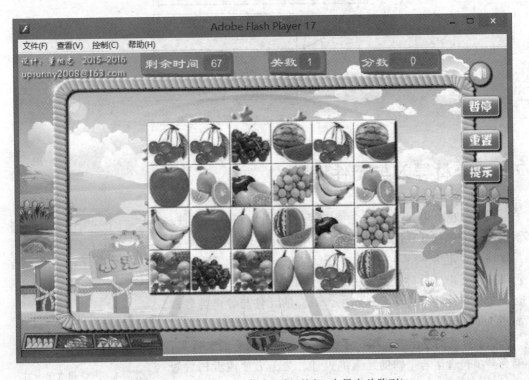

图 7.2 游戏进行页面(信息面板、按钮、水果卡片阵列)

（1）仍然采用了开始页面作为大背景，意图为玩家创造一个生机盎然、赏心悦目的游戏画面。

（2）正中间为水果卡片阵列。第1关为4行×6列。

（3）上方为信息提示板，包括本关剩余时间、关数和分数。

（4）右上方自上而下有4个按钮，依次为："声音开关"按钮、"暂停"按钮、"重置"按钮和"提示"按钮。把这些按钮依次单击一遍，查看其功能特点，写出你的评价。

（5）匹配的水果对之间有连线，有动画，有声音。

7.2 游戏项目组织

打开本章项目文件夹chapter7，对"连连看"游戏项目组织做个整体了解。如图7.3所示，主文件是FruitLink.fla，所有程序逻辑设计则放在子文件夹GameLogic中。GameLogic中包含3个类文件：GameMain.as是主类文件，FruitCard.as是水果卡片类文件，SoundManager.as是声音管理类文件。

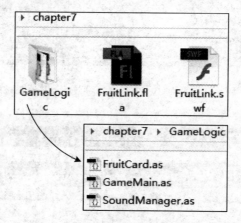

图7.3 "水果连连看"项目文件夹

7.3 素材导入与元件设计

（1）游戏中用到的素材主要包括水果图片和声音文件。水果图片全部从互联网获取，用Photoshop做了简单加工，图片规格统一定为60×60像素，JPEG格式。共设计了100张水果图片。声音文件也是从互联网下载的，并做了简单的编辑处理。将这些素材导入到库中。对应的元件与导出类名称如图7.4所示。

（2）游戏的导出类。图7.4中并没有展开所有的文件夹，因为其中包含了若干辅助元素的设计。为了方便读者稍后阅读程序，这里把所有程序中能直接访问的元件，即含有导出类

图7.4 声音和水果卡片的元件定义

名称的元件都列在了表 7.1 中。

表 7.1 "连连看"游戏库中导出元件列表

文件夹名称	元 件 名 称	导 出 类 名	功　　能
根文件夹	Fruit	Fruit	100 张水果图片组成的影片剪辑
Sound	你是最棒的	GoodSound	闯关成功的配音
	不要着急再试一次吧	AgainSound	闯关失败的配音
	单击卡片	ClickSound	单击卡片的配音
	连接成功	OkSound	连接成功的配音
	背景音乐	BgSound	贯穿整个游戏的背景配音
游戏开始页面	游戏开始页	StartPage	开始页面，图 7.1 已经展示过了
游戏进行页面	爆炸效果	Exploder	水果连接成功，消失时用的爆炸动画
	游戏进行页	PlayPage	进行页面，图 7.2 已经展示过了
	FruitCursor	FruitCursor	水果卡片被选中后的光标提示动画
游戏转场页面	游戏暂停页面	PausePage	玩家单击"暂停"按钮后的画面
	游戏闯关成功页面	WinPage	玩家闯过一关后的过渡画面
	游戏闯关失败页面	LostPage	玩家闯关失败后的过渡画面
	游戏闯关全部成功页面	WinAllPage	游戏大结局的庆祝页面

7.4　游戏规则制定

游戏规则一般在游戏的创意策划阶段就会基本确立。游戏规则直接决定了游戏的整体逻辑架构。游戏规则既是给玩家看的，也是游戏设计的行动指南。本游戏制定规则如下。

(1) 游戏共分 25 关，每关限定了过关时间。在规定的时间内所有卡片全部连接成功，则闯关成功，可以进入下一关。否则，需要重来。重来的关卡与刚玩过的关卡内容不同。

(2) 基本玩法：选中两个相同图案，如果可以用 3 条以内的线段连接，并且线段经过的路径上没有其他卡片阻隔，则消除。所有卡片全部消除则过一关。

(3) 计分规则：一条线段相连得 100 分，一个拐角（两条线段）相连得 200 分，两个拐角（3 条线段）相连得 400 分。

(4) "重置"按钮可以起到重新洗牌的效果。遇到"死局"（没有配对卡片相连）时，"重置"可以变死局为"活局"。

(5) "提示"按钮可以帮助玩家迅速找到配对的连接。

玩家如能灵活使用"提示"和"重置"功能，过关会比较容易。

7.5　游戏状态机设计

设计师习惯把游戏进程中各种状态整合在一起，称之为游戏的状态机。状态机反映了游戏状态的变化和切换时机。本游戏的几个主要状态页面已经在表 7.1 中列出，但不是全部。反映游戏整体逻辑的游戏状态机的设计如图 7.5 所示。

开始页面、进行页面、闯关成功、闯关失败和全部通关构成了游戏的主状态。

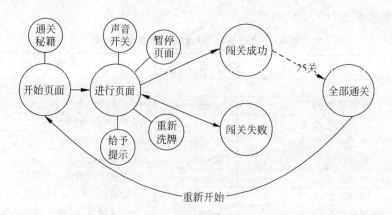

图 7.5 游戏状态机

从开始页面到进行页面的转换是由开始按钮触发的。从进行页面到闯关成功页面和闯关失败页面都是由程序逻辑根据时间和任务完成情况计算得出的。闯关失败页面里包含重新游戏的按钮,闯关成功的页面包含进入下一关的按钮。全部通关的页面包含重新开始游戏的按钮。

从图 7.5 可以看出,游戏进行页面是整个游戏的核心,游戏的核心逻辑都在这里展开。

7.6 游戏关卡参数设定

本游戏包含 25 关,每一关对于玩家来说都是相似的,但对于设计师而言却需要精心布局,小心处理不同关卡之间的差异。25 关的参数规定如表 7.2 所示。将 25 关分为了 5 个难度级别。连连看的游戏难度主要由两个因素决定。

(1) 每一关的卡片阵列规模。行列数越多,难度越大。

(2) 不同类型卡片的数量。在一关中重复出现的卡片对的数量越多,则闯关越容易。本游戏只对阵列规模进行区分,每一关的水果配对图片都是从 100 张卡片里随机抽取的。也可以限定每一关卡片的抽取范围,这样游戏的变化会更多一些。

表 7.2 游戏关卡参数设定

关 卡	阵列规模	左边距和上边距	卡片缩放比例
1~5 关	col:6, row:4	left:100, top:8	scale:1.4
6~10 关	col:6, row:6	left:110, top:-40	scale:1.2
11~15 关	col:8, row:6	left:60, top:-40	scale:1.2
16~20 关	col:8, row:8	left:125, top:-32	scale:0.9
21~25 关	col:10, row:8	left:70, top:-32	scale:0.9

关于表 7.2 中列出的这些参数的表示方法,稍后可以在程序 7.3 的主类数据结构部分看到详细定义。

7.7 游戏进行页面的布局

游戏进行页面的静态设计如图 7.6 所示。整体布局以游戏的开始页面为背景，以保持整体游戏风格的一致性。页面中心加了一个黄色的圆角矩形框，表示游戏的中心区域。框内包含一个半透明的矩形元件。对背景进行模糊处理，以突出卡片的主角地位。在矩形框内放置了一个被称作 mcContainer 的显示容器。游戏初始化时，生成的所有卡片都要加到这个容器里进行管理。

由于有 5 级不同的阵列规模，在卡片布局时，要根据图 7.6 中黄色矩形框的大小和卡片的大小，进行仔细的计算和调整。这些工作都是在 FruitLink.fla 这个文件中完成的，此处不再赘述，读者可以根据 FLA 里的设计，分层仔细查看。

卡片的布局是随着关卡进行调整的，其参数已在表 7.2 中给出。顶端的信息提示和右上方按钮的位置都是固定的，其元件设计请查看"库"面板。

图 7.6　游戏进行页面的静态设计

7.8 水果卡片类

图 7.3 给出了本游戏的 3 个类文件：FruitCard 类、SoundManager 类和 GameMain 类。首先介绍前两个类，这样有利于读者对主类的理解和学习。这两个类的设计比较简单，主类中会多次调用它们。对 3 个类文件程序行的编号是独立进行的，不是连续的，目的是便于读者对照源程序学习。

FruitCard 类的设计如程序 7.1 所示。

程序 7.1:FruitCard 类定义

```
01  package GameLogic {
02      import flash.display.MovieClip;
03      import flash.geom.Point;
04  /*
05      FruitCard: 水果卡片类,定义卡片状态和位置信息
06      设计：董相志
07      日期：2015.7.27
08      版权所有 2015—2016
09  */
10      public class FruitCard extends MovieClip{
11          public var row:uint;
12          public var col:uint;
13          public var pos:Point = new Point();
14          public var id:uint;
15          public var bSelected:Boolean = false;
16          private var mcTemp:MovieClip;
17          public function FruitCard() {
18              this.mouseChildren = false;
19          }
20          //为水果卡片添加闪动光标或取消光标
21          public function AddCursor(bCursor:Boolean) {
22              if (bCursor) {                              //加光标
23                  if (!bSelected) {
24                      bSelected = true;
25                      mcTemp = new FruitCursor();
26                      this.addChild(mcTemp);
27                  } //end if
28              } else {                                    //移除光标
29                  if (bSelected) {
30                      this.removeChild(mcTemp);
31                      mcTemp = null;
32                      bSelected = false;
33                  } //end if
34              } //end if
35          } //end AddCursor
36      } //end class
37  } //end package
```

程序提示如下。

(1) 理解 22～23 行连续两个 if 语句的逻辑含义。

(2) 25～26 行,用光标元件的导出类 FruitCursor 创建光标,添加到当前卡片这个显示容器里,实现为卡片添加光标的效果。

7.9 声音管理类

声音管理类的属性和方法被定义成了 public 类型和 static 类型,在主类中直接调用。这是一种便捷性设计。类的实现如程序 7.2 所示。

程序 7.2：SoundManager 类定义

```
01  package GameLogic {
02      import flash.media.Sound;
03      import flash.media.SoundChannel;
04      import flash.media.SoundTransform;
05  /*
06      SoundManager：声音管理类,控制声音播放
07      设计：董相志
08      日期：2015.7.27
09      版权所有 2015—2016
10  */
11      public class SoundManager   {
12          private static var sound:Sound;
13          private static var soundChan:SoundChannel;
14          private static var specialSound:Sound;
15          public static var bPlayingSound:Boolean = true;
16          public function SoundManager() {true
17              // constructor code
18          }
19          //循环播放指定声音
20          public static function PlaySound(music:Class) {
21              if (!bPlayingSound)return;
22              sound = new music();
23              soundChan = new SoundChannel();
24              soundChan = sound.play(0,int.MAX_VALUE);
25          } //end PlaySound
26          //播放指定声音一次
27          public static function PlaySpecialSound(voice:Class) {
28              if (!bPlayingSound)return;
29              specialSound = new voice();
30              specialSound.play(0,1);
31          } //end PlaySpecialSound
32          //设置声音播放模式(静音或恢复)
33          public static function SetSoundPlay(volume:Boolean) {
34              bPlayingSound = volume;
35              var soundTrans:SoundTransform = new SoundTransform();
36              if (!volume) {
37                  if (soundChan != null) {
38                      soundTrans.volume = 0;              //静音
39                      soundChan.soundTransform = soundTrans;
40                  }
41              } else {
42                  soundTrans.volume = 1;                  //恢复声音
43                  soundChan.soundTransform = soundTrans;
44              } //end if (!volume)
45          } //end SetSoundPlay
46      } //end class
47  } //end package
```

程序提示如下。

(1) 20～31 行定义了两个播放声音的函数,一个是循环播放,一个是只播放一次。

(2) 38～39 行实现了静音的方法。

7.10 游戏主类数据结构

GameMain 类的属性成员定义了游戏中使用的常量和变量。读者需要对这部分内容仔细研读，把握游戏的整体数据结构，以便更好地阅读理解后面的程序逻辑。

GameMain 类的属性定义如程序 7.3 所示。

程序 7.3：GameMain 类的属性定义

```
001    package GameLogic  {
002      import flash.display.MovieClip;
003      import flash.events.MouseEvent;
004      import flash.display.Sprite;
005      import GameLogic.FruitCard;
006      import flash.geom.Point;
007      import flash.utils.setTimeout;
008      import flash.events.Event;
009      import flash.media.Sound;
010      /*
011      GameMain：游戏主类,实现游戏主控逻辑
012      设计：董相志
013      日期：2015.7.27
014      版权所有 2015—2016
015      */
016      public class GameMain extends MovieClip {
017        //常量定义
018        private const LEVELS:uint = 25;                          //总关数
019        //变量定义
020        private var startPage:MovieClip;                         //游戏开始页面
021        private var playPage:MovieClip;                          //游戏进行页面
022        private var pausePage:MovieClip;                         //游戏暂停页面
023        private var lostPage:MovieClip;                          //闯关失败页面
024        private var winPage:MovieClip;                           //闯关成功页面
025        private var winAllPage:MovieClip;                        //全部闯关成功页面
026        private var hintDlg:MovieClip;                           //信息提示
027        private var secret:MovieClip;                            //通关帮助
028        //游戏级别
029        private var level:uint = 1;
030        //游戏状态变量
031        private var levelWin:Array;
032        //每一关设定用时(秒)
033        private var levelTime:Array = [90,90,90,90,90,120,120,120,120,120,
034          150,150,150,150,150,240,240,240,240,240,300,300,300,300,300];
035        private var frameNum:uint = 0;                           //帧计数,30 帧为 1 秒
036        private var leftTime:int = 0;                            //剩余时间计数
037        private var levelLost:uint = 0;                          //过关失败
038        private var gameWin:uint = 0;                            //是否全部通关
039        //得分,直连得 100 分,一个拐角连得 200 分,两个拐角连得 400 分
040        private var gameScore:uint = 0;
```

```
041        private var bPause:Boolean = false;                    //暂停状态
042        //游戏级别定义,共 25 关。1~5 关为 4×6 阵列,6~10 关为 6×6 阵列
043        //11~15 关为 6×8 阵列,16~20 关为 8×8 阵列,21~25 关为 8×10 阵列
044        //col,列号;row,行号;left,左边距;top,上边距;scale,缩放比例
045        private var gameLevel:Array = [
046                   {col:6,row:4,left:100,top:8,scale:1.4},
047                   {col:6,row:4,left:100,top:8,scale:1.4},
048                   {col:6,row:4,left:100,top:8,scale:1.4},
049                   {col:6,row:4,left:100,top:8,scale:1.4},
050                   {col:6,row:4,left:100,top:8,scale:1.4},
051                   {col:6,row:6,left:110,top:-40,scale:1.2},
052                   {col:6,row:6,left:110,top:-40,scale:1.2},
053                   {col:6,row:6,left:110,top:-40,scale:1.2},
054                   {col:6,row:6,left:110,top:-40,scale:1.2},
055                   {col:6,row:6,left:110,top:-40,scale:1.2},
056                   {col:8,row:6,left:60,top:-40,scale:1.2},
057                   {col:8,row:6,left:60,top:-40,scale:1.2},
058                   {col:8,row:6,left:60,top:-40,scale:1.2},
059                   {col:8,row:6,left:60,top:-40,scale:1.2},
060                   {col:8,row:6,left:60,top:-40,scale:1.2},
061                   {col:8,row:8,left:125,top:-32,scale:0.9},
062                   {col:8,row:8,left:125,top:-32,scale:0.9},
063                   {col:8,row:8,left:125,top:-32,scale:0.9},
064                   {col:8,row:8,left:125,top:-32,scale:0.9},
065                   {col:8,row:8,left:125,top:-32,scale:0.9},
066                   {col:10,row:8,left:70,top:-32,scale:0.9},
067                   {col:10,row:8,left:70,top:-32,scale:0.9},
068                   {col:10,row:8,left:70,top:-32,scale:0.9},
069                   {col:10,row:8,left:70,top:-32,scale:0.9},
070                   {col:10,row:8,left:70,top:-32,scale:0.9}];
071        //游戏地图,有水果卡片的地方为 1,没有水果卡片的地方为 0
072        private var map:Array = new Array();
073        //水果卡片对应的唯一 id 值,等同于它对应的帧序列的帧编号
074        private var afruitId:Array = new Array();                //存放水果卡片 id 的数组
075        private var aFruits:Array = new Array();                 //存放水果卡片对象的数组
076        private var aLines:Array = new Array();                  //存放线条的数组
077        private var aExplodes:Array = new Array();               //存放爆炸效果的数组
078        private var firstFruit:Fruit;                            //单击的第 1 张卡片
079        private var secondFruit:Fruit;                           //单击的第 2 张卡片
```

程序提示如下。

(1) 031 行,levelWin 数组记录每一关的通关状态。

(2) 033~034 行用数组 levelTime 定义 25 关每一关的过关时间。

(3) 045~070 行用数组 gameLevel 定义 25 关每一关的关卡参数,包括行列数、阵列的左边距和上边距、卡片的缩放比例。

(4) 072 行定义 map 地图数组,跟踪反映卡片的分布状态。

(5) 074 行定义 afruitId 数组,记录每张卡片的 id。

(6) 075 行定义卡片对象数组 aFruits。

(7) 076 行定义存放连线的数组 aLines。

(8) 077 行定义存储爆炸效果对象的数组 aExplodes。

(9) 078~079 行,定义两个剪辑变量,记录单击的第 1 张卡片和第 2 张卡片。

7.11 游戏的入口逻辑

"连连看"游戏在整体架构上与"2048"游戏不同。"2048"游戏采用了主类加时间轴的设计。连连看游戏纯粹由主类完成游戏的主控逻辑,时间轴上没有单独做任何设计。2048 游戏的初始化函数 initGame 是放在时间轴第 2 帧上执行的,initGame 充当了程序初始化和进入主逻辑的入口。本章连连看游戏直接由主类构造函数作为整个程序的入口。舞台上所有元素都将结合已有的元件设计动态调度。

程序 7.4 给出了 GameMain 类构造函数的定义。

程序 7.4: GameMain 类的构造函数
```
080   public function GameMain() {
081       startPage = new StartPage();
082       this.addChild(startPage);
083       startPage.x = stage.width/2;
084       startPage.y = stage.height/2;
085       startPage.btnStart.addEventListener(MouseEvent.CLICK,StartGame);
086       startPage.btnPassHelp.addEventListener(MouseEvent.CLICK,StartHelp);
087       SoundManager.PlaySound(BgSound);                    //背景音乐
088   } //end function GameMain
```

程序提示如下。

(1) 081~082 行,创建并在舞台上显示开始页面。

(2) 085~086 行,为"开始游戏"按钮和"通关秘籍"按钮注册侦听器。

7.12 开始页面编程逻辑

开始页面编程逻辑包括"开始游戏"按钮和"通关秘籍"按钮的编程实现,如程序 7.5 所示。

程序 7.5:GameMain 类的"开始游戏"按钮和"通关秘籍"按钮逻辑
```
089   //点击"开始游戏"按钮
090   public function StartGame(evt:MouseEvent) {
091       startPage.btnStart.removeEventListener(MouseEvent.CLICK,StartGame);
092       startPage.parent.removeChild(startPage);
093       startPage = null;
094       //初始化游戏通关状态
095       levelWin = [0,0,0,0,0,0,0,0,0,0,0,0,0,0,0,0,0,0,0,0,0];
096       //转到游戏进行页面
097       PlayGame();
098   } //end StartGame
099   //单击"通关秘籍"按钮
100   public function StartHelp(evt:MouseEvent) {
```

```
101         secret = new PassSecret();
102         startPage.addChild(secret);
103         secret.btnClose.addEventListener(MouseEvent.CLICK,RemoveHelp);
104     } //end StartHelp
105     //消除"帮助"对话框
106     public function RemoveHelp(evt:MouseEvent) {
107         secret.btnClose.removeEventListener(MouseEvent.CLICK,RemoveHelp);
108         secret.parent.removeChild(secret);
109         secret = null;
110     } //end RemoveHelp
```

程序提示如下。

(1) 095 行,初始化每一关过关状态。

(2) 097 行,转到游戏进行页面。

7.13 游戏进行页面编程逻辑

7.13.1 进行页面初始化

进行页面的初始化通过 PlayGame 函数完成,如程序 7.6 所示。PlayGame 调用的子函数和触发的侦听函数如图 7.7 所示。

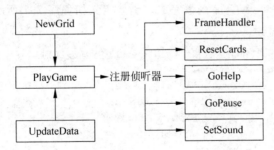

图 7.7 PlayGame 函数与其他函数的关系

程序 7.6：GameMain 类的 PlayGame 函数定义
```
111     //游戏进行页面
112     public function PlayGame() {
113         //构建游戏进行页面背景
114         playPage = new PlayPage();
115         this.addChild(playPage);
116         playPage.x = stage.width/2;
117         playPage.y = stage.height/2;
118         playPage.btnSound.buttonMode = true;
119         playPage.btnSound.gotoAndStop(1);
120         firstFruit = null;
121         secondFruit = null;
122         //指定游戏级别
123         level = 1;
124         //游戏面板初始化
```

```
125     NewGrid(level);
126     //初始化全局游戏参数
127     bPause = false;
128     frameNum = 0;
129     leftTime = levelTime[level - 1];
130     gameScore = 0;
131     UpdateData();
132     //添加游戏帧事件处理
133     this.addEventListener(Event.ENTER_FRAME,FrameHandler);
134     playPage.btnReset.addEventListener(MouseEvent.CLICK,ResetCards);
135     playPage.btnHelp.addEventListener(MouseEvent.CLICK,GoHelp);
136     playPage.btnPause.addEventListener(MouseEvent.CLICK,GoPause);
137     playPage.btnSound.addEventListener(MouseEvent.CLICK,SetSound);
138   } //end PlayGame
```

程序提示如下。

(1) 125 行,调用 NewGrid 函数,生成和初始化下一关游戏的卡片阵列。
(2) 129 行,获取下一关游戏的通关时间限定。
(3) 133 行,ENTER_FRAME 事件侦听器用于检测和处理游戏状态的变化。
(4) 134~137 行,4 个侦听器用于处理 4 个按钮的事件逻辑。

7.13.2 游戏面板初始化

游戏面板初始化由 NewGrid 函数完成。函数定义如程序 7.7 所示。

程序 7.7: GameMain 类的 NewGrid 函数定义
```
139   //初始化游戏阵列(包括地图和水果 id),level 表示游戏级别
140   public function NewGrid(level:uint) {
141     var row:uint = gameLevel[level - 1].row + 2;        //获取第 level 关的行数
142     var col:uint = gameLevel[level - 1].col + 2;        //获取第 level 关的列数
143     //抽取需要的卡片,其 id 存放到 afruitId 数组
144     for (var i:uint = 0;i < row/2;i++) {
145         afruitId[i] = new Array();
146         afruitId[i + row/2 - 1] = new Array();
147         for (var j:uint = 0;j < col;j++) {
148             if (i == 0 || i == row/2 || j == 0 || j == col - 1)  {
149                 afruitId[i][j] = 0;
150             } else {
151                 afruitId[i][j] = NewRandom(1,100);
152                 afruitId[i + row/2 - 1][j] = afruitId[i][j];
153             }
154         } //end for
155     } //end for
156     //打乱 afruitId 数组的排列顺序
157     for (i = 0;i < row;i++) {
158         for (j = 0;j < col;j++) {
159             if (i == 0 || j == 0 || i == row - 1 || j == col - 1) continue;
160             var randi:uint = NewRandom(1,row - 2);
161             var randj:uint = NewRandom(1,col - 2);
162             var temp:uint = afruitId[i][j];
```

```
163                    afruitId[i][j] = afruitId[randi][randj];
164                    afruitId[randi][randj] = temp;
165                } //end for
166            } //end for
167    //构建地图
168    for (i = 0;i < row;i++) {
169        map[i] = new Array();
170        for (j = 0;j < col;j++) {
171            if (i == 0 || j == 0 || i == row - 1 || j == col - 1)
172                map[i][j] = 0;
173            else
174                map[i][j] = 1;
175        } //end for
176    } //end for
177    //生成水果卡片阵列
178    for (i = 0;i < row;i++) {
179        for (j = 0;j < col;j++) {
180            if (i == 0 || j == 0 || i == row - 1 || j == col - 1) continue;
181            var card:FruitCard = new Fruit();
182            card.id = afruitId[i][j];                      //记录卡片 id
183            card.mcFruit.gotoAndStop(card.id);
184            card.row = i;                                  //记录卡片行列位置
185            card.col = j;
186            card.scaleX = gameLevel[level - 1].scale;
187            card.scaleY = gameLevel[level - 1].scale;
188            card.x = gameLevel[level - 1].left + j * card.width;
189            card.y = gameLevel[level - 1].top + i * card.height;
190            card.pos.x = card.x;                           //记录卡片行列坐标
191            card.pos.y = card.y;
192            card.name = card.row + "," + card.col;         //卡片命名
193            card.addEventListener(MouseEvent.CLICK,CardClick); //侦听单击事件
194            playPage.mcContainer.addChild(card);           //加到容器里显示
195            aFruits.push(card);                            //记录到卡片数组
196        } //end for
197    } //end for
198    } //end NewGrid
```

程序提示如下。

(1) 141~142 行,设置第 level 关的行列数。注意,给行列数加 2 是算法需要。
(2) 144~155 行,随机抽取卡片。注意,151~152 行保证了卡片的成对出现。
(3) 157~166 行,打乱卡片分布,让卡片随机排列。160~164 行是一个乱序技巧。
(4) 168~176 行,构建游戏地图,跟踪卡片阵列的分布状态。
(5) 178~197 行,用一个二重循环生成和显示卡片阵列。
(6) 193 行,注册卡片鼠标单击事件侦听器。

7.13.3 处理卡片单击事件

处理卡片单击事件的响应函数如程序 7.8 所示。

程序 7.8：GameMain 类的 CardClick 函数定义
```
199    //处理卡片单击事件
200    public function CardClick(evt:MouseEvent) {
201        SoundManager.PlaySpecialSound(ClickSound);              //单击声音
202        if (firstFruit == null) {
203            firstFruit = evt.currentTarget as Fruit;
204            firstFruit.removeEventListener(MouseEvent.CLICK,CardClick);
205            firstFruit.AddCursor(true);
206        } else if (firstFruit != null && secondFruit == null) {
207            secondFruit = evt.currentTarget as Fruit;
208            secondFruit.AddCursor(true);
209        } //end if
210        if (firstFruit != null && secondFruit != null) {
211            if (firstFruit.id == secondFruit.id ) {              //卡片匹配
212                if (FindWay(firstFruit,secondFruit)) {           //匹配并且连通
213                    var time:uint = setTimeout(MatchHandling,200,firstFruit,secondFruit);
214                    firstFruit = null;
215                    secondFruit = null;
216                } else {                                         //虽然匹配,但不能连通
217                    firstFruit.AddCursor(false);
218                    firstFruit.addEventListener(MouseEvent.CLICK,CardClick);
219                    firstFruit = secondFruit;
220                    firstFruit.removeEventListener(MouseEvent.CLICK,CardClick);
221                    secondFruit = null;
222                } //end if FindWay
223            } else {                                             //不匹配
224                firstFruit.AddCursor(false);
225                firstFruit.addEventListener(MouseEvent.CLICK,CardClick);
226                firstFruit = secondFruit;
227                firstFruit.removeEventListener(MouseEvent.CLICK,CardClick);
228                secondFruit = null;
229            } //end if firstFruit.id == secondFruit.id
230        } //end if firstFruit != null && secondFruit != null
231    } //end CardClick
```

程序提示如下。

(1) 202～205 行,记录单击的第 1 张卡片。

(2) 206～209 行,记录单击的第 2 张卡片。

(3) 210～212 行,连续 3 个 if 语句组合,表达的逻辑含义是：卡片配对并可以连通。

(4) 210～230 行,是处理两张卡片匹配和连通情况的全部逻辑。

7.13.4　处理连通的配对卡片

玩家成功单击一对匹配并且能够连通的卡片时的处理逻辑如程序 7.9 所示。

程序 7.9：GameMain 类的 MatchHandling 函数定义
```
232    //处理水果卡片匹配并且可以连通的情况
233    public function MatchHandling(first:Fruit,second:Fruit) {
234        SoundManager.PlaySpecialSound(OkSound);                 //"连接成功"声音
```

```
235        ClearLines();                                           //清除线条
236        first.AddCursor(false);                                 //移除光标
237        second.AddCursor(false);
238        first.removeEventListener(MouseEvent.CLICK,CardClick);  //移除侦听
239        second.removeEventListener(MouseEvent.CLICK,CardClick);
240        map[first.row][first.col] = 0;                          //修改地图
241        map[second.row][second.col] = 0;
242        afruitId[first.row][first.col] = 0;
243        afruitId[second.row][second.col] = 0;
244        AddExploding(first.pos);                                //爆炸效果
245        AddExploding(second.pos);
246        playPage.mcContainer.removeChild(first);                //不显示
247        playPage.mcContainer.removeChild(second);
248        DeleteFruit(first);                                     //从数组删除
249        DeleteFruit(second);
250        UpdateData();                                           //更新信息提示板
251        if (leftTime >= 0) {                                    //本关还有时间
252            if (aFruits.length == 0)  {                         //卡片全部消除
253                levelWin[level - 1] = 1;                        //过关
254                bPause = true;                                  //暂停
255                if (levelWin[LEVELS - 1] == 0) {                //不是最后一关
256                    winPage = new WinPage();
257                    playPage.addChild(winPage);
258                    winPage.btnNext.addEventListener(MouseEvent.CLICK,GoNextLevel);
259                    SoundManager.PlaySpecialSound(GoodSound);   //"你是最棒的"声音
260                } else {                                        //是最后一关
261                    winAllPage = new WinAllPage();
262                    playPage.addChild(winAllPage);
263                    winAllPage.btnRestart.addEventListener(MouseEvent.CLICK,GoRestart);
264                    SoundManager.PlaySpecialSound(GoodSound);   //"你是最棒的"声音
265                }                                               //end if
266                ForbiddonButtons();
267            } //end if
268        } else {                                                //本关时间用完
269            if (aFruits.length > 0)  {                          //还有剩余卡片
270                levelLost = 1;                                  //闯关失败
271                bPause = true;
272            }
273        } //end if leftTime
274    } //end MatchHandling
```

程序提示如下。

(1) 234～250 行,消除连通的两张水果卡片,配以动画效果,更新分数面板等。

(2) 251～273 行,每次消除一对水果卡片后,立即判断游戏状态,包括:闯关成功、闯关失败、暂停、最后一关闯关成功。

7.13.5 游戏状态实时监测

游戏运行过程的状态监控主要通过 FrameHandler 函数实现,这是 ENTER_FRAME

事件的响应函数。其定义如程序 7.10 所示。

程序 7.10：GameMain 类的 FrameHandler 函数定义

```
275    //帧事件处理函数
276    public function FrameHandler(evt:Event) {
277        ClearExplodings();
278        if (levelLost == 1) {                          //闯关失败处理
279            levelLost = 0;
280            bPause = true;
281            LostLevel();
282        } //end if
283        if (!bPause) {                                 //游戏进行中
284            frameNum++;
285            if (frameNum >= 30) {
286                frameNum = 0;
287                leftTime--;
288                UpdateData();
289                if (leftTime <= 0) {
290                    levelLost = 1;                     //闯关失败
291                } //end if
292            } //end if
293        } //end if
294    } //end FrameHandler
```

程序提示如下。

(1) 278～282 行，闯关失败时的状态设置和转换。

(2) 283～293 行，游戏计时，分数刷新，闯关失败状态检测。

7.13.6　卡片阵列重置

卡片阵列的重新洗牌通过 ResetCards 函数实现，其定义如程序 7.11 所示。

程序 7.11：GameMain 类的 ResetCards 函数定义

```
295    //重新排列卡片阵列
296    public function ResetCards(evt:MouseEvent) {
297        ClearFruitCards();                             //清除卡片
298        var aTemp:Array = new Array();
299        for (var row:int = 0;row < map.length;row++) {
300            for (var col:int = 0;col < map[0].length;col++) {
301                if (map[row][col] != 0) {              //此处有卡片
302                    aTemp.push(afruitId[row][col]);    //记住这个位置卡片的 id
303                } //end if
304            } //end for col
305        } //end for row
306        //重新生成卡片
307        for (row = 0;row < map.length;row++) {
308            for (col = 0;col < map[0].length;col++) {
309                if (map[row][col] != 0) {              //此处有卡片
310                    var num:int = Math.floor(Math.random() * aTemp.length);
311                    afruitId[row][col] = aTemp[num];
```

```
312             var card:FruitCard = new Fruit();
313             card.id = afruitId[row][col];              //记录卡片 id
314             card.mcFruit.gotoAndStop(card.id);
315             card.row = row;                            //记录卡片行列位置
316             card.col = col;
317             card.scaleX = gameLevel[level - 1].scale;
318             card.scaleY = gameLevel[level - 1].scale;
319             card.x = gameLevel[level - 1].left + col * card.width;
320             card.y = gameLevel[level - 1].top + row * card.height;
321             card.pos.x = card.x;                       //记录卡片行列坐标
322             card.pos.y = card.y;
323             card.name = card.row + "," + card.col;     //卡片命名
324             card.addEventListener(MouseEvent.CLICK,CardClick); //侦听单击事件
325             playPage.mcContainer.addChild(card);       //加到容器里显示
326             aFruits.push(card);                        //记录到卡片数组
327             aTemp.splice(num,1);
328         } //end if
329     } //end for col
330 } //end for row
331 } //end ResetCards
```

程序提示如下。

(1) 298~305 行，重新洗牌前将所有卡片归集到一个临时数组 aTemp 中。

(2) 307~330 行，从 aTemp 随机抽取卡片，根据 map 地图数组重新排列卡片。

7.13.7 配对卡片提示

玩家寻求提示帮助时，单击"提示"按钮，通过 GoHelp 函数实现帮助提示。其定义如程序 7.12 所示。

程序 7.12：GameMain 类的 GoHelp、CloseDialog 函数定义

```
332 //配对卡片提示
333 public function GoHelp(evt:MouseEvent) {
334     if (!FindMatch()) {
335         //消息提示框
336         hintDlg = new HintDialog();
337         playPage.addChild(hintDlg);
338         hintDlg.btnClose.addEventListener(MouseEvent.CLICK,CloseDialog);
339     }
340 } //end GoHelp
341 public function CloseDialog(evt:MouseEvent) {
342     hintDlg.btnClose.removeEventListener(MouseEvent.CLICK,CloseDialog);
343     hintDlg.parent.removeChild(hintDlg);
344     hintDlg = null;
345 } //end CloseDialog
```

程序提示如下。

(1) 334 行，FindMatch 函数负责查找配对的连通卡片。如果找不到，则弹出对话框进行提示；如果能找到，则给卡片加上闪动的光标提示。

(2) 自动提示的逻辑都放到了 FindMatch 函数实现。

7.13.8 游戏暂停与继续

玩家单击"暂停"按钮后，游戏暂停。该操作通过 GoPause 函数实现，继续游戏，则通过 GoContinue 函数实现，其定义如程序 7.13 所示。

程序 7.13: GameMain 类的 GoPause、GoContinue 函数定义

```
346    //游戏暂停
347    public function GoPause(evt:MouseEvent) {
348        bPause = true;
349        playPage.btnPause.removeEventListener(MouseEvent.CLICK,GoPause);
350        pausePage = new PausePage();
351        playPage.addChild(pausePage);
352        pausePage.btnContinue.addEventListener(MouseEvent.CLICK,GoContinue);
353        ForbiddonButtons();
354    } //end GoPause
355    //游戏继续
356    public function GoContinue(evt:MouseEvent) {
357        bPause = false;
358        playPage.btnPause.addEventListener(MouseEvent.CLICK,GoPause);
359        pausePage.parent.removeChild(pausePage);
360        pausePage = null;
361        EnabledButtons();
362    } //end GoContinue
```

7.13.9 声音开关

玩家单击"声音"按钮后，可以在声音播放和静音模式之间来回切换。该操作通过 SetSound 函数实现，其定义如程序 7.14 所示。

程序 7.14: GameMain 类的 SetSound 函数定义

```
363    //声音开关
364    public function SetSound(evt:MouseEvent) {
365        if (playPage.btnSound.currentFrame == 1) {
366            playPage.btnSound.gotoAndStop(2);
367            SoundManager.SetSoundPlay(false);
368        } else {
369            playPage.btnSound.gotoAndStop(1);
370            SoundManager.SetSoundPlay(true);
371        }
372    } //end SetSound
```

7.13.10 自动寻找连通卡片对

玩家单击"提示"按钮后，程序自动寻找配对且连通的卡片，该操作由函数 FindMatch 和函数 ConnectionTest 实现，其定义如程序 7.15 所示。

程序 7.15: GameMain 类的 FindMatch、ConnectionTest 函数定义

```
373       //自动寻找配对的卡片
374       public function FindMatch() : Boolean {
375           for (var i:int = 0;i < aFruits.length;i++) {
376               for (var j:int = 0;j < aFruits.length;j++) {
377                   if (i != j && aFruits[i].id == aFruits[j].id) {         //不是同一个元素
378                       if (ConnectionTest(aFruits[i],aFruits[j])) {         //找到
379                           if (firstFruit != null) {                        //选中状态
380                               firstFruit.AddCursor(false);                 //取消选中状态
381                               firstFruit.addEventListener(MouseEvent.CLICK,CardClick);
382                               firstFruit = null;
383                           }                                                //end if
384                           aFruits[i].AddCursor(true);                      //提示
385                           aFruits[j].AddCursor(true);
386                           ClearLines();
387                           return true;
388                       } //end if
389                   } //end if
390               } //end for j
391           } //end for i
392           return false;                                                    //不存在可以连通的配对卡片
393       } //end FindMatch
394       //单纯判断卡片间是否存在通路
395       public function ConnectionTest(a:Fruit,b:Fruit) : Boolean {
396           if (a.row == b.row && Horizon(a,b))                              //同一行直连
397               return true;
398           if (a.col == b.col && Vertical(a,b))                             //同一列直连
399               return true;
400           if (OneCorner(a,b))                                              //通过一个拐角连通
401               return true;
402           if (TwoCorner(a,b))                                              //通过两个拐角连通
403               return true;
404           return false;                                                    //不存在通路
405       } //end ConnectionTest
```

程序提示如下。

(1) 375～376 行引导的二重循环对每一张卡片进行扫描判断。

(2) 377～378 行,连续两个 if 语句,用 ConnectionTest 函数判断卡片的连通性。

(3) 395～405 行,ConnectionTest 函数的实现异常简洁,因为它把判断工作交给了行列直连、一个拐角相连和两个拐角相连这些函数去完成。

7.13.11 连通寻路算法

判断玩家单击的一对卡片之间是否存在通路,是整个游戏设计中最关键和最有意义的部分,是游戏的核心算法部分,由 Horizon、Vertical、OneCorner、TwoCorner 和 FindWay 这5 个函数联合实现,算法原理如图 7.8、图 7.9 和图 7.10 所示。

(1) 水平或垂直直连的算法原理如图 7.8 所示。

Horizon 函数负责水平方向 a 与 b 两个水果卡片方块的直连判断。如果存在通路,则返回 true;如果存在障碍,则返回 false。Vertical 函数负责垂直方向的直连判断。

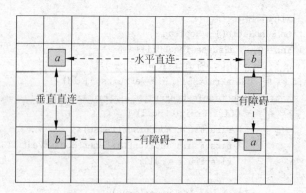

图 7.8 水平或垂直直连示意图

(2) 通过两条线段(一个拐角)连接的算法原理如图 7.9 所示。

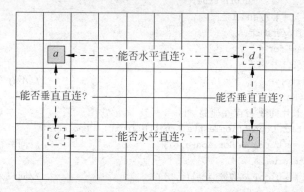

图 7.9 两条线段(一个拐角)的连通判断示意图

OneCorner 函数实现水果卡片 a 与 b 可以借助一个拐角相连的判断。
① Horizon(b,c)和 Vertical(a,c)同时为 true 时,证明 a—c—b 这条通路成立。
② Horizon(a,d)和 Vertical(b,d)同时为 true 时,证明 a—d—b 这条通路成立。
③ 否则,a 与 b 间不存在一个拐角相连的通路。
(3) 通过 3 条线段(两个拐角)连接的算法原理如图 7.10 所示。

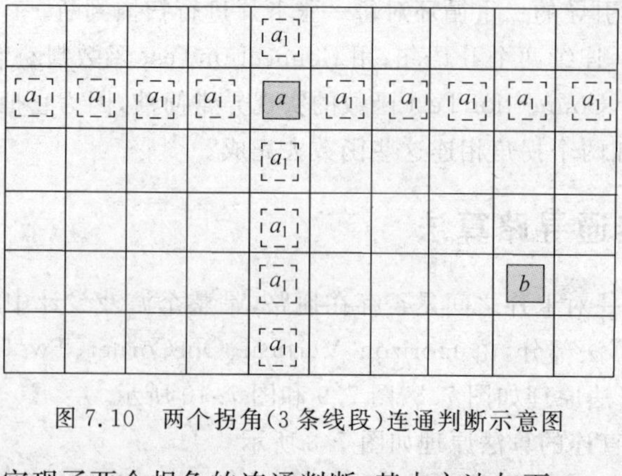

图 7.10 两个拐角(3 条线段)连通判断示意图

TwoCorner 函数实现了两个拐角的连通判断,基本方法如下。
从 a 出发,向左、右、上、下 4 个方向遍历。如果遇到空白块,则标记为 a_1,以 a_1 为参考点,判断 a_1 与 b 间是否存在一个拐角相连的情况。

① 若存在,则 $a—a_1$—拐角—b 即为一条通路。

② 若不存在,继续在该方向寻找下一个 a_1 参考点。如果遇到障碍,则立即终止该方向的查询而转入下一个方向。

③ 4 个方向全部遍历完毕,没有找到满足条件的 a_1 参考点,则证明 a 与 b 之间不存在两个拐角相连的通路。

图 7.10 只是一个原理性的示意图,a 与 b 的位置也可能在一行或一列上。a 与 b 之间的障碍情况是随机的。

综合图 7.8、图 7.9、图 7.10 展示的连通寻路算法原理,可以看出 TwoCorner 函数的实现依赖 OneCorner 函数,OneCorner 函数的实现依赖 Horizon 和 Vertical 这两个函数。FindWay 函数将这 4 个函数组合在一起,实现了任意 a 与任意 b 之间的通路寻找算法。算法实现如程序 7.16 所示。

程序 7.16: GameMain 类的 Horizon、Vertical、OneCorner、TwoCorner、FindWay 函数定义

```
406    // == == == == == == == == == 连通寻路算法开始 == == == == == == == =
407    //横向寻路:a,b 代表两个卡片,判断能否水平直连
408    public function Horizon(a:FruitCard,b:FruitCard) : Boolean {
409        if (a.row == b.row && a.col != b.col) {
410            var xStart:int = Math.min(a.col,b.col);      //取 a、b 中较小的 col 值
411            var xEnd:int = Math.max(a.col,b.col);        //取 a、b 中较大的 col 值
412            //判断 a,b 之间是否存在水平通路
413            for (var i:int = xStart + 1; i < xEnd; i++) {
414                if (map[a.row][i] != 0)
415                    return false;
416            } //end for
417            AddLightning(a,b);
418            return true;                                  //存在通路
419        } //end if
420        return false;                                     //其他情况返回 false
421    } //end Horizon
422
423    //纵向寻路:a,b 代表两个卡片,判断能否垂直直连
424    public function Vertical(a:FruitCard,b:FruitCard) : Boolean {
425        if (a.col == b.col && a.row != b.row) {
426            var yStart:int = Math.min(a.row,b.row);      //取 a、b 中较小的 row 值
427            var yEnd:int = Math.max(a.row,b.row);        //取 a、b 中较大的 row 值
428            //判断 a,b 之间是否存在垂直通路
429            for (var i:int = yStart + 1; i < yEnd; i++) {
430                if (map[i][a.col] != 0)
431                    return false;
432            } //end for
433            AddLightning(a,b);
434            return true;                                  //存在通路
435        } //end if
436        return false;                                     //其他情况返回 false
437    } //end Vertical
438
```

```
439    //一个拐角的寻路：a、b代表两个卡片
440    //考虑a、b间存在一个拐角的情况,转化为横向和纵向问题解决
441    public function OneCorner(a:FruitCard,b:FruitCard) : Boolean {
442        //假定可能存在拐角的两个关键点c和d处,分别存在两张卡片c和d
443        //不妨假定c卡片与a在同一列,与b在同一行,d卡片与a在同一行,与b在同一列
444        //判断c点是否成立
445        if (map[b.row][a.col] == 0) {
446            var c:FruitCard = new Fruit();          //c卡片：与a在同一列,与b在同一行
447            c.row = b.row;
448            c.col = a.col;
449            c.scaleX = gameLevel[level-1].scale;
450            c.scaleY = gameLevel[level-1].scale;
451            c.x = gameLevel[level-1].left + c.col * c.width;
452            c.y = gameLevel[level-1].top + c.row * c.height;
453            c.pos.x = c.x;                          //记录卡片行列坐标
454            c.pos.y = c.y;
455            c.name = c.row + "," + c.col;
456            if ( Horizon(b,c) && Vertical(a,c)) {   //c成立
457                c = null;
458                return true;
459            } //end if
460            //c不成立
461            c = null;
462            ClearLines();
463        } //end if map
464        //判断d点是否成立
465        if (map[a.row][b.col] == 0) {
466            var d:FruitCard = new Fruit();          //d卡片：与a在同一行,与b在同一列
467            d.row = a.row;
468            d.col = b.col;
469            d.scaleX = gameLevel[level-1].scale;
470            d.scaleY = gameLevel[level-1].scale;
471            d.x = gameLevel[level-1].left + d.col * d.width;
472            d.y = gameLevel[level-1].top + d.row * d.height;
473            d.pos.x = d.x;                          //记录卡片行列坐标
474            d.pos.y = d.y;
475            d.name = d.row + "," + d.col;
476            if ( Horizon(a,d) && Vertical(b,d))  {  //d成立
477                d = null;
478                return true;
479            } //end if
480            //d不成立
481            d = null;
482            ClearLines();
483        } //end if map
484        return false;                               //其他情况返回false
485    } //OneCorner
486
487    //两个拐角的寻路：a、b代表两个卡片
488    //算法分4个阶段：
489    //第一阶段：从a向左,检查一个拐角情况
```

```
490    //第二阶段:从 a 向右,检查一个拐角情况
491    //第三阶段:从 a 向上,检查一个拐角情况
492    //第四阶段:从 a 向下,检查一个拐角情况
493    public function TwoCorner(a:Fruit,b:Fruit) : Boolean {
494        var   startX:int = a.col;
495        var startY:int = a.row;
496        var a1:Fruit;
497        //从 a 点水平向左扫描
498        for (var i:int = startX - 1;i >= 0;i-- ) {
499            if (map[startY][i] == 0 ) {            //可以作为拐角,但须继续验证
500                a1 = new Fruit();
501                a1.row = startY;
502                a1.col = i;
503                a1.scaleX = gameLevel[level - 1].scale;
504                a1.scaleY = gameLevel[level - 1].scale;
505                a1.x = gameLevel[level - 1].left + a1.col * a1.width;
506                a1.y = gameLevel[level - 1].top + a1.row * a1.height;
507                a1.pos.x = a1.x;                   //记录卡片行列坐标
508                a1.pos.y = a1.y;
509                a1.name = a1.row + "," + a1.col;
510                if (OneCorner(a1,b)) {             //a1 与 b 存在一个拐角连接
511                    AddLightning(a,a1);            //把 a 与 a1 连接起来
512                    a1 = null;
513                    return true;                   //存在通路
514                } //end if
515                a1 = null;
516            } else {                               //检测遇到障碍,没必要继续检测,跳出循环
517                break;
518            }//end if
519        } //enf for
520        //从 a 点水平向右扫描
521        for (i = startX + 1;i < gameLevel[level - 1].col + 2;i++) {
522            if (map[startY][i] == 0 ) {            //可以作为拐角,但须继续验证
523                a1 = new Fruit();
524                a1.row = startY;
525                a1.col = i;
526                a1.scaleX = gameLevel[level - 1].scale;
527                a1.scaleY = gameLevel[level - 1].scale;
528                a1.x = gameLevel[level - 1].left + a1.col * a1.width;
529                a1.y = gameLevel[level - 1].top + a1.row * a1.height;
530                a1.pos.x = a1.x;                   //记录卡片行列坐标
531                a1.pos.y = a1.y;
532                a1.name = a1.row + "," + a1.col;
533                if (OneCorner(a1,b))   {           //a1 与 b 存在一个拐角连接
534                    AddLightning(a,a1);            //把 a 与 a1 连接起来
535                    a1 = null;
536                    return true;                   //存在通路
537                } //end if
538                a1 = null;
539            } else {                               //检测遇到障碍,没必要继续检测,跳出循环
540                break;
```

```
541            }//end if
542        } //enf for
543        //从a点垂直向上扫描
544        for (i = startY - 1;i >= 0;i-- ) {
545            if (map[i][startX] == 0 ) {              //可以作为拐角,但须继续验证
546                a1 = new Fruit();
547                a1.row = i;
548                a1.col = startX;
549                a1.scaleX = gameLevel[level - 1].scale;
550                a1.scaleY = gameLevel[level - 1].scale;
551                a1.x = gameLevel[level - 1].left + a1.col * a1.width;
552                a1.y = gameLevel[level - 1].top + a1.row * a1.height;
553                a1.pos.x = a1.x;                     //记录卡片行列坐标
554                a1.pos.y = a1.y;
555                a1.name = a1.row + "," + a1.col;
556                if (OneCorner(a1,b)) {               //a1与b存在一个拐角连接
557                    AddLightning(a,a1);              //把a与a1连接起来
558                    a1 = null;
559                    return true;                     //存在通路
560                } //end if
561                a1 = null;
562            } else {                                 //检测遇到障碍,没必要继续检测,跳出循环
563                break;
564            }//end if
565        } //enf for
566        //从a点垂直向下扫描
567        for (i = startY + 1;i < gameLevel[level - 1].row + 2;i++) {
568            if (map[i][startX] == 0 ) {              //可以作为拐角,但须继续验证
569                a1 = new Fruit();
570                a1.row = i;
571                a1.col = startX;
572                a1.scaleX = gameLevel[level - 1].scale;
573                a1.scaleY = gameLevel[level - 1].scale;
574                a1.x = gameLevel[level - 1].left + a1.col * a1.width;
575                a1.y = gameLevel[level - 1].top + a1.row * a1.height;
576                a1.pos.x = a1.x;                     //记录卡片行列坐标
577                a1.pos.y = a1.y;
578                a1.name = a1.row + "," + a1.col;
579                if (OneCorner(a1,b)) {               //a1与b存在一个拐角连接
580                    AddLightning(a,a1);              //把a与a1连接起来
581                    a1 = null;
582                    return true;                     //存在通路
583                } //end if
584                a1 = null;
585            } else {                                 //检测遇到障碍,没必要继续检测,跳出循环
586                break;
587            }//end if
588        } //enf for
589        return false;                                //其他情况返回false
590    } //TwoCorner
591
```

```
592     //a、b 两点间寻路总函数
593     public function FindWay(a:Fruit,b:Fruit) : Boolean {
594         if (a.row == b.row && Horizon(a,b))  {         //同一行直连
595             gameScore += 100;
596             return true;
597         } //end if
598         if (a.col == b.col && Vertical(a,b))  {        //同一列直连
599             gameScore += 100;
600             return true;
601         } //end if
602         if (OneCorner(a,b))  {                         //通过一个拐角连通
603             gameScore += 200;
604             return true;
605         } //end if
606         if (TwoCorner(a,b))  {                         //通过两个拐角连通
607             gameScore += 400;
608             return true;
609         } //end if
610         return false;                                   //不存在通路
611     } //end FindWay
612     // == == == == == == == == == == 连通寻路算法结束 == == == == == == == =
```

程序提示如下。

(1) 408～421 行,水平方向直连判断函数 Horizon。

(2) 424～437 行,垂直方向直连判断函数 Vertical。

(3) 441～485 行,经过一个拐角(两条线段)连通的判断函数 OneCorner。该函数根据 a、b 点的坐标,设定两个假想的 c 点和 d 点作为拐角,然后调用 Horizon 和 Vertical 实现连通性判断。

(4) 487～590 行,经过两个拐角(3 条线段)连通的判断函数 TwoCorner。该函数在前面 3 个函数的基础上实现。

(5) 592～611 行,FindWay 函数实现 a、b 两点间各种情况的寻路判断。找到一条通路后即返回,并根据通路增加得分。

7.13.12 公共函数部分

游戏页面用到的一些功能性小函数的设计与实现,如程序 7.17 所示。

程序 7.17: GameMain 类与游戏进行页面相关的一些公共函数定义
```
613     // == == == == == == == == == == 公共函数 == == == == == == == == == ==
614     //生成指定范围的随机数
615     public function NewRandom(low:uint,high:uint) :uint {
616         var rnd:uint = Math.floor(Math.random() * (high - low + 1)) + low;
617         return rnd;
618     } //end NewRandom
619     //删除指定卡片
620     public function DeleteFruit(fruit:Fruit) {
621         for (var i:int = 0;i < aFruits.length;i++) {
622             if (fruit == aFruits[i])
```

```
623              aFruits.splice(i,1);
624          } //end for
625      } //end DeleteFruit
626      //产生爆炸效果
627      public function AddExploding(p:Point) {
628          var explode:MovieClip = new Exploder();
629          playPage.mcContainer.addChild(explode);
630          aExplodes.push(explode);
631          explode.scaleX = 0.8;
632          explode.scaleY = 0.8;
633          explode.x = p.x;
634          explode.y = p.y;
635          explode.gotoAndPlay(1);
636      } //end AddExploding
637      //清除爆炸效果
638      public function ClearExplodings() {
639          for (var i:int = aExplodes.length-1;i>=0;i--) {
640              var mcTemp:MovieClip = aExplodes[i];
641              if (mcTemp.currentFrame>=16) {
642                  mcTemp.parent.removeChild(mcTemp);
643                  aExplodes.splice(i,1);
644              } //end if
645          } //end for
646      } //end ClearExplodings()
647      //清空卡片阵列
648      public function ClearFruitCards()  {
649          for (var i:int = aFruits.length-1;i>=0;i--) {
650              aFruits[i].parent.removeChild(aFruits[i]);
651              aFruits[i].removeEventListener(MouseEvent.CLICK,CardClick);
652              aFruits[i] = null;
653              aFruits.splice(i,1);
654          } //end for
655      } //end ClearFruitCards
656      //更新信息提示
657      public function UpdateData() {
658          playPage.txtTime.text = leftTime.toString();
659          playPage.txtLevel.text = level.toString();
660          playPage.txtScore.text = gameScore.toString();
661      } //end UpdateData
662      //判断闪电连线是否已添加
663      public function HaveLightning(first:FruitCard,second:FruitCard)   :Boolean {
664          var str:String = first.name + "/" + second.name;
665          for (var i:int = 0;i<aLines.length;i++) {
666              if (str == aLines[i].name)
667                  return true;
668          } //end for
669          return false;
670      } //end HaveLightning
671      // 添加闪电连线效果
672      public function AddLightning(first:FruitCard,second:FruitCard) {
673          if (HaveLightning(first,second))   return;
```

```
674     var newLine:MovieClip = new Lightning();        //闪电线条
675     var dis:Number = Point.distance(first.pos,second.pos);
676     newLine.width = dis;
677     newLine.height = 8;
678     newLine.name = first.name + "/" + second.name;
679     newLine.mcLight.gotoAndStop(1);
680     playPage.mcContainer.addChild(newLine);
681     aLines.push(newLine);
682     if (first.row == second.row) {                  //两张卡片同一行
683         if (first.col < second.col) {
684             newLine.x = first.pos.x;
685             newLine.y = first.pos.y;
686         } else {
687             newLine.x = second.pos.x;
688             newLine.y = second.pos.y;
689         } //end if
690     } else if (first.col == second.col) {           //两张卡片同一列
691         newLine.rotation = 90;
692         if (first.row < second.row) {
693             newLine.x = first.pos.x;
694             newLine.y = first.pos.y;
695         } else {
696             newLine.x = second.pos.x;
697             newLine.y = second.pos.y;
698         } //end if
699     } //end if
700     newLine.mcLight.play();
701 } //end AddLightning
702 //清除线条
703 public function ClearLines() {
704     for (var i:int = aLines.length-1;i>=0;i--) {
705         aLines[i].parent.removeChild(aLines[i]);
706         aLines.splice(i,1);
707     } //end for
708 } //end ClearLines
709 //禁用按钮
710 public function ForbiddonButtons() {
711     playPage.btnReset.removeEventListener(MouseEvent.CLICK,ResetCards);
712     playPage.btnHelp.removeEventListener(MouseEvent.CLICK,GoHelp);
713     playPage.btnPause.removeEventListener(MouseEvent.CLICK,GoPause);
714     playPage.btnReset.mouseEnabled = false;
715     playPage.btnReset.alpha = 0.4;
716     playPage.btnHelp.mouseEnabled = false;
717     playPage.btnHelp.alpha = 0.4;
718     playPage.btnPause.mouseEnabled = false;
719     playPage.btnPause.alpha = 0.4;
720 } //end ForbiddonButtons
721 //启用按钮
722 public function EnabledButtons() {
723     playPage.btnReset.addEventListener(MouseEvent.CLICK,ResetCards);
724     playPage.btnHelp.addEventListener(MouseEvent.CLICK,GoHelp);
```

```
725        playPage.btnPause.addEventListener(MouseEvent.CLICK,GoPause);
726        playPage.btnReset.mouseEnabled = true;
727        playPage.btnReset.alpha = 1;
728        playPage.btnHelp.mouseEnabled = true;
729        playPage.btnHelp.alpha = 1;
730        playPage.btnPause.mouseEnabled = true;
731        playPage.btnPause.alpha = 1;
732     } //end EnabledButtons
733     //== == == == == == == == == ==公共函数== == == == == == == == == ==
```

7.14 闯关成功页面

闯关成功后,弹出的闯关成功页面上包含"下一关"按钮,其事件响应函数的设计与实现如程序 7.18 所示。

程序 7.18: GameMain 类的 GoNextLevel 函数定义

```
734     //进入下一关
735     public function GoNextLevel(evt:MouseEvent) {
736        winPage.btnNext.removeEventListener(MouseEvent.CLICK,GoNextLevel);
737        playPage.removeChild(winPage);
738        winPage = null;
739        level = level % 25 + 1;                    //指定游戏级别
740        NewGrid(level);                            //游戏面板初始化
741        leftTime = levelTime[level - 1];
742        bPause = false;
743        frameNum = 0;                              //帧计数
744        firstFruit = null;
745        secondFruit = null;
746        UpdateData();
747        EnabledButtons();
748     } //end GoNextLevel
```

程序提示如下。

(1) 736~738 行,移除过渡页面。

(2) 739~741 行,初始化并显示下一关。

7.15 闯关失败页面

闯关失败后,弹出的闯关失败页面上包含"重来吧"按钮,其事件响应函数的设计与实现如程序 7.19 所示。

程序 7.19: GameMain 类的 LostLevel 、TryAgain 函数定义

```
749 . //闯关失败
750    public function LostLevel() {
```

```
751        ForbiddonButtons();
752        ClearFruitCards();
753        ClearLines();
754        aFruits = [];
755        afruitId = [];
756        aExplodes = [];
757        aLines = [];
758        lostPage = new LostPage();
759        playPage.addChild(lostPage);
760        lostPage.btnAgain.addEventListener(MouseEvent.CLICK,TryAgain);
761        SoundManager.PlaySpecialSound(AgainSound);    //再试一次
762    } //end LostLevel
763    //再试一次
764    public function TryAgain(evt:MouseEvent) {
765        lostPage.btnAgain.removeEventListener(MouseEvent.CLICK,TryAgain);
766        playPage.removeChild(lostPage);
767        lostPage = null;
768        //游戏面板初始化
769        NewGrid(level);
770        leftTime = levelTime[level - 1];
771        bPause = false;
772        frameNum = 0;
773        firstFruit = null;
774        secondFruit = null;
775        UpdateData();
776        EnabledButtons();
777    } //end TryAgain
```

7.16 全部通关成功页面

全部通关成功后，弹出的成功页面上包含"你是最棒的"按钮，其事件响应函数的设计与实现如程序 7.20 所示。

程序 7.20：GameMain 类的 GoRestart 函数定义

```
778        //全部从头再来
779        public function GoRestart(evt:MouseEvent) {
780            winAllPage.btnRestart.removeEventListener(MouseEvent.CLICK,GoRestart);
781            playPage.removeChild(winAllPage);
782            playPage.parent.removeChild(playPage);
783            winAllPage = null;
784            playPage = null;
785            startPage = new StartPage();
786            stage.addChild(startPage);        //重新加载首页
787            startPage.x = stage.width/2;
```

```
788                 startPage.y = stage.height/2;
789                 startPage.btnStart.addEventListener(MouseEvent.CLICK,StartGame);
790             } //end GoRestart
791         } //end class GameMain
792     } //end package
```

7.17　游戏模拟测试

因为游戏试玩过程中有"重置"(重新洗牌)这个功能,所以不用担心碰到"死局"无法进行下去的情况。对于复杂的排列,还可以借助"提示"功能帮助找到连通的卡片配对。所以,即使进行25关的全程测试,也不会太难。不过,这里仍要提供针对各种情况的模拟测试方法,这样有助于程序的快速调试,以及进行探究性学习。

(1) 对于任意一关的测试,不必从第1关开始测起,只要将程序7.6中123行的level=1修改为"leve=关卡号"即可随机测试各个关卡。例如,将123行语句修改为"level=16;"运行游戏程序,单击"开始游戏"按钮后,游戏进行页面直接给出了第16关的画面,如图7.11所示。

图7.11　直接进入第16关进行测试

(2) 如果需要立即对全部通关页面进行测试,可以将123行level的值修改为25。图7.12给出了全部通关后的测试画面。

(3) 单击图7.12中"你是最棒的"按钮后,又会转入图7.1所示的开始界面,在开始界面单击"开始游戏"按钮后,又会直接进入第25关,可以反复进行模拟测试。

图 7.12 全部通关画面

7.18 小结

"连连看"游戏编码达到了 800 行！相当于中篇小说的长度。对于初学者来说，短时间内学通和掌握此等规模的游戏设计，无疑关山重重。

本章从"连连看"游戏的试玩体验开始，介绍了素材导入与元件创建、游戏状态页面及整体界面设计，最后实现了逻辑设计与编程。游戏整体逻辑由 FruitCard、SoundManager、GameMain 这 3 个类实现。GameMain 是游戏的主类，在关卡设计、捕捉玩家两次单击卡片、连通寻路算法、游戏状态判断等方面包含了很多的游戏编程技巧；在消除连通的卡片时，添加了连线和卡片消除的动画效果。

本章游戏设计为读者提供了思考的源泉和很好的范本，值得用心揣摩。"看水果学单词"、"2048"、"连连看"，这些游戏一路走来，每个都像游戏皇冠上的明珠，熠熠生辉，等待着你去学习，去发现。选择游戏设计，不可以不弘毅。

7.19 习题

1. "连连看"游戏里的水果卡片是如何组织的？又是如何随机抽取的？
2. 简述"连连看"游戏里所有的按钮设计。
3. "连连看"游戏里所有的声音是如何播放的？找出所有的播放语句进行比较。
4. "连连看"游戏包含了哪些状态页面？在设计上有什么不同？这些页面之间相互转换的逻辑顺序是什么？

5. "连连看"游戏定义了 25 个关卡,这些关卡的配置参数有哪些?表示关卡的变量有哪些?

6. 水果卡片类 FruitCard 与库中的剪辑 Fruit 是什么关系?二者是如何联系起来的?

7. 画出程序 7.7 中 NewGrid 函数的流程图。

8. 画出程序 7.8 中 CardClick 函数的流程图。这个函数的调用机制是如何实现的?

9. 画出程序 7.9 中 MatchHandling 函数的流程图。这个函数调用了哪些子函数?

10. 简述程序 7.10 中 FrameHandler 函数的流程图。这个函数是如何触发和执行的?

11. 画出程序 7.11 重新洗牌函数 ResetCards 的流程图。

12. 画出程序 7.15 中 FindMatch 函数和 ConnectionTest 函数的流程图。

13. 分别画出程序 7.16 中 Horizon、Vertical、OneCorner、TwoCorner 和 FindWay 这 5 个函数的流程图。找出这些函数的内在联系。比较 FindMatch 函数和 FindWay 函数的不同。

14. 按照表 7.3 的格式理顺游戏中所有事件的逻辑关系。

表 7.3 "水果连连看"游戏事件一览表

语句行	侦听对象	侦听事件	事件处理函数
193 行	card	MouseEvent.CLICK	CardClick
…	…	…	…

15. "连连看"游戏中卡片的随机排列是如何实现的?重新洗牌是如何实现的?

16. map、afruitId、aFruits 这 3 个数组存放的内容有什么不同,三者有何联系?

17. 重新设计"连连看"游戏的得分规则,适当降低通过"提示"按钮找到连通卡片的分值,如何实现?

18. OneCorner 函数中的 c 点和 d 点是如何计算出来的?

19. 重新设计和定义游戏关卡时,只需改动哪几个数组的定义?如果为游戏增加第 26 关,需要修改哪几个数组的定义?

20. 列出所有需要继续解决的问题,带着这些问题勇往直前。

第8章 "五子棋"游戏完整版

"五子棋"是一种博弈类策略型棋类游戏,是多数人从孩提时代就接触和熟悉的经典益智类游戏项目,认知度颇高。本章设计的"五子棋"游戏,集娱乐与学习功能于一体,不但实现了人机对弈的基本功能,而且实现了双人对弈模式的棋局复盘、保存和打谱等高级功能。

8.1 游戏试玩与体验

对于本游戏的学习,最好的策略仍然是从游戏的试玩中开始。打开本章文件夹chapter8,运行FiveChess.swf程序,"五子棋"游戏界面如图8.1所示。界面的构成主要包括棋盘和按钮操作面板两个部分。操作面板又分对弈面板和棋局复盘面板两个功能区。

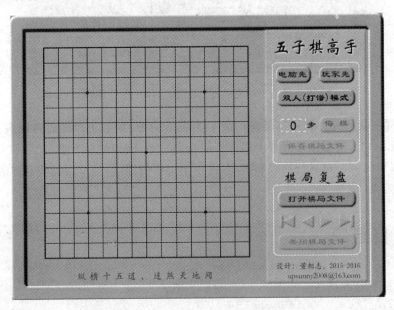

图8.1 "五子棋"游戏界面

下面对游戏基本功能做个初步探索。

(1) 单击"电脑先"按钮,人机对弈开始。电脑会首先在天元处落子。试试看,要想在后手的情况下赢得电脑,可不是件容易事。本游戏电脑落子速度极快,电脑在博弈中展现了较强的计算力。为了醒目,在刚下过的棋子上加注了一个鲜亮的光标提示。

玩家落子后,悔棋功能才可用。操作面板上有一个显示当前步数的提示框,可以从当前棋局一直悔棋到开局。

落子有配音。无论哪一方获胜,都有弹出的对话框提示,且对话框也有配音。这些简短的音乐增强了游戏的感染力。

(2) 玩家先行的模式与电脑先行的基本功能是类似的,唯一区别是,玩家先行模式下由玩家先手行棋。

(3) 双人打谱模式与前两种模式不同,这个功能主要用于棋局研究和学习,所以对弈双方的每一手棋都会自动标上序号。图8.2是用本游戏软件录入的2015年五子棋全国公开赛上两位棋手的精彩对局。

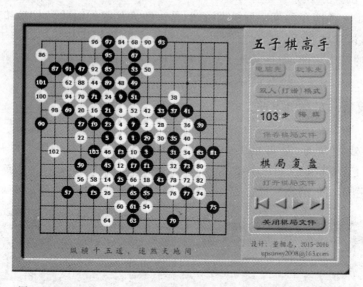

图8.2　2015年五子棋全国公开赛精彩对局(黑方103手后和棋)

(4) 棋局复盘研究。利用打谱模式录入棋局,保存棋局后,可以随时再回头打开棋局文件,进行复盘研究。复盘操作面板上提供了回到第一手、转到最后一手、上一手、下一手的操作按钮,可以对每一手棋进行回顾和推演,或用于讲棋的课堂,能够得到非常好的学习、交流和教学示范效果。

8.2　项目组织

打开chapter8文件夹。如图8.3所示,图中展示了"五子棋"游戏的项目组织结构。

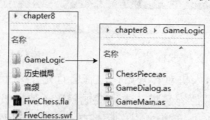

图8.3　"五子棋"游戏的项目组织

FiveChess.fla 是游戏设计的主文件，FiveChess.swf 是编译后的可运行程序。音频文件夹中存放了 4 个短小的音频文件，分别表示玩家获胜、电脑获胜、落子和弹出对话框的配音。历史棋局文件夹是用本游戏程序制作的历史棋局棋谱，随时可以再打开进行复盘研究。

GameLogic 文件夹包含了 ChessPiece.as、GameDialog.as、GameMain.as 3 个类文件，分别对应棋子类、对话框类、游戏主类的功能和逻辑设计。

8.3 游戏界面元素设计

本游戏除了 4 个配音文件需要作为素材导入以外，不需要任何其他图片类素材。也就是说，你看到的所有可视元素，都是在 Flash 中利用基本绘图功能完成的。接下来，让我们首先打开 FiveChess.fla 文件，对棋盘规划与布局做个全面了解。

8.3.1 库元件设计

库中所有元件如表 8.1 所示。

表 8.1 库中元件一览表

所在文件夹	元件名称	导出类名	功能描述
声音	DialogSound.mp3	DialogSound	对话框配音
	PlayerLostSound.mp3	PlayerLostSound	玩家输棋配音
	PlayerWinSound.mp3	PlayerWinSound	玩家赢棋配音
	PutPieceSound.mp3	PutPieceSound	落子配音
棋子	BlackPiece	BlackPiece	黑子剪辑
	WhitePiece	WhitePiece	白子剪辑
对话框	圆角矩形		对话框的外矩形
	矩形		对话框的内矩形
	关闭按钮		关闭对话框按钮
	BlackWinDialog	BlackWinDialog	黑方胜对话框
	WhiteWinDialog	WhiteWinDialog	白方胜对话框
	DrawDialog	DrawDialog	和棋对话框
	BadFileDialog	BadFileDialog	棋局文件损坏对话框
按钮	ComputerFirstButton		电脑先行按钮
	PlayerFirstButton		玩家先行按钮
	TwoPersonButton		双人打谱模式按钮
	BackButton		悔棋按钮
	FrontButton		上一手按钮
	NextButton		下一手按钮
	HeadButton		棋局头手棋
	LastButton		棋局末手棋
	OpenChessButton		打开棋局文件
	SaveChessButton		保存棋局文件
	CloseChessButton		关闭棋局文件

续表

所在文件夹	元件名称	导出类名	功能描述
棋盘	棋盘外框		棋盘的外粗框
	棋盘底面		棋盘地面背景
	棋盘网格		15×15 网格
	操作面板底色		操作面板衬底颜色
	五子棋标题		右上方标题

8.3.2 时间轴与舞台布局

时间轴与舞台布局如图 8.4 所示。

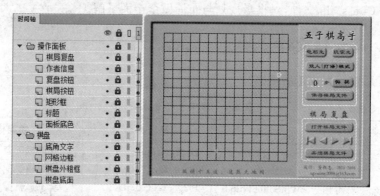

图 8.4 时间轴与舞台布局

8.3.3 棋子设计

黑白棋子都是通过简单的绘图功能完成的,如图 8.5 所示。棋子规格为：28×28 像素,注册点在棋子的几何中心。

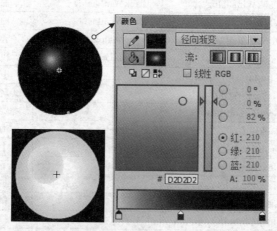

图 8.5 黑白棋子绘图设计

8.3.4 棋盘设计

棋盘是一个 15 行×15 列的正方形网格阵列,注册点在左上角,棋盘结构如图 8.6 所示。

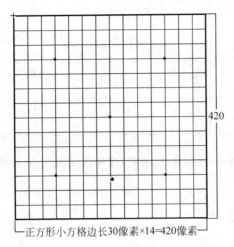

图 8.6 棋盘网格阵列规格设计

8.3.5 按钮设计

操作面板上包含 11 个按钮。按钮的设计方法都是一致的。按钮上包含 4 个帧。先绘制按钮的几何形状,然后对前 3 帧的颜色加以区分。每个按钮在舞台上布局时应用了滤镜效果,这样显得有立体感。表 8.2 是各个按钮对应的实例名称。这些名称都是后面主类设计要用到的对象名称,读者应该在阅读主程序之前尽量熟悉它们。

表 8.2 按钮实例名称表

按钮外观设计	按钮元件名称	实 例 名 称
电脑先	ComputerFirstButton	btnComputer
玩家先	PlayerFirstButton	btnPlayer
双人(打谱)模式	TwoPersonButton	btnTwoPlayer
悔 棋	BackButton	btnBack
◀	FrontButton	btnFront
▶	NextButton	btnNext
▮◀	HeadButton	btnHead

续表

按钮外观设计	按钮元件名称	实 例 名 称
▶|	LastButton	btnLast
打开棋局文件	OpenChessButton	btnOpenFile
保存棋局文件	SaveChessButton	btnSaveFile
关闭棋局文件	CloseChessButton	btnCloseFile
0 步		txtSteps

表 8.2 最后一行将文本框也归在了这里，这是为了便于读者统一了解这些元素的实例名称。

8.3.6　对话框设计

对话框的设计大同小异，以和棋对话框的设计为例，如图 8.7 所示。

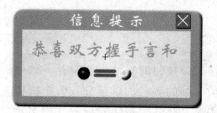

图 8.7　和棋对话框设计

图 8.7 右上角的"关闭"按钮对应的实例名称是 btnClose。其他部分都是图形和文本的静态设计。

8.4　棋子类设计

ChessPiece 类是黑白棋子的父类。查看库元件的设计时，可以看到黑白棋子的基类均指定为 GameLogic.ChessPiece。该类定义了棋子的光标闪烁功能以及向棋子标注编号的功能。

ChessPiece 类的定义如程序 8.1 所示。

程序 8.1：ChessPiece 类定义

```
01    package GameLogic {
02        import flash.display.MovieClip;
03        import flash.events.*;
04        import flash.text.TextField;
05        import flash.text.TextFieldAutoSize;
```

```
06      import flash.text.TextFormat;
07      import flash.text.TextFormatAlign;
08      /*
09          棋子类:ChessPiece
10          功能:黑白棋子的父类,定义棋了的闪烁及向棋子标注编号
11          设计:董相志
12          时间:2015.07.20
13      */
14      public class ChessPiece extends MovieClip {
15          public var playerDisplay:Boolean = false; //是否为玩家棋子
16          private var twinkleNum:uint = 0;           //棋子闪烁控制
17          public function ChessPiece() {
18              // 棋子出现时执行棋子闪烁函数
19              this.addEventListener(Event.ENTER_FRAME,TwinkleMovie);
20          } //end ChessPiece
21          //产生棋子闪烁动画
22          public function TwinkleMovie(evt:Event):void {
23              if (!playerDisplay) {                   //不是玩家棋子,则闪烁
24                  if (twinkleNum < 15) {              //开始闪烁
25                      this.alpha = (twinkleNum % 5)/5 + 0.2;
26                      twinkleNum++;
27                  } else                              //停止棋子闪烁动画
28                      this.removeEventListener(Event.ENTER_FRAME,TwinkleMovie);
29              } //end if (firstDisplay)
30          } //end TwinkleMove
31          //为棋子添加序号。number,序号; color,颜色
32          public function AddSerial(number:uint,color:uint){
33              var label = new TextField();
34              label.text = number.toString();
35              label.autoSize = TextFieldAutoSize.CENTER;
36              label.background = false;
37              label.border = false;
38              label.y = -10;
39              if (number < 10)
40                  label.x = -6;
41              else if (number < 100)
42                  label.x = -8;
43              else
44                  label.x = -12;
45              var newFormat:TextFormat = new TextFormat();
46              newFormat.font = "Verdana";
47              newFormat.color = color;
48              newFormat.bold = true;
49              newFormat.size = 12;
50              newFormat.align = TextFormatAlign.CENTER;
51              label.setTextFormat(newFormat);
52              addChild(label);
53          } //end  AddSerial
54      } // end public class ChessPiece
55  } //end package
```

程序提示如下。

(1) 22～30 行，为棋子添加一个 15 帧的闪烁动画效果。
(2) 32～53 行，AddSerial 函数为棋子添加编号。

8.5 对话框类设计

GameDialog 类是库中所有对话框元件父类，该类定义了对话框弹出时的动画效果。GameDialog 类定义如程序 8.2 所示。

程序 8.2：GameDialog 类定义
```
01  package GameLogic {
02      import flash.display.MovieClip;
03      import flash.events.*;
04  /*
05          对话框类：GameDialog
06          功能：黑白棋子对弈结果消息框的父类，弹出消息提示框
07          设计：董相志
08          时间：2015.07.20
09  */
10      public class GameDialog extends MovieClip {
11          private var popNum:uint = 0;              //弹出效果控制
12          public function GameDialog() {
13              this.scaleX = 0;
14              this.scaleY = 0;
15              // 对话框出现时执行弹出效果
16              this.addEventListener(Event.ENTER_FRAME,PopMovie);
17          } //end GameDialog
18          //产生弹出效果动画
19          public function PopMovie(evt:Event):void {
20              if (popNum < 20) {                    //开始动画
21                  this.scaleX += 0.05;
22                  this.scaleY += 0.05;
23                  popNum++;
24              } else                                //停止动画
25                  this.removeEventListener(Event.ENTER_FRAME,PopMovie);
26          } //end PopMovie
27      } //end class
28  } //end package
```

程序实现对话框逐渐放大的动画效果，时间长度为 20 帧。21～22 行将同时调整对话框 X 和 Y 方向的放大比例。

8.6 游戏主类常量与变量

游戏主类的常量与变量定义如程序 8.3 所示。

程序 8.3：GameMain 类常量与变量定义

```
001    package GameLogic {
002        import flash.display.Sprite;
003        import flash.display.*;
004        import flash.events.*;
005        import flash.net.FileFilter;
006        import flash.net.FileReference;
007        import flash.net.URLRequest;
008        import flash.utils.ByteArray;
009        import flash.ui.Mouse;
010        import flash.media.Sound;
011    /*
012           主类：GameMain
013           功能：实现游戏主体逻辑
014           设计：董相志
015           时间：2015.07.20
016    */
017        public class GameMain extends MovieClip {
018            //常量定义
019            private const gridNum:uint = 15;           //棋盘行列数为 15×15 阵列
020            private const gridSize:uint = 30;          //棋盘格宽度和高度
021            private const EMPTY:uint = 0;              //没有棋子为 0,黑子为 1,白子为 2
022            private const BLACK:uint = 1;
023            private const WHITE:uint = 2;
024
025            //变量定义
026            private var playerSide:uint;               //玩家一方棋子颜色
027            private var computerSide:uint;             //电脑一方棋子颜色
028            private var playerSide2:uint;              //双人模式时另一方棋子颜色
029            private var currentSide:uint;              //当前走棋方棋子颜色
030            private var gameStart:Boolean = false;     //游戏进行状态
031            private var mode:uint = 0;                 //0 表示人机对战模式,2 表示双人模式
032            private var currentOrder:uint = 0;         //当前棋子编号
033
034            private var aGridState:Array = [];         //记录盘面状态的数组
035            private var aChessPieces:Array = [];       //记录盘面上的棋子的数组
036
037            private var fileRef:FileReference;         //文件指针变量
038            private var aPieceExist:Array = [];        //存在棋子的位置集合
039
040            private var focusPoint:MovieClip = new MovieClip();        //棋子焦点
041            private var putPieceSnd:Sound = new PutPieceSound();       //落子声音
042            private var playerWinSnd:Sound = new PlayerWinSound();     //玩家赢棋声音
043            private var playerLostSnd:Sound = new PlayerLostSound();   //玩家输棋声音
044            private var dialogSnd:Sound = new DialogSound();           //对话框弹出声音
045            private var gameOverDlg:GameDialog;                        //消息框
046
047            //合理的 X 和 Y 坐标
048            private var rightXY: Array = [0, 30, 60, 90, 120, 150, 180, 210,
049                                  240, 270, 300, 330, 360, 390, 420];
050            //定义 9 种棋形的分值常量
051            public const STWO:int = 2;                 //眠二
```

```
052         public const FTWO:int = 4;              //假活二
053         public const STHREE:int = 5;            //眠三
054         public const TWO:int = 8;               //活二
055         public const SFOUR:int = 12;            //冲四
056         public const FTHREE:int = 15;           //假活三
057         public const THREE:int = 40;            //活三
058         public const FOUR:int = 90;             //活四
059         public const FIVE:int = 200;            //五连
060
061         private var aPlayer:Array = [];         //玩家棋形得分表
062         private var aComputer:Array = [];       //电脑棋形得分表
```

程序提示如下。

(1) 034 行,定义棋盘棋子分布数组 aGridState。

(2) 035 行,定义存储棋子对象的数组 aChessPieces。

(3) 038 行,aPieceExist 是 aGridState 的影子数组,但与 aGridState 不同,aPieceExist 用于棋局复盘时记录棋盘空白状态。

(4) 040 行,定义棋子焦点光标。

(5) 041～044 行,定义声音对象。

(6) 045 行,定义对话框对象。

(7) 048～049 行,定义棋格坐标位置数组,用于估算玩家实际落子坐标。

(8) 051～059 行,定义 9 个常量,表示不同棋形的得分值。

(9) 061 行,数组 aPlayer 定义玩家的棋形得分表,即存储玩家在棋盘上每一个棋格位置通过 GiveScore 评估后可以得到的分数。

(10) 062 行,数组 aComputer 定义电脑的棋形得分表,即存储电脑在棋盘上每一个棋格位置通过 GiveScore 评估后可以得到的分数。

8.7 游戏主类构造函数

游戏主类的构造函数是整个游戏程序的入口,其定义如程序 8.4 所示。

程序 8.4: GameMain 类构造函数 GameMain 的定义
```
063    //构造函数,程序入口
064    public function GameMain() {
065        btnComputer.addEventListener(MouseEvent.CLICK,ComputerFirst);    //电脑先行
066        btnPlayer.addEventListener(MouseEvent.CLICK,PlayerFirst);        //玩家先行
067        btnTwoPlayer.addEventListener(MouseEvent.CLICK,TwoPlayer);       //双人模式
068        btnBack.addEventListener(MouseEvent.CLICK,GoBackStep);           //回一步棋
069        mcChessGrid.addEventListener(MouseEvent.CLICK,PlayerPut);        //玩家落子
070        btnOpenFile.addEventListener(MouseEvent.CLICK,OpenFile);         //打开文件
071        btnSaveFile.addEventListener(MouseEvent.CLICK,SaveFile);         //保存文件
071        btnCloseFile.addEventListener(MouseEvent.CLICK,CloseFile);       //关闭文件
073        btnHead.addEventListener(MouseEvent.CLICK,GoHead);               //返回第 1 手棋
074        btnLast.addEventListener(MouseEvent.CLICK,GoLast);               //显示全部棋
075        btnNext.addEventListener(MouseEvent.CLICK,GoNext);               //显示下一手棋
076        btnFront.addEventListener(MouseEvent.CLICK,GoFront);             //显示上一手棋
```

```
077        ForbiddenButton();                                    //禁用按钮
078        ActivatedButton();                                    //激活按钮
079        AddFocusPoint();                                      //添加棋盘光标
080    } //end    GameMain
```

程序提示如下。

（1）这里注册了 12 个侦听器，完成了本游戏的状态调度与切换，是整个游戏的逻辑中枢。

（2）注意，069 行的侦听器不是针对按钮的，而是针对棋盘网格区域的。

（3）079 行，添加棋子光标，用于跟随并突出显示最后一手棋。

8.8 操作面板按钮事件函数

程序 8.4 中对棋盘网格和 11 个按钮共注册了 12 个鼠标单击事件侦听器，分别对应 12 个事件响应处理函数。这 12 个事件处理函数构成了整个游戏的逻辑切换中枢。

8.8.1 电脑先行事件函数

电脑先行事件响应函数定义如程序 8.5 所示。

程序 8.5：GameMain 类 ComputerFirst 函数定义
```
081    //电脑执黑先行,玩家执白后行
082    private function ComputerFirst(evt:MouseEvent):void {
083        mode = 0;
084        InitGridBoard();                                       //棋盘初始化
085        playerSide = WHITE;
086        computerSide = BLACK;
087        currentSide = computerSide;
088        gameStart = true;
089        ComputerPut(Math.floor(gridNum/2),Math.floor(gridNum/2));  //电脑首先在天元落子
090        currentSide = playerSide;                              //当前走棋方转到玩家
091        ForbiddenButton();
092        focusPoint.visible = true;
093    } //end ComputerFirst
```

程序提示如下。

（1）084 行，棋盘初始化 InitGridBoard 函数将在本章末尾公共函数部分介绍，它主要用于清空盘面棋子对象，初始化与棋子状态相关的数组。

（2）089 行，限定电脑第 1 手棋在天元处落子。电脑落子函数是 ComputerPut，这个函数只负责向棋盘添加新棋子，并不负责寻找最优落子位置。

8.8.2 玩家先行事件函数

玩家先行事件响应函数定义如程序 8.6 所示。

程序 8.6：GameMain 类 PlayerFirst 函数定义
```
094    //玩家执黑先行,电脑执白后行
```

```
095    private function PlayerFirst(evt:MouseEvent):void {
096        mode = 0;
097        InitGridBoard();                                //棋盘初始化
098        playerSide = BLACK;
099        computerSide = WHITE;
100        currentSide = playerSide;
101        gameStart = true;
102        ForbiddenButton();
103    } //end PlayerFirst
```

与电脑先行的初始化工作类似,只不过玩家先行时,对玩家第 1 手棋的落子位置没有限定。

8.8.3 双人模式事件函数

双人模式事件响应函数定义如程序 8.7 所示。

程序 8.7: GameMain 类 TwoPlayer 函数定义
```
104    //双人模式,playerSide 执黑先行,playerSide2 执白后行
105    private function TwoPlayer(evt:MouseEvent):void {
106        mode = 2;
107        InitGridBoard();                                //棋盘初始化
108        playerSide = BLACK;
109        playerSide2 = WHITE;
110        currentSide = playerSide;
111        gameStart = true;
112        ForbiddenButton();
113        btnSaveFile.mouseEnabled = true;
114        btnSaveFile.alpha = 1;
115    } //end TwoPlayer
```

8.8.4 悔棋事件函数

悔棋事件响应函数定义如程序 8.8 所示。

程序 8.8:GameMain 类 GoBackStep 函数定义
```
116    //悔一手棋
117    public function GoBackStep(evt:MouseEvent) : void {
118        var piece:ChessPiece;
119        if (currentOrder < 2)
120            return;
121        putPieceSnd.play(150);
122        //退一步
123        currentOrder -- ;
124        var px = aChessPieces[currentOrder].x/gridSize;
125        var py = aChessPieces[currentOrder].y/gridSize;
126        mcChessGrid.removeChild(aChessPieces[currentOrder]);
127        aChessPieces.pop();
128        aGridState[py][px] = EMPTY;
129        aPieceExist[py][px] = aGridState[py][px];
```

```
130        //再退一步
131        currentOrder--;
132        px = aChessPieces[currentOrder].x/gridSize;
133        py = aChessPieces[currentOrder].y/gridSize;
134        mcChessGrid.removeChild(aChessPieces[currentOrder]);
135        aChessPieces.pop();
136        aGridState[py][px] = EMPTY;
137        aPieceExist[py][px] = aGridState[py][px];
138        txtSteps.text = currentOrder.toString();
139        if (currentOrder > 0) {                              //移动棋子焦点
140            piece = aChessPieces[aChessPieces.length-1];
141            MoveFocus(piece.x, piece.y);
142            mcChessGrid.setChildIndex(focusPoint, mcChessGrid.numChildren-1);
143        }
144        else
145            focusPoint.visible = false;
146    } //end GoBackStep
```

程序提示如下。

(1) 119 行,只有落子步数超过 2 以后才可以悔棋。

(2) 122～138 行,每次悔棋要回两步。

8.8.5 打开棋局事件函数

打开棋局文件函数定义如程序 8.9 所示。

程序 8.9:GameMain 类打开棋局文件相关函数定义
```
147    //===== 文件操作相关函数 =====
148    //打开棋局文件
149    public function OpenFile(evt:MouseEvent):void {
150        openFile();
151    } //end OpenFile
152    public function openFile() : void   {
153        fileRef = new FileReference();
154        fileRef.addEventListener(Event.SELECT, onFileSelected);
155        var dataTypeFilter:FileFilter = new FileFilter("Data Files (*.dat)", "*.dat");
156        fileRef.browse([dataTypeFilter]);                    //"打开棋局文件"对话框
157    } //end openFile
158    public function onFileSelected(evt:Event):void  {
159        fileRef.addEventListener(Event.COMPLETE, onOpenComplete);
160        fileRef.load();
161    } //end onFileSelected
162    //读取棋局文件并显示
163    public function onOpenComplete(evt:Event) :void   {
164        fileRef.removeEventListener(Event.SELECT, onFileSelected);
165        fileRef.removeEventListener(Event.COMPLETE, onOpenComplete);
166        //显示棋局信息
167        var gridData:String = fileRef.data.toString();
168        var gridArray:Array = gridData.split("#");
169        var posArray:Array;
```

```
170     var piece:ChessPiece;
171     InitGridBoard();                                        //清空棋盘
172     for (var i:uint = 0;i < gridArray.length;i++) {
173         posArray = gridArray[i].split(",");
174         if (posArray[2] == BLACK) {                         //是黑子
185             piece = new BlackPiece();
176             piece.AddSerial(posArray[3],0xFFFFFF);
177             piece.x = posArray[0] * gridSize;
178             piece.y = posArray[1] * gridSize;
179             piece.playerDisplay = true;
180             aGridState[posArray[1]][posArray[0]] = BLACK;
181             aPieceExist[posArray[1]][posArray[0]] = BLACK;
182         } else if (posArray[2] == WHITE)  {                 //是白子
183             piece = new WhitePiece();
184             piece.AddSerial(posArray[3],0x000000);
185             piece.x = posArray[0] * gridSize;
186             piece.y = posArray[1] * gridSize;
187             piece.playerDisplay = true;
188             aGridState[posArray[1]][posArray[0]] = WHITE;
189             aPieceExist[posArray[1]][posArray[0]] = WHITE;
190         } else  {                                           //文件格式不正确
191             ClearAllPieces();
192             gameOverDlg = new BadFileDialog();
193             PopDialog();                                    //弹出消息框
194             return;
195         } //end if
196         aChessPieces.push(piece);
197         mcChessGrid.addChild(piece);
198     } //end for
199     currentOrder = aChessPieces.length;                     //文件打开时,当前棋子指向最后1颗
200     txtSteps.text = currentOrder.toString();
201     ForbiddenButton();
202     ActivatedRecoverButton();                               //启用"复盘"按钮
203     btnCloseFile.mouseEnabled = true;
204     btnCloseFile.alpha = 1;
205 } //end onOpenComplete
```

程序提示如下。

(1) 打开文件的操作借助 AS3 的 FileReference 类实现。

(2) 154 行、159 行侦听器表明打开文件操作需要处理文件选择事件 Event.SELECT 和文件打开完成事件 Event.COMPLETE。

(3) 167 行以字符串方式获取文件数据,168 行将数据拆分为一个个棋子信息。这里要与后面的棋局保存功能对照学习。在保存棋局时,规定了棋子信息的数据结构,所以打开文件时,要逆向提取数据。

(4) 167 行之后的编码主要用于处理棋子的显示。

(5) 156 行用于定义"打开棋局文件"对话框,效果如图 8.8 所示。

如图 8.8 所示,选择公开赛棋局后,单击"打开"按钮,打开棋局文件后的棋盘界面如 8.1 节中图 8.2 所示。然后可以用"复盘"按钮单步复盘。

图 8.8 "打开棋局文件"对话框

8.8.6 保存棋局事件函数

保存棋局文件函数定义如程序 8.10 所示。

程序 8.10：GameMain 类保存棋局文件相关函数定义
```
206    //保存棋局到文件事件处理函数
207    public function SaveFile(evt:MouseEvent) :void {
208        var gridData:String = "";
209        var px:uint,py:uint;
210        //保存棋子位置(x,y)、颜色及顺序号.不同数据项之间用","分隔,不同棋子之间用"♯"分隔
211        //例如：7,7,1,1♯11,3,2,2♯8,7,1,3♯2,1,2,4♯6,7,1,5♯2,12,2,6♯5,7,1,7♯12,12,2,8♯4,7,1,9
212        //表示(7,7),黑,1♯(11,3),白,2♯(8,7),黑,3♯(2,1),白,4♯(6,7),黑,5♯(2,12),白,6
213        //         ♯(5,7),黑,7♯(12,12),白,8♯(4,7),黑,9
214        for (var i:uint = 0;i < aChessPieces.length;i++) {
215            px = aChessPieces[i].x/gridSize;
216            py = aChessPieces[i].y/gridSize;
217            //构建棋子位置信息数据串
218            gridData += px + "," + py + "," + aGridState[py][px] + "," + (i + 1) + "♯";
219        } //end for
220        gridData = gridData.substr(0,gridData.length - 1);    //舍弃最后一个"♯"
221        saveFile(gridData);                                   //保存
222        ActivatedButton();
223        //禁用按钮
```

```
224     btnSaveFile.mouseEnabled = false;
225     btnSaveFile.alpha = 0.4;
226     btnBack.mouseEnabled = false;
227     btnBack.alpha = 0.4;
228     focusPoint.visible = false;
229  } //end SaveFile
230  //保存文件
231  public function saveFile(myData:String):void  {
232     fileRef = new FileReference();
233     fileRef.addEventListener(Event.SELECT, onSaveFileSelected);
234     fileRef.save(myData,"新棋局.dat");
235  } //end saveFile
236  public function onSaveFileSelected(evt:Event):void  {
237     fileRef.addEventListener(Event.COMPLETE, onSaveComplete);
238  } //end onSaveFileSelected
239  public function onSaveComplete(evt:Event):void  {
240     fileRef.removeEventListener(Event.SELECT, onSaveFileSelected);
241     fileRef.removeEventListener(Event.COMPLETE, onSaveComplete);
242     ClearAllPieces();
243  } //end onSaveComplete
```

程序提示如下。

(1) 文件保存功能与打开文件操作类似，都是借助 AS3 的 FileReference 类实现的。
(2) 保存文件需要处理的事件包括 Event.SELECT 和 Event.COMPLETE。
(3) 221 行，打开"保存棋局文件"对话框，指定文件保存位置和文件名，保存文件。
(4) 234 行，向文件中写入数据。

8.8.7 关闭棋局事件函数

关闭棋局函数定义如程序 8.11 所示。

程序 8.11: GameMain 类关闭棋局函数定义
```
244  //关闭棋局
245  public function CloseFile(evt:MouseEvent) :void {
246     ClearAllPieces() ;
247     ForbiddenButton();
248     ActivatedButton();
249  } //end CloseFile
250  // == == = 文件相关操作函数结束 == == =
```

8.8.8 转第 1 手棋事件函数

转第 1 手棋函数定义如程序 8.12 所示。

程序 8.12: GameMain 类转第 1 手棋函数定义
```
251  //返回第 1 手棋
252  public function GoHead(evt:MouseEvent) : void {
253     var px,py:uint;
254     if (currentOrder == 1)
```

```
255        return;
256    putPieceSnd.play(150);
257    for(var i:int = 1;i < aChessPieces.length;i++) {    //清空棋盘上所有棋子,第1手
                                                            //除外
258        px = aChessPieces[i].x/gridSize;
259        py = aChessPieces[i].y/gridSize;
260        if (aPieceExist[py][px]) {
261            mcChessGrid.removeChild(aChessPieces[i]);
262            aPieceExist[py][px] = EMPTY;
263        } //end if
264    } //end for
265    currentOrder = 1;
266    txtSteps.text = currentOrder.toString();
267 } //end GoHead
```

8.8.9 转末手棋事件函数

转末手棋函数定义如程序 8.13 所示。

程序 8.13:GameMain 类转末手棋函数定义
```
268 //从第1手棋直到最后一手棋依次显示
269 public function GoLast(evt:MouseEvent) : void {
270    var px,py:uint;
271    if (currentOrder == aChessPieces.length)
272        return;
273    putPieceSnd.play(150);
274    for(var i:int = 0;i < aChessPieces.length;i++) {    //清空棋盘
275        px = aChessPieces[i].x/gridSize;
276        py = aChessPieces[i].y/gridSize;
277        if (aPieceExist[py][px]) {
278            mcChessGrid.removeChild(aChessPieces[i]);
279            aPieceExist[py][px] = EMPTY;
280        } //end if
281    } //end for
282    for(i = 0;i < aChessPieces.length;i++) {            //显示全部棋子
283        mcChessGrid.addChild(aChessPieces[i]);
284        px = aChessPieces[i].x/gridSize;
285        py = aChessPieces[i].y/gridSize;
286        aPieceExist[py][px] = 1;                        //此处存在棋子
287    } //end for
288    currentOrder = aChessPieces.length;
289    txtSteps.text = currentOrder.toString();
290 } //end GoLast
```

8.8.10 转下一手棋事件函数

转下一手棋函数定义如程序 8.14 所示。

程序 8.14: GameMain 类转下一手棋函数定义
```
291 //返回下一手棋
```

```
292    public function GoNext(evt:MouseEvent) : void {
293        if (currentOrder == aChessPieces.length)
294            return;
295        putPieceSnd.play(150);
296        currentOrder++;
297        mcChessGrid.addChild(aChessPieces[currentOrder-1]);  //显示下一手棋
298        var px = aChessPieces[currentOrder-1].x/gridSize;
299        var py = aChessPieces[currentOrder-1].y/gridSize;
300        aPieceExist[py][px] = 1;
301        txtSteps.text = currentOrder.toString();
302    } //end GoNext
```

8.8.11 转上一手棋事件函数

转上一手棋函数定义如程序 8.15 所示。

程序 8.15：GameMain 类转上一手棋函数定义

```
303    //返回上一手棋
304    public function GoFront(evt:MouseEvent) : void {
305        if (currentOrder == 1)
306            return;
307        putPieceSnd.play(150);
308        currentOrder--;
209        mcChessGrid.removeChild(aChessPieces[currentOrder]);  //显示上一手棋
310        var px = aChessPieces[currentOrder].x/gridSize;
311        var py = aChessPieces[currentOrder].y/gridSize;
312        aPieceExist[py][px] = EMPTY;
313        txtSteps.text = currentOrder.toString();
314    } //end GoFront
```

8.9 玩家落子事件函数

玩家单击棋盘落子事件响应函数定义如程序 8.16 所示。

程序 8.16：GameMain 类玩家落子事件响应函数定义

```
315    //玩家落子方法
316    public function PlayerPut(evt:MouseEvent):void {
317        //处理玩家无效单击(棋局未开始、单击位置不在棋盘上)
318        if (!gameStart ||  evt.target.name != "mcChessGrid")
319            return;
320        //计算鼠标落在哪一格
321        var px:uint = NearX(evt.localX) / gridSize;
322        var py:uint = NearY(evt.localY) / gridSize;
323        //如果这一格已经有棋子就返回
324        if (aGridState[py][px])
325            return;
326        var piece:ChessPiece;                                    //棋子变量
327        focusPoint.visible = true;
```

```
328         putPieceSnd.play(150);
329         if (mode == 0) {                                    //人机模式
330             if (playerSide == currentSide) {
331                 if (playerSide == BLACK) {
332                     piece = new BlackPiece();
333                 } else {
334                     piece = new WhitePiece();
335                 } //end if
336                 piece.playerDisplay = true;                 //是玩家棋子,不闪烁
337                 aGridState[py][px] = playerSide;            //设置棋盘状态
338                 aPieceExist[py][px] = aGridState[py][px];
339                 piece.x = px * gridSize;
340                 piece.y = py * gridSize;
341                 aChessPieces.push(piece);
342                 mcChessGrid.addChild(piece);
343                 currentOrder++;
344                 txtSteps.text = currentOrder.toString();
345                 //玩家落子后可以开始悔棋
346                 btnBack.mouseEnabled = true;
347                 btnBack.alpha = 1;
348                 MoveFocus(piece.x, piece.y);
349                 mcChessGrid.setChildIndex(focusPoint, mcChessGrid.numChildren - 1);
350                 WinOrLost(px, py, playerSide);
351                 //轮到对方走棋(电脑一方)
352                 currentSide = computerSide;                 //当前走棋方转到电脑一方
353                 //通过局面评估寻找电脑最佳走法
354                 var searchPos:Array = CalculateState(computerSide);
355                 var cx:int = searchPos[0];
356                 var cy:int = searchPos[1];
357                 ComputerPut(cx, cy);
358             } //end if
359         } else {                                            //双人模式
360             currentOrder++;
361             txtSteps.text = currentOrder.toString();
362             if (currentOrder % 2) {
363                 piece = new BlackPiece();
364                 currentSide = playerSide;
365                 piece.AddSerial(currentOrder, 0xFFFFFF);
366             } else {
367                 piece = new WhitePiece();
368                 currentSide = playerSide2;
369                 piece.AddSerial(currentOrder, 0x000000);
370             } //end if
371             piece.playerDisplay = true;                     //是玩家棋子,不闪烁
372             aGridState[py][px] = currentSide;               //设置棋盘状态
373             aPieceExist[py][px] = aGridState[py][px];
374             piece.x = px * gridSize;
375             piece.y = py * gridSize;
376             aChessPieces.push(piece);
```

```
377        mcChessGrid.addChild(piece);
378        MoveFocus(piece.x,piece.y);
379        mcChessGrid.setChildIndex(focusPoint,mcChessGrid.numChildren-1);
380        if (currentOrder >= 2) {                        //可以开始悔棋
381            btnBack.mouseEnabled = true;
382            btnBack.alpha = 1;
383        } //end if
384        WinOrLost(px,py,currentSide);
385    } //end if (mode == 0)
386 } //end PlayerPut
```

程序提示如下。

(1) 321~322 行,寻找距离鼠标单击位置最近的棋格作为玩家落子位置。

(2) 329 行、359 行标志了两种游戏模式,分别为人机模式和双人模式。

(3) 354 行,人机模式时,电脑寻找最佳走法。

(4) 350 行、384 行,玩家行棋后,立即调用 WinOrLost 函数判断输赢状态。电脑行棋后的胜负判断在 357 行子函数 ComputerPut 内部完成。

8.10 电脑落子函数

电脑落子函数定义如程序 8.17 所示。

程序 8.17: GameMain 类电脑落子函数定义

```
387 //电脑落子方法
388 public function ComputerPut(cx:int,cy:int):void {
389    if (!gameStart || mode == 2)                    //游戏没有开始或者游戏模式为双人模式
390        return;
391    var piece:ChessPiece;
392    putPieceSnd.play(150);
393    if (computerSide == BLACK) {
394        piece = new BlackPiece();
395    } else {
396        piece = new WhitePiece();
397    }
398    piece.x = cx * gridSize;
399    piece.y = cy * gridSize;
400    aGridState[cy][cx] = computerSide;
401    aPieceExist[cy][cx] = aGridState[cy][cx];
402    aChessPieces.push(piece);
403    mcChessGrid.addChild(piece);
404    currentOrder++;
405    txtSteps.text = currentOrder.toString();
406    MoveFocus(piece.x,piece.y);
407    mcChessGrid.setChildIndex(focusPoint,mcChessGrid.numChildren-1);
408    WinOrLost(cx,cy,computerSide);
409    currentSide = playerSide;                       //当前走棋方转到玩家一方
```

```
410    } //end ComputerPut
```

8.11 游戏核心算法系列函数

电脑如何寻找最佳落子位置,是人机对弈的核心问题,其算法设计与实现由一系列函数构成,如程序 8.18 所示。

程序 8.18：GameMain 类寻找电脑落子位置系列函数定义
```
411    //评估棋盘上每一格的分值,返回得分最高的棋格坐标
412    public function CalculateState(side:uint):Array{
413        var i:int,j:int;
414        var otherside:int = WHITE + BLACK - side;
415        //填充电脑和玩家的棋形得分表
416        for (i = 0;i < gridNum;i++) {
417            for (j = 0;j < gridNum;j++) {
418                if (aGridState[i][j] != EMPTY) {              //有子的点估值为-1
419                    aComputer[i * gridNum + j] = {val:-1,x:j,y:i};
420                    aPlayer[i * gridNum + j] = {val:-1,x:j,y:i};
421                } else {                                       //对空位评分
422                    var v1 = GiveScore(aGridState,j,i,side);   //对电脑一方评分
423                    aComputer[i * gridNum + j] = {val:v1,x:j,y:i};
424                    var v2 = GiveScore(aGridState,j,i,otherside); //对玩家一方评分
425                    aPlayer[i * gridNum + j] = {val:v2,x:j,y:i};
426                } //end if
427            } //end for j
428        } //end for i
429        //取得分值最大的棋格
430        var maxC:Object = SortArray(aComputer);                //电脑得分最高的点
431        var maxP:Object = SortArray(aPlayer);                  //玩家得分最高的点
432        var apos:Array = [0,0];
433        //返回电脑和玩家得分最高的点作为电脑的落子点
434        if (maxC.val < maxP.val)
435            apos = [maxP.x,maxP.y];
436        else
437            apos = [maxC.x,maxC.y];
438        return apos;
439    }                                                          //end CalculateState
440
441    //对指定位置评分
442    private function GiveScore(arr:Array,xp:int,yp:int,side:int):int {
443        var s0:int = AnalysisLine(GetXLine(arr,xp,yp,side),side);
444        var s1:int = AnalysisLine(GetYLine(arr,xp,yp,side),side);
445        var s2:int = AnalysisLine(GetXYLine(arr,xp,yp,side),side);
446        var s3:int = AnalysisLine(GetYXLine(arr,xp,yp,side),side);
447        return (s0 + s1 + s2 + s3);
448    } //end GiveScore
449
450    // 水平方向"--",返回 side 方在指定位置左右两边 5 格以内的棋盘状态
```

```
451    private function GetXLine(aposition:Array,xp:int,yp:int,side:int):Array {
452        var arr:Array = [];
453        var xs:int,xe:int;
454        xs = ((xp - 5 > 0) ? (xp - 5) : 0);                              //确定水平起始位置
455        xe = ((xp + 5 >= gridNum) ? gridNum : (xp + 5));                 //确定水平结束位置
456        for (var i:int = xs;i <= xe;i++) {
457            if (i == xp)
458                arr.push(side);
459            else {
460                arr.push(aposition[yp][i]);
461            } //end if
462        } //end for
463        return arr;
464    } //end GetXLine
465
466    //垂直方向"|",返回side方在指定位置上下两边5格以内的棋盘状态
467    private function GetYLine(aposition:Array,xp:int,yp:int,side:int):Array {
468        var arr:Array = [];
469        var ys:int,ye:int;
470        ys = ((yp - 5 > 0) ? (yp - 5) : 0);                              //确定纵向起始位置
471        ye = ((yp + 5 >= gridNum) ? gridNum : (yp + 5));                 //确定纵向结束位置
472        for (var i:int = ys;i < ye;i++) {
473            if (i == yp)
474                arr.push(side);
475            else {
476                arr.push(aposition[i][xp]);
477            } //end if
478        } //end for
479        return arr;
480    } //end GetYLine
481
482    // 左上右下斜线方向"\",返回side方在指定位置左上右下两边5格以内的棋盘状态
483    private function GetXYLine(aposition:Array,xp:int,yp:int,side:int):Array {
484        var arr:Array = [];
485        var xs:int,ys:int,xe:int,ye:int;
486        //左上起始位置
487        xs = ((yp > xp) ? 0 : (xp - yp));
488        ys = ((xp > yp) ? 0 : (yp - xp));
489        //右下结束位置
490        xe = gridNum - ys;
491        ye = gridNum - xs;
492        var pos:int;
493        for (var i:int = 0;i<((xe-xs < ye-ys) ? (xe-xs) : (ye-ys));i++) {
494            if ((ys + i == yp) && (xs + i == xp)) {
495                arr.push(side);
496                pos = i;
497            } else {
498                arr.push(aposition[ys + i][ xs + i]);
499            } //end if
500        } //end for
501        arr = arr.slice(((pos - 4 > 0 )? (pos - 4) : 0),((pos + 5 > arr.length) ? arr.length :
```

```
            (pos + 5)));
502     return arr;
503 } //end GetXYLine
504
505 // 左下右卜斜线方向"/",返回 side 方在指定位置右上左下两边 5 格以内的状态
506 private function GetYXLine(aposition:Array,xp:int,yp:int,side:int):Array {
507     var arr:Array = [];
508     var xs:int,ys:int,xe:int,ye:int;
509     //起始位置
510     xs = ((xp + yp < gridNum) ? 0 : (xp + yp - gridNum + 1));
511     ys = xs;
512     //结束位置
513     xe = ((xp + yp >= gridNum) ? (gridNum - 1) : (xp + yp));
514     ye = xe;
515     var pos:int;
516     for (var i:int = 0;i<((xp + yp >= gridNum) ? 2 * gridNum - xp - yp - 1) : (xp + yp + 1));
            i++) {
517             if ((ye - i == yp) && (xs + i == xp)) {
518                 arr.push(side);
519                 pos = i;
520             } else
521                 arr.push(aposition[ye - i][ xs + i]);
522     } //end for
523     arr = arr.slice((pos - 4 > 0) ? (pos - 4) : 0),((pos + 5 > arr.length) ? arr.length : (pos
            + 5));
524     return arr;
525 } //end GetYXLine
526
527 //计算游戏一方在指定位置落子后某一方向可能取得的分值
528 private function AnalysisLine(aline:Array,side:int):int {
529     var otherside:int =  WHITE + BLACK - side;
530     //以下注释中 * 为本方棋子,o 为对方棋子,_ 为空格
531     // * * * * *
532     var five:String = (side * 11111).toString();
533     // _ * * * *
534     var four:String = "0" + (side * 1111).toString() + "0";
535     // _ * * * _
536     var three:String = "0" + (side * 111).toString() + "0";
537     // _ * * _
538     var two:String = "0" + (side * 11).toString() + "0";
539     // _ * _ * _
540     var jtwo:String = "0" + (side * 101).toString() + "0";
541     // * * * * _
542     var lfour:String = otherside.toString() + (side * 1111).toString() + "0";
543     // _ * * * *
544     var rfour:String = "0" + (side * 1111).toString() + otherside.toString();
545     // * _ * * *
546     var l_four:String = (side * 10111).toString();
547     // * * * _ *
548     var r_four:String = (side * 11101).toString();
549     // o * * * _
```

```
550     var lthree:String = otherside.toString() + (side * 111).toString() + "0";
551     // _ * * * o
552     var rthree:String = "0" + (side * 111).toString() + otherside.toString();
553     // o * * * _
554     var ltwo:String = otherside.toString() + (side * 11).toString() + "0";
555     // _ * * o
556     var rtwo:String = "0" + (side * 11).toString() + otherside.toString();
557     // * * * _o
558     var rfthree:String = (side * 111).toString() + "0" + otherside.toString();
559     // o _ * * *
560     var lfthree:String = otherside.toString() + "0" + (side * 111).toString();
561     var str:String = aline.join("");
562     var res:int;
563     if (str.indexOf(five)>=0) {
564         res = FIVE;
565         if (side == computerSide)
566             res *= 2;
567     } else if (str.indexOf(four)>=0)
568         res = FOUR;
569     else if (str.indexOf(three)>=0)
570         res = ((side!= playerSide) ? (THREE + 4) : THREE);
571     else if (str.indexOf(two)>=0 || str.indexOf(jtwo)>=0)
572         res = TWO;
573     else if (str.indexOf(lfour)>=0 || str.indexOf(rfour)>=0 ||
574         str.indexOf(l_four)>=0 || str.indexOf(r_four)>=0)
575         res = SFOUR;
576     else if (str.indexOf(lthree)>=0 || str.indexOf(rthree)>=0)
577         res = STHREE;
578     else if (str.indexOf(ltwo)>=0 || str.indexOf(rtwo)>=0)
579         res = STWO;
580     else if (str.indexOf(lfthree)>=0 || str.indexOf(rfthree)>=0)
581         res = FTHREE;
582     else
583         res = 0;
584     return res;
585 } // end AnalysisLine
586
587 //胜负判断
588 private function WinOrLost(xp:int,yp:int,side:int) {
589     var str:String = (side * 11111).toString();
590     var winnerSide:int = 0;
591     var str1:String = GetXLine(aGridState,xp,yp,side).join("");
592     var str2:String = GetYLine(aGridState,xp,yp,side).join("");
593     var str3:String = GetXYLine(aGridState,xp,yp,side).join("");
594     var str4:String = GetYXLine(aGridState,xp,yp,side).join("");
595     if (str1.indexOf(str)>-1 || str2.indexOf(str)>-1 || str3.indexOf(str)>-1 || str4.indexOf(str)>-1)
596         winnerSide = side;
597     if (winnerSide) {                                                    //有一方获胜
598         if (winnerSide == computerSide)
599             playerLostSnd.play();
```

```
600            else
601                playerWinSnd.play();
602            if (winnerSide == BLACK)
603                gameOverDlg = new BlackWinDialog();
604            else
605                gameOverDlg = new WhiteWinDialog();
606        } else if (GridIsFull()) {                    //出现和棋局面
607            playerWinSnd.play();
608            gameOverDlg = new DrawDialog();
609        } //end if winnerSide
610        if ( winnerSide || GridIsFull()) {
611            gameStart = false;
612            ActivatedButton();
613            mode = 0;
614            //不可以再悔棋
615            btnBack.mouseEnabled = false;
616            btnBack.alpha = 0.4;
617            //激活"保存棋局"按钮
618            btnSaveFile.mouseEnabled = true;
619            btnSaveFile.alpha = 1;
620            PopDialog();
621        } //end if ( winnerSide || GridIsFull())
622    } //end WinOrLost
```

程序提示如下。

（1）411～439 行，CalculateState 函数对黑白棋子双方的棋形做评估，返回二者得分最高的点作为电脑的落子点。调用 GiveScore 函数实现评分。

（2）442～448 行，GiveScore 函数，对指定位置评分。先计算指定位置水平、垂直和两个斜线共 4 个方向的单向得分，然后累加 4 个方向得分之和作为该位置的总分并返回。

（3）451～464 行，GetXLine 函数，获取 X 方向的棋形表。

（4）467～480 行，GetYLine 函数，获取 Y 方向的棋形表。

（5）483～503 行，GetXYLine 函数，获取左上右下斜线方向的棋形表。

（6）506～525 行，GetYXLine 函数，获取左下右上斜线方向的棋形表。

（7）528～585 行，AnalysisLine 函数，对指定方向的棋形表评分。评分依据 531～560 定义的 15 种基本棋形进行。评分规则 563～583 行则根据游戏主类属性（051～059 行）里定义的 9 种棋形分值常量进行。

（8）注意学习 AnalysisLine 函数中用到的若干字符串编程技巧。

8.12 其他函数

游戏中使用的一些公共函数定义如程序 8.19 所示。

程序 8.19：GameMain 类公共函数定义

```
623    // == == == == == ==一些公共函数定义 == == == == == == =
624    //棋盘初始化
625    private function InitGridBoard():void {
```

```
626    for(var i:int = 0; i < aChessPieces.length; i++) {    //清空棋盘上所有棋子
627        mcChessGrid.removeChild(aChessPieces[i]);
628    } //end for
629    for (var j:uint = 0; j < gridNum; j++) {    //初始化盘面状态,0 表示棋盘为空
630        aGridState[j] = [0,0,0,0,0,0,0,0,0,0,0,0,0,0,0];
631        aPieceExist[j] = [0,0,0,0,0,0,0,0,0,0,0,0,0,0,0];
632    } //end for
633    aChessPieces = [];                                    //清空盘面棋子数组
634    currentOrder = 0;
635    txtSteps.text = currentOrder.toString();
636    focusPoint.visible = false;
637    gameStart = false;
638 } //endInitGridBoard
639 //清空棋盘上所有棋子
640 public function ClearAllPieces() : void {
641    var px, py:uint;
642    for(var i:int = 0; i < aChessPieces.length; i++) {    //清空棋盘上所有棋子
643        px = aChessPieces[i].x/gridSize;
644        py = aChessPieces[i].y/gridSize;
645        if (aPieceExist[py][px]) {
646            mcChessGrid.removeChild(aChessPieces[i]);
647            aPieceExist[py][px] = EMPTY;
648        } //end if
649    } //end for
650    aChessPieces = [];
651    currentOrder = 0;
652    focusPoint.visible = false;
653    txtSteps.text = currentOrder.toString();
654    gameStart = false;
655 } //end ClearAllPieces()
656 //为 x 寻找最近的合理水平坐标
657 public function NearX(x: int):uint {
658    var min = Math.abs(x - rightXY[0]);
659    var i, k: uint;
660    k = 0;
661    for (i = 1; i < 15; i++) {
662        if (min > Math.abs(x - rightXY[i])) {
663            min = Math.abs(x - rightXY[i]);
664            k = i;
665        } //end if
666    } //end for
667    return rightXY[k];
668 } //end NearX
669 //为 y 寻找最近的合理纵向坐标
670 public function NearY(y: int):uint {
671    var min = Math.abs(y - rightXY[0]);
672    var i, k: uint;
673    k = 0;
674    for (i = 1; i < 15; i++) {
675        if (min > Math.abs(y - rightXY[i])) {
676            min = Math.abs(y - rightXY[i]);
```

```
677             k = i;
678         } //end if
679     } //end for
680     return rightXY[k];
681 } //end NearY
682 //数组排序
683 private function SortArray(arr:Array):Object {
684     var tempArray:Array = [];
685     for(var j = 0;j < arr.length;j++) {
686         tempArray[j] = arr[j];
687     } //end for
688     //以数字方式对"val"字段进行排序
689     tempArray.sortOn("val",Array.NUMERIC );
690     return tempArray[tempArray.length - 1];
691 } //end SortArray
692 //添加棋子焦点框到棋盘上
693 public function AddFocusPoint() : void {
794     focusPoint.graphics.lineStyle(2, 0x00ff00, 1);      //边框宽度 2,绿色,alpha 1
695     focusPoint.graphics.beginFill(0xFF0000,0);
696     focusPoint.graphics.drawRect(0, 0, 28, 28);
697     focusPoint.graphics.endFill();
698     focusPoint.x = 0;
699     focusPoint.y = 0;
700     mcChessGrid.addChild(focusPoint);
701     focusPoint.visible = false;
702 } //end AddFocusPoint
703 //移动棋子焦点框
704 public function MoveFocus(px:uint,py:uint)
705 {
706     focusPoint.x = px - 14;
707     focusPoint.y = py - 14;
708 } //end  MoveFocus
709 //弹出消息框
710 public function PopDialog() {
711     gameOverDlg.x = mcChessGrid.width/2;
712     gameOverDlg.y = mcChessGrid.height/2;
713     mcChessGrid.addChild(gameOverDlg);
714     gameOverDlg.btnClose.addEventListener(MouseEvent.CLICK,RemoveDlg);
715     ForbiddenButton();                                   //禁用按钮
716 } //end PopDialog
717 //移除消息框
718 public function RemoveDlg(evt:MouseEvent) {
719     dialogSnd.play();
720     gameOverDlg.parent.removeChild(gameOverDlg);
721     ActivatedButton();                                   //激活按钮
722 } //end RemoveDlg
723 //判断棋盘是否下满
724 public function GridIsFull() : Boolean {
725     for (var i:uint = 0;i < 15;i++) {
726         for (var j:uint = 0;j < 15;j++) {
727             if (aGridState[i][j] == EMPTY)
```

```
728            return false;
729        } //end for
730    } //end for
731    return true;
732 } //end GridIsFull()
733 //禁用所有按钮
734 private function ForbiddenButton():void {
735    btnComputer.mouseEnabled = false;
736    btnComputer.alpha = 0.4;
737    btnPlayer.mouseEnabled = false;
738    btnPlayer.alpha = 0.4;
739    btnTwoPlayer.mouseEnabled = false;
740    btnTwoPlayer.alpha = 0.4;
741    btnBack.mouseEnabled = false;
742    btnBack.alpha = 0.4;
743    btnSaveFile.mouseEnabled = false;
744    btnSaveFile.alpha = 0.4;
745    btnOpenFile.mouseEnabled = false;
746    btnOpenFile.alpha = 0.4;
747    btnCloseFile.mouseEnabled = false;
748    btnCloseFile.alpha = 0.4;
749    btnFront.mouseEnabled = false;
750    btnFront.alpha = 0.4;
751    btnNext.mouseEnabled = false;
752    btnNext.alpha = 0.4;
753    btnHead.mouseEnabled = false;
754    btnHead.alpha = 0.4;
755    btnLast.mouseEnabled = false;
756    btnLast.alpha = 0.4;
757 } //end ForbiddenButton
758 //启用按钮
759 private function ActivatedButton():void {
760    btnComputer.mouseEnabled = true;
761    btnComputer.alpha = 1;
762    btnPlayer.mouseEnabled = true;
763    btnPlayer.alpha = 1;
764    btnTwoPlayer.mouseEnabled = true;
765    btnTwoPlayer.alpha = 1;
766    btnOpenFile.mouseEnabled = true;
767    btnOpenFile.alpha = 1;
768 } //end ActivatedButton
769 //禁用"复盘"按钮
770 public function ForbiddenRecoverButton() :void {
771        btnHead.mouseEnabled = false;
772        btnLast.mouseEnabled = false;
773        btnNext.mouseEnabled = false;
774        btnFront.mouseEnabled = false;
775        btnHead.alpha = 0.4;
776        btnLast.alpha = 0.4;
777        btnNext.alpha = 0.4;
778        btnFront.alpha = 0.4;
779 } //end ForbiddenRecoverButton
780 //启用"复盘"按钮
781 public function ActivatedRecoverButton() :void {
```

```
782            btnHead.mouseEnabled = true;
783            btnLast.mouseEnabled = true;
784            btnNext.mouseEnabled = true;
785            btnFront.mouseEnabled = true;
786            btnHead.alpha = 1;
787            btnLast.alpha = 1;
788            btnNext.alpha = 1;
789            btnFront.alpha = 1;
790        } //end ActivatedRecoverButton
791    } //end class GameMain
792 } //end package
```

8.13 小结

又是一个近 800 行的游戏！与"连连看"一样，"五子棋"再一次展示了一个 800 行规模的游戏是如何炼成的。本游戏除了导入 4 个声音文件外，所有界面元素都是在 Flash 里用矢量图绘制的，足见 Flash 的创作能力不容小觑。除了人机对弈这一基本功能外，本游戏还包括棋谱录入、棋局复盘、保存棋局和打开历史棋局等功能，增强了游戏的实用性。

本章没有采用"五子棋"游戏中常见的贪心法和带 alpha-beta 剪枝的极小极大值算法解决人机博弈问题。不采用贪心法的原因是那里面多处采用较大规模的三重循环，不采用极小极大值的原因是那里面的深度优先搜索需要递归式调用。简言之，Flash Player 在上述两种算法面前，运行效率不高，这也是 AS3 编程的一个缺点，其编译文件的运行效率没有 C++、Java、C♯语言好。

本游戏采用棋形定义法，根据眠二、假活二、眠三、活二、冲四、假活三、活三、活四、五连 9 种棋形，对玩家和电脑的棋局分别进行检索和评分，取二者的最高分作为电脑落子依据。这种算法的最大优点是：容易找到局部最优解，攻守平衡，算法复杂度低，电脑落子速度快。算法缺点是：仅仅在水平、垂直和两个斜线方向的 5 个棋子范围内做出评估，导致"思考的范围"不够大，容易失掉更优解。

"五子棋"游戏的魅力在于游戏本身的经典，让我们边玩边学吧。

8.14 习题

1. 打开 FLA 主文件，观察黑白棋子的立体效果是如何绘制出来的，尝试做出一些修改性设计。
2. 本游戏中用到的按钮数量较多，其立体风格应用了滤镜效果，尝试将复盘区域的按钮改成其他风格设计。
3. 参照程序 8.8，画出悔棋函数 GoBackStep 的流程图。
4. 参照程序 8.9，画出打开棋局文件一系列函数的逻辑流程图。
5. 参照程序 8.10，画出保存棋局文件一系列函数的逻辑流程图。
6. 程序 8.10 保存棋局文件时，采用了字符串技术描述棋局状态。请举例说明棋局文件的基本结构。

7. 参照程序8.18，画出寻找落子位置函数CalculateState的流程图。

8. 参照程序8.18，画出单方向评分函数AnalysisLine的流程图。

9. 在游戏试玩中，可能会发现一些不尽如人意的地方。例如，双人打谱模式可以保存棋局，而人机对弈模式不能保存棋局。请对游戏设计做出修改，让人机对弈可以随时保存棋局状态。

10. 保存棋局文件时，如果单击了对话框上的"取消"按钮，就可以继续对弈。但是，"保存棋局文件"按钮将变灰，无法继续保存。请修改这一设计，以实现反复保存，而不是只能保存一次。

11. 按照表8.3的格式，以事件为主线，对游戏全局逻辑进行梳理。

表8.3 "五子棋"游戏事件逻辑一览表

语 句 行	侦听对象	侦听事件	事件处理函数
65行	btnComputer	MouseEvent.CLICK	ComputerFirst
…	…	…	…

12. 调整程序8.3中051~059行棋形得分表，以改变电脑的棋力。请开动脑筋，为其重新设计一套合理方案并进行测试。

13. 修改程序8.18中评分函数AnalysisLine的563~583行程序段，也可以改变电脑的棋力。请用你的新方案测试电脑棋力的变化。

14. 在复盘状态下，如图8.9所示，可以随时回到第1手棋，也可以随时到达最后一手棋，还可以随时转上一手、下一手棋，这只是复盘的基本功能。在"五子棋"的示范教学中，经

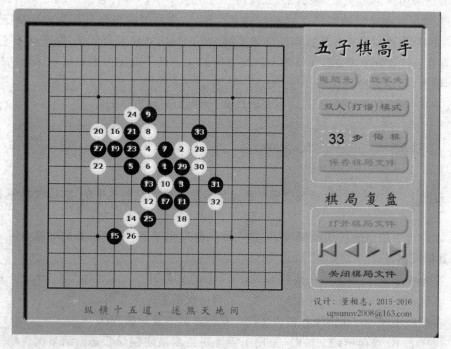

图8.9 为复盘添加推演功能

常需要在复盘的基础上进行推演,也就是说试探性地给出几种不同下法,比较其优劣,然后又能随时回复到实战的格局上。请改进本游戏的设计,使其具备这些推演功能。

15. 打开棋局文件后,没有在主窗体里显示棋局名称,请改进设计,为主窗体添加一个动态文本框,显示文件名称。

16. 按照惯例,把本章所有令你困惑的问题打包在一起,扛着这个问题包继续前进。

第9章 Starling框架游戏完整版

Starling 是在 Stage3D 基础上实现的一种 2D 框架,专为 Flash 游戏开发而设计。Starling 的 AS3 类库重构了 Flash 显示列表和事件机制,所有的显示对象都直接由 GPU 渲染,可以显著提升游戏性能。

Starling 的英文原意是"八哥"这种小鸟。用 Starling 做游戏是一种境界。天有九重,游戏设计也有九重。欲达九重之化境,必借鲲鹏展翅九万里。所以,Staring 用中文解释堪称"鲲鹏"。

9.1 游戏试玩与体验

开始学习本章内容之前,仍然可以像前几章那样,首先对"太空大战"这个游戏进行试玩和体验,带着新鲜感知去开启学习之旅,别有一番乐趣。

(1) 图 9.1 所示为游戏开始界面。游戏开始界面以漂移的黑色星空为背景,预示着浩瀚宇宙的无限神秘。太空游戏的目的就是为玩家带来探索和发现的乐趣,带来空战搏击的乐趣。开始界面包含 3 个可视元素:背景、标题和按钮。

图 9.1 游戏开始界面

（2）图 9.2 为游戏进行页面。用背景的漂移模拟玩家在宇宙的常规飞行，用鼠标拖动控制战机进攻和摆脱，用鼠标按键控制战机开火。飞机尾部漂亮的尾烟动画和飞船爆炸动画是用粒子特效实现的。外星飞船随机从不同位置进入。子弹声和爆炸声渲染着战斗的紧张与激烈程度。

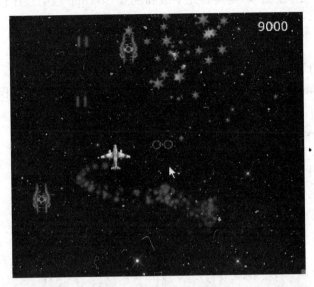

图 9.2　游戏进行界面

（3）图 9.3 是游戏结束界面。结束界面与开始界面相似，3 个可视元素需要动态构建。太空背景是漂移的，单击"重新开始"按钮可以回到图 9.2 所示的游戏进行页面。

图 9.3　游戏结束界面

据调查，许多游戏学习者都是从射击类游戏入门的。这类游戏往往能展示许多经典和通用的游戏设计技术。本章的"太空大战"游戏基于 Starling 框架，在 Flash Builder 4.7 环境里开发设计，具有很好的扩展性和示范性。

9.2 配置 Starling 框架

用 Starling 框架开发游戏,需要首先下载和配置 Starling 框架程序包。

9.2.1 下载 Starling 最新安装包

登录 Starling 官方网站,进入下载页面(http://gamua.com/starling/download/),单击"下载 Starling"按钮,将 Starling 压缩包下载到本地电脑上。写作本教程时,其最新版本为 1.7。下载后的文件名为 Gamua-Starling-Framework-v1.7-0-g110c2a5.zip。这个压缩包中包含以下 3 部分内容:

(1) Starling 类库源代码;
(2) 可在项目中直接使用的预编译 swc 库;
(3) 演示如何使用 Starling 的示例。

解压压缩包。图 9.4 所示是 Starling 框架重新定义的 10 个类库包。

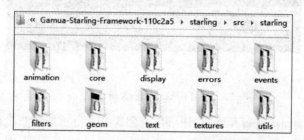

图 9.4 Starling 框架重新定义的 10 个类库包

在桌面上新建一个文件夹,将其命名为 ClassCode。将 src 文件夹里的两个子文件夹 com 和 starling 复制到 ClassCode 文件夹中。

9.2.2 下载 Starling 粒子系统扩展包

转到 Starling 官方网站帮助页面,网址为 http://gamua.com/starling/help/,页面上有图 9.5 所示的扩展包链接地址。

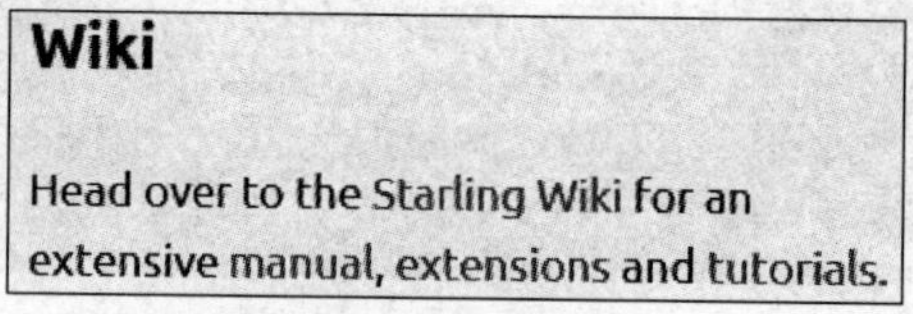

图 9.5 扩展包链接地址

单击图 9.5 中的 extensions 超链接,转到一个新页面。这个页面上列出了一些天才程序员创作的 Starling 框架扩展包,可以直接将其应用于你的游戏项目中。把其中一个称作 ParticleSystem(粒子系统)的扩展包下载下来,用于本章太空游戏中。

下载后的压缩包文件名称为 Starling-Extension-Particle-System-master.zip。解压后,

展开文件目录至 extentions 这一级,如图 9.6 所示,其中包含 5 个类文件。

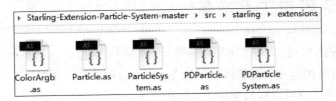

图 9.6　Starling 粒子系统扩展包

将图 9.6 中 extensions 子目录整体复制到桌面上的 ClassCode 文件夹下的 starling 子目录里。结果如图 9.7 所示,Starling 框架被扩展为 11 个类库包。

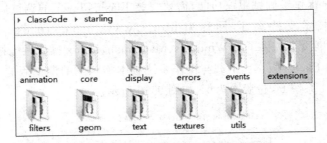

图 9.7　扩展粒子系统后的 starling 框架(含有 11 个包)

9.2.3　下载 brimelow 对象池管理包

登录 https://github.com/brimelow/actionscript/ 页面,下载由 Adobe 技术专家 Lee Brimelow 创建的对象池管理扩展包。下载后的压缩包为 actionscript-master.zip。解压后层层展开文件夹,如图 9.8 所示,其中只有一个类文件 StarlingPool.as。

图 9.8　brimelow 的对象池管理包

将图 9.8 中的 leebrimelow 文件夹复制到桌面上的 ClassCode 文件夹下的 com 子目录里,如图 9.9 所示。

图 9.9　将 leebrimelow 扩展包加入到 Starling 框架

至此,Starling 框架的配置工作全部结束。

9.3 开发环境与工具准备

本章选用 Flash Builder 4.7 作为开发环境。Flash Builder 基于 AS3 语言和开源 Flex 框架构建游戏,能够快速开发部署跨平台的 Web、桌面和移动应用程序。

本章的游戏案例也可以继续使用 Flash Professional CC 2015 开发环境完成,或者使用读者熟悉的 FlashDevelop 等其他开发工具完成。

9.3.1 下载并安装 Flash Player 调试版

Flash Builder 提供了调试跟踪功能,需要安装 Flash Player 的调试版本。打开 Adobe 的 Flash Player 技术支持页面,网址为 http://www.adobe.com/support/flashplayer/downloads.html,网页上提供了与 Windows、Mactonish、Linux 操作系统相匹配以及与浏览器相匹配的 Flash Player 版本。下载与操作系统版本相匹配的调试版的 Flash Player。以下载 Windows 8.1 系统 64 位版本为例,如图 9.10 所示。

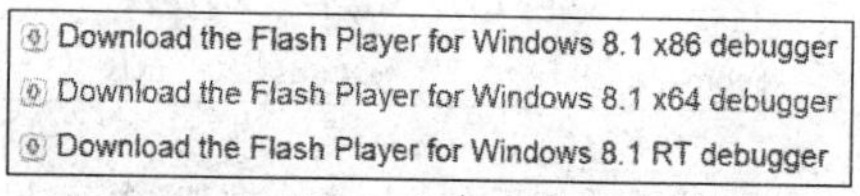

```
Download the Flash Player for Windows 8.1 x86 debugger
Download the Flash Player for Windows 8.1 x64 debugger
Download the Flash Player for Windows 8.1 RT debugger
```

图 9.10　下载适合操作系统的调试版 Flash Player

下载的程序包名称为 Windows8.1-KB2867622-x64.msu。下载的扩展包是作为操作系统补丁包的形式提供的,安装即可。

9.3.2 下载并安装 TexturePacker

TexturePacker 是一款非常高效的游戏资源图像处理工具,读者可以访问其官方网站(网址为 https://www.codeandweb.com/texturepacker),根据网页上的提示,选择与操作系统相匹配的版本下载,然后安装即可。TexturePacker 官网上提供了 TexturePacker 所支持框架的开发教程,如图 9.11 所示。用户单击 Starling 超链接,可以学习 TexturePacker 针对 Starling 的开发教程。

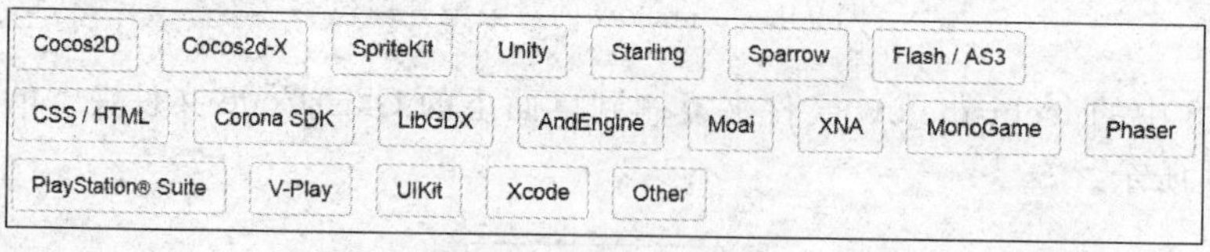

```
Cocos2D    Cocos2d-X    SpriteKit    Unity    Starling    Sparrow    Flash / AS3
CSS / HTML    Corona SDK    LibGDX    AndEngine    Moai    XNA    MonoGame    Phaser
PlayStation® Suite    V-Play    UIKit    Xcode    Other
```

图 9.11　TexturePacker 框架开发教程导引

本章后面会使用 TexturePacker 来合成"太空大战"游戏中的纹理图集。

9.3.3 下载并安装粒子设计系统

粒子系统是一种用三维计算机图形学方法模拟一些模糊现象的技术。这些现象用其他传统的渲染方法往往难以实现其真实感,例如火焰、爆炸、水流、火花、落叶、烟、云、雾、雪、尘以及一些抽象视觉效果等。本章"太空大战"游戏中飞机飞行时尾部喷出的烟雾和子弹击中外星飞船时引起的爆炸,都采用了粒子效果。

基于 Starling 框架创作粒子效果,有一个非常便捷的途径,不需要下载和安装软件,只需访问 http://onebyonedesign.com/flash/particleeditor/ 这个网址,即可在线编辑调试粒子特效,如图 9.12 所示。向右滚动页面,可以查看众多的参数调整面板。粒子效果设计完成后,单击页面上的 Export Particle 按钮,可以直接生成粒子的 PEX 和 PNG 文件,并以 ZIP 文件的形式存储到本地电脑。

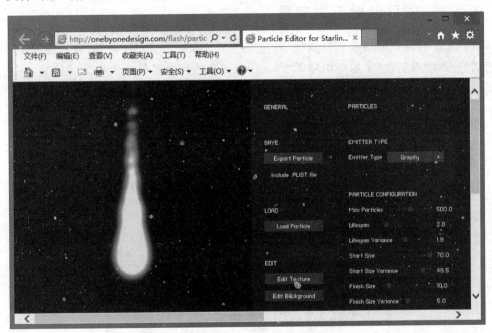

图 9.12 为 Starling 框架在线创作粒子特效

ParticleDesigner 是一款非常优秀的粒子效果设计软件,支持多种框架开发,包括 Starling 框架。用 ParticleDesigner 也可以直接生成 PEX 和 PNG 文件,用于游戏设计中。不过 ParticleDesigner 只有 Mactonish 系统版本。

9.3.4 下载并安装音效创作工具

游戏设计离不开声音创作。有非常多的专业音、视频编辑软件,都可以用来协助制作游戏配音,如 Adobe 公司的 Audition 属于专业级声音编辑工具。游戏中的声音一般可以通过如下途径制作。

(1) 原创声音,借助工具软件原声创作。
(2) 下载一些免费声音素材,用专业工具对其进行二次加工和编辑。
(3) 用一些专业工具,模拟合成游戏音效。

例如,可以从 http://www.drpetter.se/project_sfxr.html 这个网址下载一款称作 sfxr 的音效合成软件,这个小工具只有 100KB,却可以模拟出射击、碰撞、爆炸、跳跃等游戏音效。虽然 sfxr 只能导出 WAV 格式文件,不过找个工具将其转为 MP3 格式亦不是什么难事。我已经将这个小工具放到了 chapter9 文件夹中,读者可以随着本教程案例文件一起从清华大学出版社网站下载。

9.4 创建游戏项目框架

前期准备工作完成后,可以着手创建游戏项目的初始框架了。

9.4.1 项目创建与类库导入

(1) 启动 Flash Builder 4.7,选择"新建"→"ActionScript 项目"命令,打开图 9.13 所示的对话框。在"项目名"文本框中输入"SpaceWar"。项目位置保持使用默认位置不变。程序类型选择 Web 类型。单击"下一步"按钮,进入"构建路径"界面,如图 9.14 所示。

图 9.13 "新建 ActionScript 项目"对话框

(2) 导入 Starling 框架类库。如图 9.14 所示,选择"源路径"标签,单击"添加文件夹"按钮,将路径定位到本章第 1 节在桌面上创建的 Starling 框架类库文件夹 ClassCode。单击"完成"按钮,完成 Starling 类库的导入和项目的创建。

(3) 项目完成后,包资源管理器如图 9.15 所示。

(4) 配置 html-template。在修改 HTML 模板文件之前,首先单击 Flash Builder 工具栏上的"调试"按钮,测试项目的运行情况。如果浏览器显示出一个空白的 SpaceWar.html 页面,则在页面上右击,可以查看安装的 Flash Player 调试版的版本号,说明开发环境配置正确。

如图 9.15 所示,展开 html-template 目录,用编辑器方式打开 index.template.html 文件,做如下修改。

图 9.14　导入 Starling 框架类库源码　　　　图 9.15　项目初始结构

修改 embed 标签，增加参数行"params.wmode="direct";"。

保存文档，测试项目。正常情况下浏览器里没有显示，因为此时项目还是一个空框架。如果缺少 wmode 参数设置，浏览器里会显示一个错误信息：

Context3D not available! Possible reasons: wrong wmode or missing device support。

9.4.2　修改 Starling 框架主类 SpaceWar

在 src 目录上右击，通过快捷菜单新建一个包 cn.edu.ldu.main，将图 9.15 中 Starling 框架的主类文件 SpaceWar.as 移至新建的 main 包中。

修改游戏 Starling 框架主类 SpaceWar 的定义，如程序 9.1 所示。

程序 9.1：SpaceWar 类定义

```
01    package cn.edu.ldu.main {
02        import flash.display.Sprite;
03        import starling.core.Starling;
04        //设定游戏舞台尺寸、帧频、背景颜色
05        [SWF(width = "800", height = "800", frameRate = "60", backgroundColor = "#000000")]
06        public class SpaceWar extends Sprite  {           //Starling框架入口类
07            private var _starling:Starling;              //游戏框架
08            public function SpaceWar()  {
09                //创建框架,指定 Game 为根类,stage 为框架舞台
```

```
10              _starling = new Starling(Game, stage);//stage 为显示列表的根,Game 为 stage 次级
11              _starling.start();                    //启动框架
12          } //end SpaceWar
13      } //end class
14  } //end package
```

程序提示如下。

(1) 05 行,设定游戏舞台尺寸、帧频、背景颜色,相当于在 Flash Professional CC 2015 中通过舞台属性面板设置这些参数。

(2) 10~11 行,设定游戏的主类。这里的 _starling 对象可以比作 FLA 主文件,它是整个框架的入口。Game 相当于文档类,即游戏的主类。

9.4.3 新建游戏主类 Game

新建游戏主类 Game。在包资源管理器的 cn. edu. ldu. main 包上右击,在弹出的快捷菜单中选择"新建"→"ActionScipt 类"命令,打开图 9.16 所示的对话框。将包名称指定为 cn. edu. ldu. main,类名称指定为 Game,基类为 starling. display. Sprite,最后单击"完成"按钮。

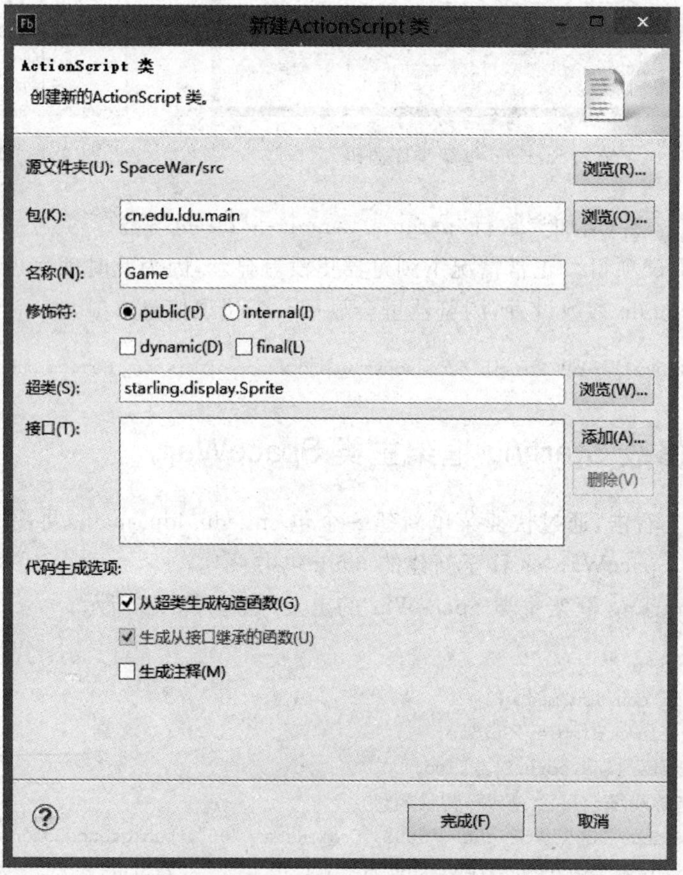

图 9.16 创建游戏主类 Game

完成 Game 类的定义，如程序 9.2 所示。

程序 9.2：Game 类定义

```
01  package cn.edu.ldu.main {
02      import starling.display.Sprite;
03      import starling.events.Event;
04      import cn.edu.ldu.Interface.IState;
05      import cn.edu.ldu.state.StartState;
06      import cn.edu.ldu.state.PlayState;
07      import cn.edu.ldu.state.OverState;
08      public class Game extends Sprite {                      //游戏主控逻辑类
09          //状态机常量,代表游戏状态机的 3 个状态
10          public static const START_STATE:int = 1;
11          public static const PLAY_STATE:int = 2;
12          public static const OVER_STATE:int = 3;
13          public static var current_state:IState;             //当前游戏状态
14          public function Game() {                            //构造函数
15              Resource.init();                                //图片声音等资源预加载和初始化
16              addEventListener(Event.ADDED_TO_STAGE, init);
17          } //end Game
18          private function init():void {
19              changeState(START_STATE);                       //设置状态机为开始状态
20              addEventListener(Event.ENTER_FRAME, update);    //注册游戏主循环侦听器
21          } //end init
22          private function update(evt:Event):void {           //游戏主循环,与帧频同步
23              current_state.update();
24          } //end update
25          public function changeState(state:int) : void {     //切换状态机状态
26              if (current_state!= null) {                     //销毁当前状态
27                  current_state.destroy();
28                  current_state = null;
29              } //end if
30              switch(state) {                                 //根据 state 创建新状态
31                  case START_STATE:
32                      current_state = new StartState(this);
33                      break;
34                  case PLAY_STATE:
35                      current_state = new PlayState(this);
36                      break;
37                  case OVER_STATE:
38                      current_state = new OverState(this);
39                      break;
40              } //end switch
41              addChild(Sprite(current_state));                //状态机调入舞台
42          } //end chageState
43      } //end class
44  } //end package
```

程序提示如下。

(1) 这个 Game 类虽然只有短短 44 行，但绝对值得深入探究。这是游戏的主控逻辑类，居然只有 44 行。与前面动辄五六百行的主类文件相比，真是不可思议。其实前面几个游戏的主类也可以拆分成若干子类，以简化主类的逻辑设计。不过，那时用的开发工具是 Flash Professional，而不是 Flash Builder 这种专业编码工具。在前面的章节中，如果设计的类或包过多，需要读者花费很大的精力用于理解和记忆这些包之间的关系，增加了学习难度。现在则不同了，在 Flash Builder 的包资源视图里，这一切都是一目了然的。

(2) 10～13 行，定义了 3 个游戏状态常量和一个当前游戏状态机变量。

(3) 15 行，调用资源类初始化函数，加载图片和声音资源到内存。

(4) 20 行，注册 ENTER_FRAME 事件侦听器，构建游戏主循环。

(5) 22～24 行，定义 update 事件响应函数。update 函数在每一帧都会被执行，以更新游戏状态。

(6) 25～42 行，changeState 函数负责切换游戏状态。

这是一个非常漂亮的主类设计，相信你也认同这一点。

9.5 创建游戏状态机

游戏是由若干状态构成的，玩家与游戏之间的互动，总是体现为玩家处于游戏的某一个状态中。游戏设计师会根据实际需要，为游戏定义若干合情合理的状态。这些状态之间的切换与跳转构成了游戏运转的核心机制。计算机科学上有个专业术语，称之为"状态机"。因此，游戏总体架构师习惯从游戏状态机入手，去定义一款游戏的逻辑框架。对于较大规模的游戏，会定义较多游戏状态，游戏状态机的运转逻辑也会显得复杂一些。对于小规模的游戏，最流行的是由 3 个状态组成的状态机：①开始页面→②进行页面→③结束页面→回到①或②。

本章的空战游戏将为你完美演绎这一设计逻辑。下面会将每个游戏状态用一个类来表示。

9.5.1 状态机接口类

首先为游戏的 3 个状态设计一个公共接口。在大型软件设计中，接口是一种重要的技术。项目的技术总监总是愿意通过接口的方式定义各模块的粗线条设计，然后再由编码人员去完成具体设计。也就是说，接口是一种有用的抽象技术。虽然看起来似乎没有实现什么有价值的方法，但它规定了每个类含有哪些标准方法，类之间如何协作与通信。接口本质上是一种抽象类。接口定义了若干公共方法，但并不立即去实现那些方法。接口使得程序的可扩展性、可维护性和团队协作性都有所提高。

创建状态机接口类步骤如下。

在 src 文件夹上右击，在弹出的快捷菜单中选择"新建"→"ActionScipt 接口"命令，打开图 9.17 所示的对话框。指定包名称为 cn.edu.ldu.Interface，类名称为 IState，单击"完成"按钮。

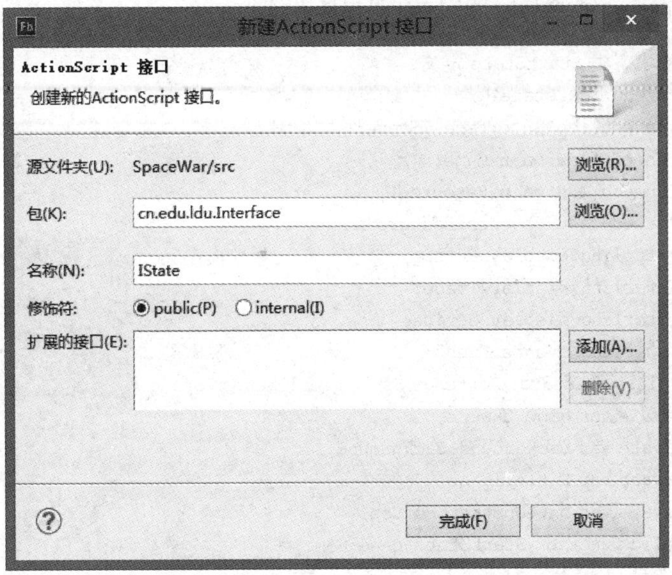

图 9.17 新建游戏状态机接口类 IState

完成状态机接口类定义,如程序 9.3 所示。接口中包含 update 和 destroy 两个方法。

程序 9.3:状态机接口类 IState 定义
```
01   package cn.edu.ldu.Interface {
02       public interface IState {                    //状态机接口类
03           function update():void;                  //更新状态机状态
04           function destroy():void;                 //释放状态机资源
05       } //end  interface
06   } // end package
```

9.5.2 游戏开始状态类

创建游戏开始状态类的步骤如下。

在 src 文件夹上右击,在弹出的快捷菜单中选择"新建"→"ActionScipt 类"命令,打开图 9.18 所示的对话框。指定包名称为 cn.edu.ldu.State,类名称为 StartState,基类为 starling.display.Sprite,接口为 cn.edu.ldu.Interface.IState,单击"完成"按钮。

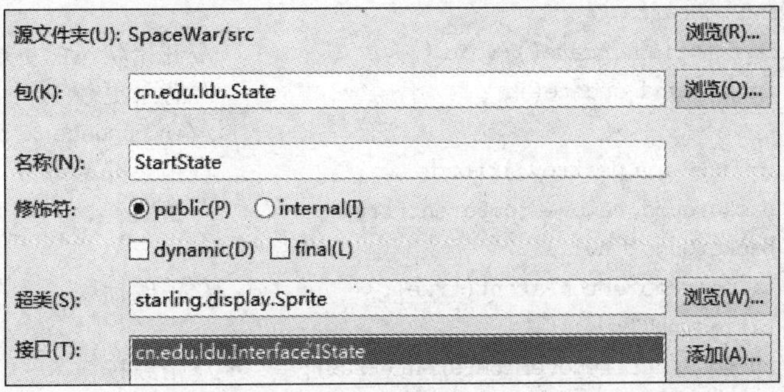

图 9.18 新建开始状态 StartState 类

完成开始状态类 StartState 的定义,如程序 9.4 所示。

程序 9.4：开始状态类 StartState 定义

```
01   package cn.edu.ldu.state {
02       import cn.edu.ldu.Interface.IState;
03       import cn.edu.ldu.main.Game;
04       import cn.edu.ldu.main.Resource;
05       import cn.edu.ldu.objects.Background;
06       import starling.display.Button;
07       import starling.display.Image;
08       import starling.display.Sprite;
09       import starling.events.Event;
10       public class StartState extends Sprite implements IState {      //游戏开始状态类
11           private var game:Game;                                       //游戏根类
12           private var background:Background;                           //背景类
13           private var title:Image;                                     //标题图片
14           private var buttonStart:Button;                              //开始按钮
15           public function StartState(game:Game) {                      //构造函数
16               this.game = game;                                        //指向游戏根类
17               addEventListener(Event.ADDED_TO_STAGE, init);            //侦听器
18           } //end StartState
19           private function init(evt:Event):void {                      //初始化
20               background = new Background();                           //加载背景
21               addChild(background);
22               title = new Image(Resource.ta.getTexture("title"));      //加载标题
23               title.pivotX = title.width * 0.5;
24               title.x = 400;
25               title.y = 100;
26               addChild(title);
27               buttonStart = new Button(Resource.ta.getTexture("buttonStart")); //加载开始
                                                                                   //按钮
28               buttonStart.addEventListener(Event.TRIGGERED, onStart);  //侦听器
29               buttonStart.pivotX = buttonStart.width * 0.5;
30               buttonStart.x = 400;
31               buttonStart.y = 350;
32               addChild(buttonStart);
33           } //end init
34           private function onStart(evt:Event):void {                   //玩家单击开始按钮
35               game.changeState(Game.PLAY_STATE);                       //切换状态到进行态
36           } //end onStart
37           public function update():void {                              //开始状态的更新
38               background.update();                                     //背景更新
39           }                                                            //end update
40           public function destroy():void{                              //销毁开始态
41               background.removeFromParent(true);                       //销毁背景
42               background = null;
43               title.removeFromParent(true);                            //销毁标题
44               title = null;
45               buttonStart.removeFromParent(true);                      //销毁按钮
46               buttonStart = null;
47               removeFromParent(true);                                  //销毁整个开始状态
```

```
48          } //end destroy
49      } //end class
50  } //end package
```

程序提示如下。

（1）11 行、16 行，定义 game 变量，指向游戏主类。这样游戏主类可以控制和调度该状态类。

（2）37～39 行，update 函数实现背景的移动。

（3）35 行，切换游戏状态到进行状态。

为了简化起见，假定游戏开始页面由漂移的太空背景、游戏标题、开始按钮这 3 个元素构成。下一节会创建一个资源管理类 Resource 类，用于管理游戏界面元素的纹理对象。

游戏背景需要模拟太空的移动，所以单独为游戏背景创建一个类 Background，用于管理背景图片自上而下的漂移行为。

玩家单击"进入游戏"按钮后，将释放开始页面占用的系统资源，跳转到游戏进行页面。

9.5.3　游戏进行状态类

创建游戏进行状态类的步骤如下。

在 State 目录上右击，在弹出的快捷菜单中选择"新建"→"ActionScipt 类"命令，打开"新建类"对话框。指定包名称为 cn.edu.ldu.State，类名称为 PlayState，基类为 starling.display.Sprite，接口为 cn.edu.ldu.Interface.IState，单击"完成"按钮。

完成游戏进行状态类 PlayState 的定义，如程序 9.5 所示。

程序 9.5：游戏进行状态类 PlayState 定义

```
01  package cn.edu.ldu.state {
02      import flash.display.Stage;
03      import flash.events.MouseEvent;
04      import cn.edu.ldu.Interface.IState;
05      import cn.edu.ldu.main.Game;
06      import cn.edu.ldu.managers.AlienManager;
07      import cn.edu.ldu.managers.BulletManager;
08      import cn.edu.ldu.managers.CollisionManager;
09      import cn.edu.ldu.managers.ExplosionManager;
10      import cn.edu.ldu.objects.Background;
11      import cn.edu.ldu.objects.Player;
12      import cn.edu.ldu.objects.Score;
13      import starling.core.Starling;
14      import starling.display.Sprite;
15      import starling.events.Event;
16      public class PlayState extends Sprite implements IState {   //游戏进行态
17          public var game:Game;                                    //根类
18          private var background:Background;                       //背景类
19          public var player:Player;                                //玩家战机
20          public var bulletManager:BulletManager;                  //弹药管理类
21          public var fire:Boolean = false;                         //开火控制变量
22          private var ns:Stage;                                    //Starling框架舞台
23          public var alienManager:AlienManager;                    //外星飞船管理类
```

```
24          private var collisionManager:CollisionManager;            //碰撞管理类
25          public var explosionManager:ExplosionManager;              //爆炸管理类
26          public var score:Score;                                    //得分管理类
27          public function PlayState(game:Game) {                     //构造函数
28              this.game = game,                                      //指向根类
29              touchable = false;                    //不检测单击行为,提高 Starling 框架运行效率
30              addEventListener(Event.ADDED_TO_STAGE,init);
31          } //end PlayState
32          private function init(evt:Event):void {                    //进行态的初始化
33              ns = Starling.current.nativeStage;                     //框架舞台
34              background = new Background();                         //加载背景
35              addChild(background);
36              player = new Player(this);                             //加载玩家战机
37              addChild(player);
38              score = new Score();                                   //加载记分板
39              score.x = 450;
40              addChild(score);
41              bulletManager = new BulletManager(this);               //创建弹药管理器
42              alienManager = new AlienManager(this);                 //创建外星飞船管理器
43              collisionManager = new CollisionManager(this);         //创建碰撞检测管理器
44              explosionManager = new ExplosionManager(this);         //创建爆炸管理器
45              //舞台侦听器,管理鼠标按下和释放操作
46              ns.addEventListener(MouseEvent.MOUSE_DOWN,onMouseDown);
47              ns.addEventListener(MouseEvent.MOUSE_UP,onMouseUp);
48          } //end init
49          protected function onMouseDown(event:MouseEvent):void {
50              fire = true;                                           //玩家开火
51          } //end onMouseDown
52          protected function onMouseUp(event:MouseEvent):void {
53              fire = false;                                          //停止开火
54              bulletManager.count = 0;                               //控制开火频率
55          } //end onMouseUp
56          public function update():void {                            //进行态更新
57              background.update();                                   //更新背景
58              player.update();                                       //更新玩家战机
59              bulletManager.update();                                //更新弹药
60              alienManager.update();                                 //更新外星飞船
61              collisionManager.update();                             //更新碰撞效果
62          } //end update
63          public function destroy():void{                            //销毁进行态
64              //移除侦听器
65              ns.removeEventListener(MouseEvent.MOUSE_DOWN,onMouseDown);
66              ns.removeEventListener(MouseEvent.MOUSE_UP,onMouseUp);
67              background.removeFromParent(true);                     //销毁背景
68              background = null;
69              score.removeFromParent(true);                          //销毁记分板
70              score = null;
71              bulletManager.destroy();                               //销毁弹药管理器
72              alienManager.destroy();                                //销毁外星飞船管理器
73              removeFromParent(this);                                //销毁整个进行态
74          } //end destroy
```

```
75        } //end class
76    } //end package
```

程序提示如下。

（1）17行和28行，定义game变量，指向游戏主类。这样游戏主类可以控制和调度该状态类。

（2）18～26行，游戏进行状态需要创建和管理的类对象。

（3）32～48行，init函数负责游戏界面的构建和对象的初始化。

（4）56～62行，update函数负责游戏状态的更新。该函数在主类中被游戏主循环以帧频的速度调用，即每秒执行60次。

（5）程序9.5中找不到切换到游戏结束状态的语句。难道游戏会一直进行下去吗？答案就在43行的碰撞检测管理器中，读者可以转到碰撞管理类里查看。

9.5.4 游戏结束状态类

用与前面类似的步骤完成游戏结束状态类OverState的定义，如程序9.6所示。

程序9.6：游戏结束状态类OverState定义

```
01   package cn.edu.ldu.state {
02      import cn.edu.ldu.Interface.IState;
03      import cn.edu.ldu.main.Game;
04      import cn.edu.ldu.main.Resource;
05      import cn.edu.ldu.objects.Background;
06      import starling.display.Button;
07      import starling.display.Sprite;
08      import starling.events.Event;
09      import starling.text.TextField;
10      public class OverState extends Sprite implements IState {    //结束态类
11         private var game:Game;                                    //根类
12         private var background:Background;                        //背景类
13         private var overTitle:TextField;                          //结束标题
14         private var tryAgain:Button;                              //"重新开始"按钮
15         public function OverState(game:Game) {                    //构造函数
16            this.game = game;                                      //指向根类
17            addEventListener(Event.ADDED_TO_STAGE,init);
18         } //end OverState
19         private function init(evt:Event):void   {                 //初始化
20            background = new Background();                         //加载背景
21            addChild(background);
22            overTitle = new TextField(800,200,"游戏结束","隶书",96,0xFFFFFF);
                                                                     //结束标题
23            overTitle.hAlign = "center";
24            overTitle.y = 150;
25            addChild(overTitle);
26            tryAgain = new Button(Resource.ta.getTexture("buttonAgain"));
                                                                     //"重新开始"按钮
27            tryAgain.addEventListener(Event.TRIGGERED,onAgain);    //按钮侦听器
```

```
28              tryAgain.pivotX = tryAgain.width * 0.5;
29              tryAgain.x = 400;
30              tryAgain.y = 400;
31              addChild(tryAgain);
32          } //end init
33          private function onAgain(event:Event):void {            //切换到进行态
34              tryAgain.removeEventListener(Event.TRIGGERED,onAgain);
35              game.changeState(Game.PLAY_STATE);
36          } //end onAgain
37          public function update():void {                          //更新结束态
38              background.update();                                 //更新背景
39          } //end update
40          public function destroy():void{                          //销毁结束态
41              background.removeFromParent(true);                   //销毁背景
42              background = null;
43              overTitle.removeFromParent(true);                    //销毁标题
44              overTitle = null;
45              tryAgain.removeFromParent(true);                     //销毁按钮
46              tryAgain = null;
47              removeFromParent(true);                              //销毁整个结束态
48          } //end destroy
49      } //end class
50  } //end package
```

程序提示如下。

（1）游戏结束状态类与开始状态类一样简单。

（2）11 行和 16 行定义了一个指向主类的成员变量 game。

（3）updae 函数实现了背景的滚动。

（4）35 行，游戏状态转入进行状态，游戏重新开始。

至此，游戏状态机框架搭建完成，包资源组织结构如图 9.19 所示。

现在，总结一下已经完成的游戏项目工作。

（1）新项目 SpaceWar 的创建。

（2）［source path］ClassCode 表示 Starling 框架已经导入。

（3）将 html-template 的 wmode 参数设为 direct。

（4）创建项目包 cn.edu.ldu，其中包含 3 个子包：main、Interface、State。

（5）main 中包含 Starling 框架的入口主类 SpaceWar 和游戏主控逻辑入口主类 Game。

（6）Interface 中包含状态机的接口类 IState。

（7）State 中包含 3 个状态类：StartState、PlayState、OverState。

（8）3 个游戏状态之间的切换逻辑放在 Game 类中，由 changeState 函数实现。

图 9.19　项目基本框架组织

9.6 游戏素材导入和处理

9.6.1 素材导入到项目中

打开本章案例文件夹 chapter9，里面有一个子文件夹 resources，可以看到空战游戏所使用的素材文件。这些素材的用途如表 9.1 所示。

表 9.1　游戏所用素材列表

素材文件名称	功 能 描 述
alien1.pn～alien8.png	构成外星飞船动画序列的 8 张图片
player.png	玩家战机图片
bullet.png	玩家战机发射的子弹图片
explosion.mp3	爆炸音效
shoot.mp3	玩家战机射击音效
explosion.png	爆炸粒子图片
explosion.pex	爆炸粒子特效的 XML 描述文档
smoke.png	烟雾效果图片
smoke.pex	烟雾粒子特效的 XML 描述文档
space.png	太空背景图片
title.png	游戏标题
buttonStart.png	"进入游戏"按钮
buttonAgain.png	"重新开始"按钮

在图 9.19 中的 main 包上单击，在弹出的快捷菜单中选择"新建"→"文件夹"命令，在 main 目录下创建子文件夹 resources。回到 chapter9 的子目录 resources，将其中所有素材文件复制到 SpaceWar 项目里的 resources 文件夹中。

9.6.2 创建 Sprite Sheet 纹理对象集

启动 TexturePacker 软件，选择创建项目类型为 sparrow/starling，如图 9.20 所示。单击 Create project（创建项目）按钮，进入 TexturePacker 工作区。

单击 TexturePacker 工具条上 Add sprites 命令，打开"选择文件"对话框，定位到 SpaceWar 项目的 resources 文件夹，选择除 space.png 以外的所有图片文件，如图 9.21 所示。

TexturePacker 会自动将图 9.21 中所选的 15 张 PNG 图片整合为图 9.22 所示的纹理图集。

在 TexturePacker 中指定 Data File 文件名称为 atlas.xml，Texture File 文件名称为 atlas.png。保存路径为 SpaceWar 项目里的 resources 文件夹。单击工具条上 Pubish sprite sheet 命令，转到 Flash Builder 包资源管理器，查看生成的 atlas.png 图片，显示如图 9.22 所示。用 XML 编辑器查看 atlas.xml，如程序 9.7 所示（XML 文档不是程序，为了检索方便，这里暂且称之为程序 9.7）。

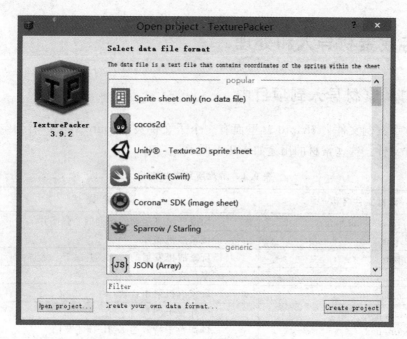

图 9.20　选择 TexturePacker 项目类型

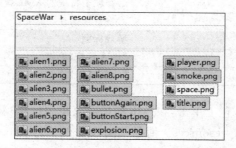

图 9.21　选择图片文件

图 9.22　TexturePacker 生成的 Sprite Sheet 图集

程序 9.7: atlas.xml 文件内容
01   <?xml version = "1.0" encoding = "UTF − 8"?>
02   <! -- Created with TexturePacker http://www.codeandweb.com/texturepacker -->
03   <! -- $TexturePacker:SmartUpdate:9c0f807195bdb389b14732e98df448ec:

```
04      718d922902a718e4314947a7fadfd944:cde709370900f12288f3449eded86f07 $  -->
05      <TextureAtlas imagePath = "atlas.png">
06         <SubTexture name = "alien1" x = "226" y = "168" width = "48" height = "80"
07            frameX = "0" frameY = "-1" frameWidth = "48" frameHeight = "82"/>
08         <SubTexture name = "alien2" x = "276" y = "168" width = "48" height = "80"
09            frameX = "0" frameY = "-1" frameWidth = "48" frameHeight = "82"/>
10         <SubTexture name = "alien3" x = "433" y = "2" width = "48" height = "80"
11            frameX = "0" frameY = "-1" frameWidth = "48" frameHeight = "82"/>
12         <SubTexture name = "alien4" x = "326" y = "164" width = "48" height = "80"
13            frameX = "0" frameY = "-1" frameWidth = "48" frameHeight = "82"/>
14         <SubTexture name = "alien5" x = "376" y = "164" width = "32" height = "80"
15            frameX = "-8" frameY = "-1" frameWidth = "48" frameHeight = "82"/>
16         <SubTexture name = "alien6" x = "410" y = "164" width = "32" height = "80"
17            frameX = "-8" frameY = "-1" frameWidth = "48" frameHeight = "82"/>
18         <SubTexture name = "alien7" x = "444" y = "84" width = "32" height = "80"
19            frameX = "-8" frameY = "-1" frameWidth = "48" frameHeight = "82"/>
20         <SubTexture name = "alien8" x = "444" y = "166" width = "32" height = "80"
21            frameX = "-8" frameY = "-1" frameWidth = "48" frameHeight = "82"/>
22         <SubTexture name = "bullet" x = "478" y = "84" width = "12" height = "33"/>
23         <SubTexture name = "buttonAgain" x = "2" y = "98" width = "222" height = "72"/>
24         <SubTexture name = "buttonStart" x = "2" y = "172" width = "222" height = "72"/>
25         <SubTexture name = "explosion" x = "307" y = "98" width = "64" height = "64"/>
26         <SubTexture name = "player" x = "226" y = "98" width = "79" height = "68"
27            frameX = "-2" frameY = "-1" frameWidth = "82" frameHeight = "69"/>
28         <SubTexture name = "smoke" x = "373" y = "98" width = "63" height = "64"
29            frameX = "0" frameY = "0" frameWidth = "64" frameHeight = "64"/>
30         <SubTexture name = "title" x = "2" y = "2" width = "429" height = "94"
31            frameX = "-12" frameY = "-33" frameWidth = "450" frameHeight = "150"/>
32      </TextureAtlas>
```

atlas.xml 文档描述了各种图形元素名称和在 Sprite Sheet 中的位置信息。资源类 Resource 正是通过 name 属性来访问纹理图集中的图片资源的。

9.6.3 创建资源管理类

在 main 包上右击,在弹出的快捷菜单中选择"新建"→"ActionScript 类"命令,打开"新建类"对话框。指定包名为 cn.edu.ldu.main,类名为 Resource,其他保持默认值,单击"完成"按钮。修改 Resource 类的定义,如程序 9.8 所示。

程序 9.8:游戏资源管理类 Resource 定义

```
01   package cn.edu.ldu.main {
02      import flash.media.Sound;
03      import flash.media.SoundTransform;
04      import starling.textures.Texture;
05      import starling.textures.TextureAtlas;
06      public class Resource {                              //游戏资源加载类
07         [Embed(source = "resources/space.png")]           //背景图片
08         private static var space:Class;
09         public static var spaceTexture:Texture;
10         [Embed(source = "resources/atlas.png")]           //图片合集
```

```
11        private static var atlas:Class;
12        public static var ta:TextureAtlas;
13        [Embed(source = "resources/atlas.xml", mimeType = "application/octet-stream")]
14        private static var atlasXML:Class;
15        //烟雾粒子特效的 XML 文件
16        [Embed(source = "resources/smoke.pex", mimeType = "application/octet-stream")]
17        public static var smokeXML:Class;
18        //爆照粒子特效的 XML 文件
19        [Embed(source = "resources/explosion.pex", mimeType = "application/octet-
          stream")]
20        public static var explosionXML:Class;
21        [Embed(source = "resources/explosion.mp3")]          //爆炸音效
22        private static var explosionSound:Class;
23        public static var explosion:Sound;
24        [Embed(source = "resources/shoot.mp3")]              //射击音效
25        private static var shootSound:Class;
26        public static var shoot:Sound;
27        public static function init() : void {               //资源文件的预加载
28            spaceTexture = Texture.fromBitmap(new space());
29            ta = new TextureAtlas(Texture.fromBitmap(new atlas()),XML(new atlasXML()));
30            explosion = new explosionSound();
31            explosion.play(0,0,new SoundTransform(0));
32            shoot = new shootSound();
33            shoot.play(0,0,new SoundTransform(0));
34        } //end init
35    } //end class
36  } //end package
```

程序提示如下。

(1) 07~09 行,定义背景图片资源类。
(2) 10~14 行,定义图片纹理集资源类。
(3) 15~20 行,定义两种粒子特效资源类。
(4) 21~26 行,定义爆炸和射击音效类。
(5) 27~34 行,init 函数初始化图片和音效,将资源预加载到内存。

9.7 定义游戏角色类

游戏由一系列角色组成。为了对这些角色实施有效管理,往往需要单独定义一个类,用来设计角色的行为函数,实现角色的创建或功能管理。

9.7.1 背景类

在 src 目录上单击,在弹出的快捷菜单中选择"新建"→"ActionScript 类"命令,打开"新建类"对话框。指定包名为 cn.edu.ldu.objects,类名为 Background,基类为 starling.display.Sprite,单击"完成"按钮。完成 Background 类的定义,如程序 9.9 所示。

程序9.9：背景类 Background 定义
```
01  package cn.edu.ldu.objects {
02      import starling.display.Image;
03      import starling.display.Sprite;
04      import starling.display.BlendMode;
05      import cn.edu.ldu.main.Resource;
06      public class Background extends Sprite{           //背景类
07          private var space1:Image;                      //图片1
08          private var space2:Image;                      //图片2
09          public function Background() {                 //构造函数
10              space1 = new Image(Resource.spaceTexture); //第1张背景图片
11              space1.blendMode = BlendMode.NONE;
12              addChild(space1);
13              space2 = new Image(Resource.spaceTexture); //第2张背景图片
14              space2.y = -800;
15              space2.blendMode = BlendMode.NONE;
16              addChild(space2);
17          } //end Background
18          public function update():void {                //背景更新：自上而下循环滚动
19              space1.y += 4;
20              if (space1.y == 800)
21                  space1.y = -800;
22              space2.y += 4;
23              if (space2.y == 800)
24                  space2.y = -800;
25          } //end update
26      } //end class
27  } //end package
```

程序提示如下。

(1) 10～16 行，定义两张相同的背景图片，一张在舞台上，一张在舞台正上方，用于实现连续滚动效果。

(2) 18～25 行，update 函数，自上而下循环滚动背景。

9.7.2 子弹类

在 objects 目录上右击，在弹出的快捷菜单中选择"新建"→"ActionScript 类"命令，打开"新建类"对话框。指定包名为 cn.edu.ldu.objects，类名为 Bullet，基类为 starling.display.Sprite，单击"完成"按钮。完成 Bullet 类的定义，如程序 9.10 所示。

程序9.10：子弹类 Bullet 定义
```
01  package cn.edu.ldu.objects {
02      import cn.edu.ldu.main.Resource;
03      import starling.display.Image;
04      import starling.display.Sprite;
05      public class Bullet extends Sprite {                                  //子弹类
06          public function Bullet() {                                         //构造函数
07              var img:Image = new Image(Resource.ta.getTexture("bullet"));   //子弹图片
08              img.pivotX = width * 0.5;                                      //设定子弹坐标原点为其几何中心
```

```
09              img.pivotY = height * 0.5;
10              addChild(img);
11          } //end Bullet
12      } //end class
13  } //end package
```

子弹类非常简单,构造函数实现了子弹图片的显示和子弹坐标原点的定位。战机发射的所有子弹对象,都由子弹管理类实施统一管理。

9.7.3 玩家战机类

在 objects 目录上右击,在弹出的快捷菜单中选择"新建"→"ActionScript 类"命令,打开"新建类"对话框。指定包名为 cn.edu.ldu.objects,类名为 Player,基类为 starling.display.Sprite,单击"完成"按钮。完成 Player 类的定义,如程序 9.11 所示。

程序 9.11:战机类 Player 定义
```
01  package cn.edu.ldu.objects {
02      import cn.edu.ldu.main.Resource;
03      import cn.edu.ldu.state.PlayState;
04      import starling.core.Starling;
05      import starling.display.Image;
06      import starling.display.Sprite;
07      import starling.extensions.PDParticleSystem;
08      public class Player extends Sprite {            //玩家战机类
09          private var playState:PlayState;            //进行态
10          private var smoke:PDParticleSystem;         //烟雾粒子效果
11          public function Player(playState:PlayState) {   //构造函数
12              this.playState = playState;             //指向进行态
13              var img:Image = new Image(Resource.ta.getTexture("player")); //加载战机图片
14              img.pivotX = img.width * 0.5;           //设定战机坐标原点为几何中心
15              img.pivotY = img.height * 0.5;
16              addChild(img);
17              //创建烟雾的粒子效果
18              smoke = new PDParticleSystem(XML(new Resource.smokeXML()),
19                              Resource.ta.getTexture("smoke"));
20              Starling.juggler.add(smoke);
21              playState.addChild(smoke);
22              smoke.start();
23          } //end Player
24          public function update():void {             //更新玩家战机
25              x += (Starling.current.nativeStage.mouseX - x) * 0.3; //战机跟随鼠标移动
26              y += (Starling.current.nativeStage.mouseY - y) * 0.3;
27              smoke.emitterX = x;                     //烟雾粒子坐标跟随战机移动
28              smoke.emitterY = y + 20;                //从战机尾部喷出
29          } //end update
30      } //end class
31  } //end package
```

程序提示如下。

(1) 09 行和 12 行,定义一个 playState 状态机变量,将战机关联到游戏进行状态。

(2) 10 行、18~22 行,定义和创建烟雾粒子动画特效。使用的粒子类 PDParticleSystem 已在本章第1节配置Starling框架时下载,并作为Starling框架的一部分导入了本游戏项目,所以此处可以直接引用。

(3) 24~29行,update函数负责更新战机移动和烟雾跟随情况。

9.7.4 外星飞船类

在objects目录上右击,在弹出的快捷菜单中选择"新建"→"ActionScript类"命令,打开"新建类"对话框。指定包名为cn.edu.ldu.objects,类名为Alien,基类为starling.display.MovieClip,单击"完成"按钮。完成Alien类的定义,如程序9.12所示。

程序9.12:外星飞船类Alien定义

```
01  package cn.edu.ldu.objects {
02      import cn.edu.ldu.main.Resource;
03      import starling.display.MovieClip;
04      public class Alien extends MovieClip {      //外星飞船类,继承Starling框架的MovieClip
05          public function Alien() {               //构造函数
06              super(Resource.ta.getTextures("alien"),12);//构建飞船动画
07              pivotX = width * 0.5;               //设置飞船的坐标原点为几何中心
08              pivotY = height * 0.5;
09          } //end Alien
10      } //end class
11  } //end package
```

注意,Alien类的父类是MovieClip。06行完成了飞船动画序列图片的加载。

9.7.5 爆炸粒子效果类

在objects目录上右击,在弹出的快捷菜单中选择"新建"→"ActionScript类"命令,打开"新建类"对话框。指定包名为cn.edu.ldu.objects,类名为Explosion,基类为starling.extensions.PDParticleSystem,单击"完成"按钮。完成Explosion类的定义,如程序9.13所示。

程序9.13:爆炸效果类Explosion定义

```
01  package cn.edu.ldu.objects {
02      import cn.edu.ldu.main.Resource;
03      import starling.extensions.PDParticleSystem;
04      public class Explosion extends PDParticleSystem {    //爆炸效果类,粒子系统
05          public function Explosion() {                    //构造函数
06              //加载爆炸效果图片
07              super(XML(new Resource.explosionXML()), Resource.ta.getTexture
                    ("explosion"));
08          } //end Explosion
09      } //end class
10  } //end package
```

爆炸类Explosion的父类为PDParticleSystem。07行用粒子系统构建爆炸效果。

9.7.6 计分面板类

在objects目录上右击,在弹出的快捷菜单中选择"新建"→"ActionScript类"命令,打

开"新建类"对话框。指定包名为 cn.edu.ldu.objects，类名为 Score，基类为 starling.display.Sprite，单击"完成"按钮。完成 Score 类的定义，如程序 9.14 所示。

程序 9.14：计分面板类 Score 定义
```
01   package cn.edu.ldu.objects {
02      import starling.display.Sprite;
03      import starling.text.TextField;
04      public class Score extends Sprite {            //计分板类
05         private var score:TextField;                 //计分文本
06         public function Score() {                    //构造函数
07            score = new TextField(300,100,"0","Verdana",32,0xFFFFFF);
08            score.hAlign = "right";
09            addChild(score);
10         } //end Score
11         public function addScore(amt:Number):void {  //修改分数
12            score.text = (parseInt(score.text) + amt).toString();
13         } //end addScore
14      } //end class
15   } //end package
```

9.8 定义游戏管理类

9.8.1 对象池管理类

在游戏开发中，经常需要频繁产生和销毁大量对象。比如，子弹一旦飞出了舞台，它看起来就没有什么用了，但也不能任由众多的子弹这样无效地继续飞下去，因为随着这种子弹（暂称为垃圾子弹）的快速增多，会占用大量内存和 CPU、GPU 处理时间，严重拖累游戏性能。所以，对游戏中的各种垃圾子弹（包括其他垃圾对象）进行及时的清理和销毁以释放资源，是必须做的一件事情。

然而问题也会随之而来。不断地造子弹，再不断地把大量已经造出来却成为垃圾子弹的对象销毁，这些都需要时间。有一种技术，可以尽量减少子弹等重复元素的创建数量，让那些看起来已经成为垃圾的子弹对象重新被利用起来，这样可以避免销毁子弹和重新生产子弹的时间消耗。这种实现对象重复利用和管理的技术，被称为对象池管理技术。

为了管理本章"太空大战"游戏中的子弹和众多的外星飞船，本游戏采用了 Lee Brimelow 设计的一个轻量级对象池管理类。前面已经将其作为 Starling 框架的一部分导入到了本章游戏项目中。这个对象池管理类短小精悍，可以用于众多项目的设计开发中，其源码如程序 9.15 所示。

程序 9.15：对象池管理类 StarlingPool 定义
```
01   package com.leebrimelow.starling {
02      import starling.display.DisplayObject;
03      public class StarlingPool {                    //对象池管理类
04         public var items:Array;                      //对象数组
05         private var counter:int;                     //对象数量
```

```
06        //构造函数,根据类型和数量创建对象
07        public function StarlingPool(type:Class, len:int) {
08            items = new Array();
09            counter = len;
10            var i:int = len;
11            while( -- i > -1 )                          //创建指定数量的对象
12                items[i] = new type();
13        }                                               //end StarlingPool
14        public function getSprite():DisplayObject {     //从对象池取出一个对象
15            if(counter > 0)                             //对象池不空
16                return items[ -- counter];              //返回对象
17            else
18                throw new Error("对象池已空,无法继续提供对象!");
19        } //end getSprite
20        public function returnSprite(s:DisplayObject):void { //对象池回收对象
21            items[counter++] = s;
22        } //end returnSprite
23        public function destroy():void {                //销毁对象池
24            items = null;                               //对象数组清空
25        } //end destroy
26    } //end class
27 } //end package
```

程序提示如下。

(1) 04 行定义一个 items 数组作为对象池,用于存储和管理对象。
(2) 11～12 行,生成指定类型、指定数量的对象,存入数组 items。
(3) 14～19 行,getSprite 函数负责从对象池取出一个对象。
(4) 20～22 行,returnSprite 函数负责回收对象到对象池。
(5) 23～25 行,destroy 函数负责销毁对象池,释放资源。

9.8.2 子弹管理类

在 src 目录上右击,在弹出的快捷菜单中选择"新建"→"ActionScript 类"命令,打开"新建类"对话框。指定包名为 cn.edu.ldu.managers,类名为 BulletManager,单击"完成"按钮。完成 BulletManager 类的定义,如程序 9.16 所示。

程序 9.16:子弹管理类 BulletManager 定义
```
01 package cn.edu.ldu.managers {
02    import com.leebrimelow.starling.StarlingPool;
03    import cn.edu.ldu.objects.Bullet;
04    import cn.edu.ldu.state.PlayState;
05    import cn.edu.ldu.main.Resource;
06    public class BulletManager {                        //子弹管理类
07        private var playState:PlayState;                //进行态属性
08        public var bullets:Array;                       //子弹数组
09        private var pool:StarlingPool;                  //子弹对象管理池
10        public var count:int = 0;                       //子弹射击频率
11        public function BulletManager(playState:PlayState) { //构造函数
12            this.playState = playState;                 //指向游戏进行态
```

```
13              bullets = new Array();                          //子弹数组
14              pool = new StarlingPool(Bullet,100);             //创建子弹对象池,100发规模
15          } //end BulletManager
16          public function update():void {                      //更新子弹状态
17              var b:Bullet;
18              for (var i:int = bullets.length - 1;i >= 0;i--) {
19                  b = bullets[i];
20                  b.y -= 25;
21                  if (b.y < 0)                                 //移除飞出舞台的子弹
22                      destroyBullet(b);
23              } //end for
24              if (playState.fire && count % 6 == 0)            //设定开火频次为:6帧/次
25                  fire();
26              count++;                                         //每帧加1
27          } //end update
28          private function fire():void {                       //发射子弹
29              var b:Bullet = pool.getSprite() as Bullet;        //从子弹池取出一发子弹
30              playState.addChild(b);
31              b.x = playState.player.x - 10;                    //从战机左侧发出
32              b.y = playState.player.y - 20;
33              bullets.push(b);
34              b = pool.getSprite() as Bullet;                   //取出另一发子弹
35              playState.addChild(b);
36              b.x = playState.player.x + 10;                    //从战机右侧发出
37              b.y = playState.player.y - 20;
38              bullets.push(b);
39              Resource.shoot.play();                            //播放音效
40          }//end fire
41          public function destroyBullet(b:Bullet):void {        //移除指定子弹
42              for (var i:int = 0;i < bullets.length;i++) {
43                  if (bullets[i] == b) {
44                      bullets.splice(i,1);                      //从数组删除
45                      b.removeFromParent(true);                 //从舞台移除
46                      pool.returnSprite(b);                     //回收到对象池
47                  } //end if
48              } //end for
49          } //end  destroyBullet
50          public function destroy():void {                      //销毁所有子弹
51              pool.destroy();                                   //销毁对象池
52              pool = null;
53              bullets = null;                                   //数组清空
54          } //end destroy
55      } //end class
56  } //end package
```

程序提示如下。

（1）07行、12行,定义 playState 指向游戏进行状态。

（2）08~09行,定义子弹数组和对象池。

（3）13~14行,创建子弹数组,生成100发子弹存入对象池。

（4）16~27行,update 函数负责更新子弹的飞行,回收飞出舞台的子弹到对象池,满足

开火条件时调用 fire 函数射击。

（5）28～40 行，fire 函数负责射击。这里其实只是造出了两发子弹并呈现在了合适的位置，子弹的飞行仍然交给 update 函数处理。

9.8.3 外星飞船管理类

在 managers 目录上右击，在弹出的快捷菜单中选择"新建"→"ActionScript 类"命令，打开"新建类"对话框。指定包名为 cn.edu.ldu.managers，类名为 AlienManager，单击"完成"按钮。完成 AlienManager 类的定义，如程序 9.17 所示。

程序 9.17：外星飞船管理类 AlienManager 定义

```
01  package cn.edu.ldu.managers {
02      import com.leebrimelow.starling.StarlingPool;
03      import starling.core.Starling;
04      import cn.edu.ldu.objects.Alien;
05      import cn.edu.ldu.state.PlayState;
06      public class AlienManager {                          //外星飞船管理类
07          private var playState:PlayState;                 //进行态属性
08          public var aliens:Array;                         //飞船数组
09          private var pool:StarlingPool;                   //对象管理池
10          public function AlienManager(playState:PlayState) {  //构造函数
11              this.playState = playState;                  //指向进行态
12              aliens = new Array();                        //创建数组
13              pool = new StarlingPool(Alien,20);           //创建飞船对象池,20 艘
14          } //end BulletManager
15          public function update():void {                  //更新飞船管理类
16              if (Math.random()< 0.04)                     //造飞船的几率
17                  spawn();                                 //生产飞船
18              var a:Alien;                                 //飞船
19              for (var i:int = aliens.length-1;i>=0;i--) { //移动所有飞船
20                  a = aliens[i];
21                  a.y += 8;
22                  if (a.y > 800)                           //销毁移出舞台外的飞船
23                      destroyAlien(a);
24              } //end for
25          } //end update
26          private function spawn():void {                  //生产飞船
27              var a:Alien = pool.getSprite() as Alien;
28              Starling.juggler.add(a);
29              aliens.push(a);
30              a.y = -50;
31              a.x = Math.random() * 700 + 50;
32              playState.addChild(a);
33          } //end spawn
34          public function destroyAlien(a:Alien):void {     //移除指定飞船
35              for (var i:int = 0;i < aliens.length;i++) {
36                  if (aliens[i] == a) {
37                      aliens.splice(i,1);
38                      Starling.juggler.remove(a);
```

```
39                    a.removeFromParent(true);
40                    pool.returnSprite(a);              //将飞船回收到对象池
41                } //end if
42            } //end for
43        } //end  destroyAlien
44        public function destroy():void {               //销毁所有飞船
45            pool.destroy();                            //销毁对象池
46            pool = null;
47            aliens = null;                             //清空数组
48        } //end destroy
49    } //end class
50 } //end package
```

程序提示如下。

（1）07 行、11 行，定义 playState，指向游戏进行状态。

（2）08～09 行，定义飞船数组和对象池。

（3）12～13，创建飞船数组，生成 20 艘飞船存入对象池。

（4）15～25 行，update 函数负责更新飞船的飞行，回收飞出舞台的飞船到对象池，通过随机数的取值控制新飞船生产的速度。

（5）26～33 行，spawn 函数负责新飞船的创建并呈现在一个随机位置，飞船的飞行则交给 update 函数处理。

9.8.4　爆炸粒子特效管理类

在 managers 目录上右击，在弹出的快捷菜单中选择"新建"→"ActionScript 类"命令，打开"新建类"对话框。指定包名为 cn.edu.ldu.managers，类名为 ExplosionManager，单击"完成"按钮。完成 ExplosionManager 类的定义，如程序 9.18 所示。

程序 9.18：爆炸粒子特效管理类 ExplosionManager 定义

```
01 package cn.edu.ldu.managers {
02    import com.leebrimelow.starling.StarlingPool;
03    import cn.edu.ldu.objects.Explosion;
04    import cn.edu.ldu.state.PlayState;
05    import starling.core.Starling;
06    import starling.events.Event;
07    public class ExplosionManager {                    //爆炸管理类
08        private var playState:PlayState;
09        private var pool:StarlingPool;
10        public function ExplosionManager(playState:PlayState) {  //构造函数
11            this.playState = playState;               //指向进行态
12            pool = new StarlingPool(Explosion,15);    //爆炸管理池
13        } //end ExplosionManager
14        public function spawn(x:int,y:int):void {     //指定位置生产爆炸效果
15            var ex:Explosion = pool.getSprite() as Explosion;
16            ex.emitterX = x;
17            ex.emitterY = y;
18            ex.start(0.1);
19            playState.addChild(ex);
```

```
20            Starling.juggler.add(ex);
21            ex.addEventListener(Event.COMPLETE,onComplete);
22        } //end spawn
23        private function onComplete(event:Event):void {          //回收到对象池
24            var ex:Explosion = event.currentTarget as Explosion;
25            Starling.juggler.remove(ex);
26            if (pool!= null)
27                pool.returnSprite(ex);
28        } //end onComplete
29        public function destroy():void {                          //销毁所有爆炸对象
30            for (var i:int = 0;i < pool.items.length;i++) {
31                var ex:Explosion = pool.items[i];
32                ex.dispose();
33                ex = null;
34            } //end for
35            pool.destroy();
36            pool = null;
37        } //end destroy
38    } //end class
39 } //end package
```

程序提示如下。

（1）08 行、11 行，定义 playState，指向游戏进行状态。

（2）09 行、12 行，定义爆炸对象池，创建 15 个爆炸对象并将其放入爆炸池。

（3）spawn 函数负责爆炸粒子动画效果的创建和移除。

9.8.5 碰撞检测管理类

在 managers 目录上右击，在弹出的快捷菜单中选择"新建"→"ActionScript 类"命令，打开"新建类"对话框。指定包名为 cn.edu.ldu.managers，类名为 CollisionManager，单击"完成"按钮。完成 CollisionManager 类的定义，如程序 9.19 所示。

程序 9.19：碰撞检测管理类 CollisionManager 定义

```
01 package cn.edu.ldu.managers {
02    import flash.geom.Point;
03    import cn.edu.ldu.objects.Alien;
04    import cn.edu.ldu.objects.Bullet;
05    import cn.edu.ldu.state.PlayState;
06    import cn.edu.ldu.main.Game;
07    import cn.edu.ldu.main.Resource;
08    public class CollisionManager{                              //碰撞管理类
09        private var playState:PlayState;
10        private var p1:Point = new Point();
11        private var p2:Point = new Point();
12        private var count:int = 0;
13        public function CollisionManager(playState:PlayState) { //构造函数
14            this.playState = playState;                         //指向进行态
15        } //end CollisionManager
16        public function update():void {                         //更新碰撞状态
```

```
17              if (count & 1)                              //count 是奇数帧
18                  bulletsAndAliens();                     //检测子弹与飞船相撞情况
19              else
20                  playerAndAliens();                      //检测战机与飞船相撞情况
21              count++;                                    //帧计数
22          } //end update
23          private function bulletsAndAliens():void {      //子弹与飞船碰撞检测
24              var aBullets:Array = playState.bulletManager.bullets;   //子弹数组
25              var aAliens:Array = playState.alienManager.aliens;      //飞船数组
26              var b:Bullet;
27              var a:Alien;
28              for (var i:int = aBullets.length - 1;i >= 0;i-- ) {
29                  b = aBullets[i];
30                  for (var j:int = aAliens.length - 1;j >= 0;j-- ) {
31                      a = aAliens[j];
32                      p1.x = b.x;
33                      p1.y = b.y;
34                      p2.x = a.x;
35                      p2.y = a.y;
36                      if (Point.distance(p1,p2)< b.pivotY + a.pivotY) { //击中飞船
37                          Resource.explosion.play();                  //爆炸声
38                          playState.explosionManager.spawn(a.x,a.y);
                                                                        //飞船产生爆炸粒子效果
39                          playState.bulletManager.destroyBullet(b);   //移除和回收子弹
40                          playState.alienManager.destroyAlien(a);     //移除和回收飞船
41                          playState.score.addScore(200);              //修改记分板
42                      } //end if
43                  } //end for j
44              } //end for i
45          } //end bulletsAndAliens
46          private function playerAndAliens():void {       //战机与飞船碰撞检测
47              var aAliens:Array = playState.alienManager.aliens;      //获取飞船数组
48              var a:Alien;
49              for (var i:int = aAliens.length - 1;i >= 0;i-- ) {      //逐个检测
50                  a = aAliens[i];
51                  p1.x = playState.player.x;
52                  p1.y = playState.player.y;
53                  p2.x = a.x;
54                  p2.y = a.y;
55                  if (Point.distance(p1,p2)< playState.player.pivotY + a.pivotY) {  //相撞
56                      playState.game.changeState(Game.OVER_STATE);   //切换游戏状态到
                                                                       //结束态
57                  } //end if
58              } //end for i
59          } //end playerAndAliens
60      } //end class
61  } //end package
```

程序提示如下。

(1) 09 行、14 行,定义 playState,指向游戏进行状态。

(2) 10～11 行,定义两个点对象,代表两个图形的几何中心,用于计算碰撞。

(3) update 函数负责检测和管理子弹与飞船的碰撞以及飞船与战机的碰撞,通过调用两个子函数实现。

(4) bulletsAndAliens 函数负责检测和处理子弹数组与飞船数组里每一对元素间的碰撞情况。针对每一发子弹,都要和所有的飞船做碰撞检测。换言之,每一艘飞船都要和所有的子弹做碰撞检测。

(5) playerAndAliens 函数负责战机和每一艘飞船的碰撞检测和处理。发生碰撞时,游戏会切换到结束状态。

9.9 项目组织

整个游戏项目完成后的包资源结构如图 9.23 所示。cn.edu.ldu 是项目包根目录,其下包括 main、Interface、state、managers、objects 这 5 个子包。

图 9.23 项目完成后的组织结构图

1. main 包

main 包是游戏主包,它包含 3 个全局性的类和一个资源文件夹。

（1）SpaceWar 是 Starling 框架的入口类，负责框架初始化和启动游戏主类。可以将其比作读者已经熟悉的 FLA 主文件。

（2）Game 类是游戏主类，用于实现游戏主控逻辑。可以将其比作读者已经熟悉的文档类。

（3）Resource 类负责初始化游戏界面，可以被 Game 类调用，也可以被其他对象类调用。

（4）resoruce 是资源文件夹，包含了游戏中的图片、声音素材，被 Resource 类加载和调度。

2．state 包

state 包里定义了 3 个游戏状态类，构成了游戏的状态机。
（1）StartState 类，定义开始状态的类。
（2）PlayState 类，定义进行状态的类。
（3）OverState 类，定义结束状态的类。
这 3 个类被 Game 类调度。

3．managers 包

managers 包定义了游戏的 4 个管理类，被游戏进行状态类 PlayState 调度。
（1）AlienManager 飞船管理类，管理飞船的批量生产、飞行和销毁。
（2）BulletManager 子弹管理类，管理子弹的批量生产、飞行和销毁。
（3）ExplosionManager 爆炸管理类，管理子弹击中飞船后的爆炸粒子效果，负责爆炸效果的产生、粒子效果动画模拟和销毁。
（4）CollisionManager 碰撞管理类，管理子弹击中飞船、飞船撞上战机两种碰撞的检测和处理，包括更新分数、回收对象与切换游戏状态。

4．objects 包

objects 包定义了游戏的 6 个角色对象类：Alien、Background、Bullet、Explosion、Player 和 Score。可以把这些角色对象类想象成 FLA 文件里包含的那些元件设计。这些类会被上述管理类调用。

为了便于读者理解，我在图 9.23 中的类或包的后面标注了一些数字，这些数字可以大致反映这些类或包在整个项目中的逻辑层次。

5．[Source Path]ClassCode

不要忽略了项目顶端的[Source Path]ClassCode。这是一个源路径引用。ClassCode 文件夹里存放了在做项目之前整理的 Starling 框架类包、粒子系统扩展包和 Lee Brimelow 设计的对象池管理包。这是整个项目的基础。Starling 框架重构了 Flash 的显示列表。从游戏主类 Game 开始，继承的父类 Sprite 或 MovieClip 都引用了 starling.display 包的定义，而不是 flash.display 里的定义。

图 9.23 展示了一个游戏项目实现的优秀软件框架。这个框架就像一部精致的汽车，将

各个功能部件精密地组织在一起。剩下的工作就是导出项目的发行版,交给玩家来驾驭它,全面测试,体验游戏之乐。

9.10 Flash 游戏之路

　　本章基于 Starling 框架,完整演示了一个 600 行规模游戏项目的创作历程。与之前完成的"看水果学单词"、"2048"、"连连看"、"五子棋"相比,本章让你看到了一条完全不同的游戏设计之路。这条道路脱离了此前已经熟悉的 Flash Professioal 开发环境,在全新的 Flash Builder 环境里另起炉灶,用全新的思路和方法实现了"太空大战"游戏项目的全部设计。

　　这里用到了 Starling 框架,用到了粒子系统,用到了纹理图集,唯独没有用到 Flash Professional 的点滴功能。须知此前游戏的界面和资源管理都是在 Flash Professional 里完成的。还记得创建剪辑元件、按钮元件、导入图片和声音到库中,等等,这些设计吗?难道可以越过针对 Flash 的学习,直接进入 Flash Builder+Starling 框架的开发模式?

　　面对两条差异如此显著的路线选择,我们该何去何从?

　　首先,第一个事实是:本章的游戏创作,完全可以不依赖于 Flash Builder 环境而全盘照搬到 Flash Professional 里去。用一样的 Starling 框架,用一样的粒子系统,用一样的纹理图集设计,用一样的包结构和一样的类设计,而不用在 Flash Professional 里设计一个画面,不用将图片和声音导入到库中。如此看来,Flash Professional 完全可以替换掉 Flash Builder,而改用 Flash Professional+Starling 框架开发模式。Starling 官方网站上有专门针对 Flash Professional 环境开发的教程,可以去查看。

　　第二个事实是:Flash Professional 模式不如 Flash Builder 模式的编码效率、测试效率高,难以看到图 9.23 那样漂亮的包资源视图。在 Flash Professional 模式下,这种包结构是以目录的形式接受操作系统的管理的,不如图 9.23 来得直接明了。要知道,一张图往往胜过千言万语。归根结底,是这两种工具的定位不同。一种定位于用编码管理项目逻辑,一种定位于用时间轴和舞台安排影片设计。各有所长,亦各有所短。

　　第三个事实是:仍然可以在你熟悉的 Flash Professional 里完成各种界面元素的创作,利用从库中导出命令,如"导出 SWF…"、"导出 SWC 文件…"、"导出 PNG 序列…"、"生成 Sprite 表…"这些命令,导入到 Flash Builder 项目中使用。Flash Builder 与 Flash Professional 在技术体系上有珠联璧合的内在基因。二者联合创作,效率更高,威力更大。

　　基于上述 3 个原因,Flash 游戏的入门学习,还是应该从 Flash Professional 环境开始。

　　本书最后提醒读者,做游戏一定要做出好架构。好架构能够让你四两拨千斤,具有好架构的软件才有成长力。什么是好架构?图 9.23 所示的就是好架构。请认真记住这张图,将其捻熟于胸,必会受益良多。在图 9.23 里,我们看到如下技术亮点:

　　(1) 项目站在巨人肩膀上。导入了 Starling 框架包、粒子系统包、对象池管理包。

　　(2) 只有一个主类 Game。这是游戏的中枢。

　　(3) 定义了一个接口和 3 个状态类来构成状态机。

　　(4) 有一个资源管理类,用于全局调配游戏资源。

　　(5) 有 6 个对象类,用于定义游戏的 6 种角色。

　　(6) 有 4 个管理类,用于管理对象间的关系和对象运行逻辑。

这是一个能大能小、开放包容的设计。想象一下，你正面临着一个全新的陌生游戏的设计，你完全可以像做八股文那样，重新规划、填写上面的 6 个段落（这里可戏称之为游戏设计的"六股文"）。

（1）我的项目也要站在巨人肩膀上。于是我仿照本章案例的做法和图 9.23，导入了 Starling 框架包、粒子系统包、对象池管理包等。

（2）我的项目也只能有一个主类，也叫做 Game。删繁就简，Game 里只有资源的初始化和状态机的调度，非常精炼。

（3）我的游戏规模大，状态多，关卡多，所以定义更多的公共接口和状态类，构成一个更大更复杂些的状态机。

（4）我也有一个资源管理类，用于全局调配游戏图片和声音等资源。

（5）我的对象类不止 6 个，但我还是很小心地一一规划和定义。

（6）我的对象间关系不能只用 4 个管理类，所以我根据需要，仔细规划了项目管理类。

有意思的是，项目内容虽然变了，仍然没有突破上述 6 段架构。你会惊奇地发现，一个完全不同的新项目与本章案例的做法何其形似与神似。

所以，记住图 9.23，你就拥有了一个适用于各种游戏架构的万能模板。趁热打铁，用这个模板，开拓你的游戏之路吧。

Starling 框架将游戏设计提升到了新高度。

孔子登东山而小鲁，登泰山而小天下。

今日一学 Starling，而小 Flash 游戏之设计。

他日再学 Starling，再小 Flash 游戏之设计。

9.11 习题

1. 简述游戏项目导入 Starling 框架的步骤。
2. 下载和试用 TexturePacker，熟悉游戏纹理图集的合成方法和步骤。
3. 下载粒子系统设计工具，或通过在线的方式，熟悉粒子特效的设计方法。为本章游戏重新设计烟雾和爆炸效果。
4. 为本章游戏添加 5 个关卡设计。例如，根据分数设定关卡，如表 9.2 所示。

表 9.2 关卡设定

关　　卡	过关分数	过 渡 界 面
第 1 关	3000 分	
第 2 关	5000 分	闯关成功，直接进入下一关
第 3 关	10000 分	闯关失败，接着上一关的分数继续本关闯关
第 4 关	15000 分	
第 5 关	25000 分	

提示：为游戏定义新的关卡状态类，重新修改 Game 类和状态类的设计。

5. 如果完成题目 4 的设计，可以考虑给每一关添加点变化，如外星飞船的速度、密集度、子弹的速度、密集度以及背景的变化等，甚至可以添加武器装备类型的变化等。

6. 在游戏的开始界面添加"游戏介绍"按钮,使得单击该按钮后可以弹出游戏玩法和通关说明。

7. 用你熟悉的 Flash Professional 创作一些动画元素,加入到游戏界面中。

8. 游戏结束时,为游戏增加一个得分排行榜的功能,列出历史得分前 10 名记录。

9. 让外星飞船也能开火射击,并能主动躲避玩家战机的射击。

10. 借鉴图 9.23 展示的游戏组织模式,从本书前面几个游戏中挑一个你喜欢的,重新进行设计。

11. 读者朋友,相信你已经积累了许多问题,我也是,让我们载着这些问题展翅飞翔,去开创游戏新未来。

参 考 文 献

[1] (加)Rex van der Spuy. Flash游戏编程基础教程[M]. 李鑫,陈文登,付斌,译. 北京:人民邮电出版社,2012.
[2] (美)Gary Rosenzweig. ActionScript 3.0游戏编程(第2版)[M]. 胡蓉,张东宁,朱栗华,译. 北京:人民邮电出版社,2012.
[3] (美)Christopher Griffith. 实战Flash游戏开发(第2版)[M]. 李鑫,杨海玲,译. 北京:人民邮电出版社,2012.
[4] Lee Brimelow. Building Flash Games with Starling. http://www.lynda.com/Flash-tutorials/Building-Flash-Games-Starling/98951-2.html.
[5] (美)Jeannie Novak. 游戏开发工程师修炼之道(原书第3版)[M]. 陈潮,熊姿,译. 北京:机械工业出版社,2014.
[6] 湛永松. Flash游戏设计[M]. 北京:电子工业出版社,2013.
[7] 肖刚. Flash游戏编程教程[M]. 北京:清华大学出版社,2009.

后　　记

作为一本普通教材，还要写点后记，可能令许多人好奇。于我而言，只是有感而发。数百页教材已经编写完成，就不吝这点文字了。

经常有学生问我，"老师，游戏设计难不难？"说实话，我经常不知如何作答。我想说难，又想说不难。你说大众创业，万众创新难不难？如果某件事是你的兴趣，再苦再累你也不会觉得难，你会"为伊消得人憔悴"仍自得其乐，你会"路漫漫其修远兮"，仍将"上下而求索"。游戏设计确实艰辛，要求很高，对初学者而言不啻是一座高山。

25年前，在山师听一位中科院博士生作讲座，可惜他的名字我记不得了，但他讲话时的气场至今仍在感染着我。他语重心长并激情澎湃地对我们这些学弟学妹们说："说句大实话吧，抓住现在就是永恒。"当时感觉这话特别新鲜特别有力量，受到了强烈震撼。当时也懂得是要我们珍惜时间，但真正理解这句话的分量并付诸行动，是在此后的岁月中。若干年之后，面对繁杂的生活，这句话总是会突然从心底冒出来，将我唤醒，告诉我应该做出改变。这种情形记不清有多少次了。刚开始也没有意识到他这句话的神奇，数年前的某一天，当"抓住现在就是永恒"再次从心底蹦出和我对话时，我才意识到，原来，它已经不知不觉间成长为我灵魂的一部分。

读过许多名人传记，收藏过许多名人名言。大浪淘沙，没想到若干年之后，来自那位30岁左右博士生哥哥的一句赠言，悄悄在心底生根开花，成为我的人生典藏。

创作教材并不轻松，尽管有许多优秀软件协助，可以让我肆意地复制、粘贴，大大提升了编排效率，但就整本书的逻辑构建、语言斟酌、思想表达、读者立场、前后呼应、珠联璧合等创作心路历程而言，快不了多少。没有推敲就没有经典。还是要爬格子，一步步走来，毕竟这东西是要交给读者去一句句品味。所以，完稿时的兴奋难以抑制。

兴奋之余，中科院博士生哥哥的名言再次回响。这一次，他让我感受到，一本好书，也应该在若干年之后，让读者能够记起、想起，这样的书是有生命的，是永恒的，是能够帮到读者的。

意大利作家马塞尔·普鲁斯特曾经说过："作品是作者智慧展现的终点，也是读者智慧展现的起点。"临近出版之际，心里平添了几分忐忑与期盼。

作者　董相志
2015年10月

本书各章组织如下图。

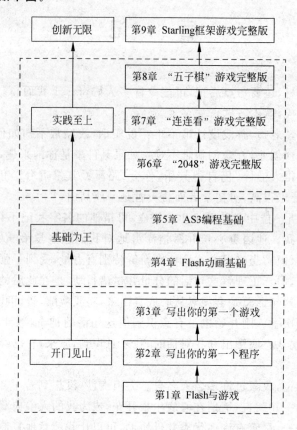